父子宰相家训

澄怀园语　聪训斋语

〔清〕张　英　张廷玉　著
车其磊　张振鹏　注译

团结出版社

图书在版编目（CIP）数据

父子宰相家训：聪训斋语、澄怀园语 / (清) 张英,(清) 张廷玉著；车其磊, 张振鹏注译. -- 北京：团结出版社, 2018.12

（谦德国学文库）

ISBN 978-7-5126-6780-8

Ⅰ. ①父… Ⅱ. ①张… ②张… ③车… ④张… Ⅲ. ①家庭道德-中国-清代 Ⅳ. ①B823.1

中国版本图书馆CIP数据核字(2018)第282269号

出版：团结出版社

（北京市东城区东皇城根南街84号 邮编：100006）

电话：(010) 65228880　65244790 （传真）

网址：www.tjpress.com

Email：zb65244790@vip.163.com

经销：全国新华书店

印刷：易阳印刷河北有限公司

开本：145×210　1/32

印张：13.5

字数：300千字

版次：2019年10月　第1版

印次：2025年7月　第3次印刷

书号：978-7-5126-6780-8

定价：68.00元

前 言

清代康熙年间，安徽桐城有张吴两家邻居。吴家想要建房子，但却侵占了张家的宅基地，两家的宅基地都是祖上留下来的基业，彼此自然不肯相让。双方争执不下一直闹到官府衙门，因为这两家都是名门望族，官府也不能轻易做出裁决。张家人无奈之下，只得一纸家书，向在京城做官的家人求助。张家在京城做官的人，正是朝廷重臣张英。张英接到家书，并没有立即着手处理这件事，却只是在上面回复了一首诗："一纸书来只为墙，让他三尺又何妨？长城万里今犹存，不见当年秦始皇。"张家人接到张英的家书，明白了张英的意思，于是不再与吴家争执，反而将自家围墙向后退让了三尺。吴家人见此，被张家人的谦让行为所感动，也同样让出了三尺，原本彼此互不相让的两家，现在却因为彼此之间的谦让而在两家之间出现了一个六尺宽的巷子，这便是闻名天下的"六尺巷"的由来。

张英（1637–1708），字敦复，号乐圃，又号倦圃翁，安徽桐城人。清朝名臣，名相张廷玉之父。康熙六年（1667）中进士，进入庶常馆成为庶吉士，康熙十一年（1672）授翰林院编修，康熙十二年（1673）钦定张英为日讲起居注官，康熙十六年（1677）张英入职南书房，此外张英还曾充任过皇太子胤礽的师傅。康熙十八年（1679）张英升为侍读学士，此后历任翰林院学士、翰林院掌院学士、礼部侍郎、兵部右侍郎，工部尚书、礼部尚书、内阁学士、文华殿大学士等职位，还先后充任纂修《国史》《一统志》《渊鉴类函》《政治典训》《平定朔漠方略》总裁官。康熙四十年（1701）张英上疏乞求致仕获准，康熙御书"笃素堂"匾额相赐，康熙四十七年（1708）张英病逝，享年72岁，谥文端，雍正帝即位后，追赠太子太傅。乾隆初年，加赠太傅。著有《笃素堂集》《易经衷论》《四库著录》等著作。

张英为人仁爱敦厚，勤俭谨慎，康熙称赞他"始终敬慎，有古大臣风。"《聪训斋语》共两卷，在书中，张英总结了自己仕宦二十多年来的人生经历和体验，留给子孙后代，希望他们能够领悟自己修身正己的做法以及为人处世的态度。对于修身，张英主张首先要"知命"，"安分"，不妄求功名，不贪图富贵，教导子孙应从"立品"、"读书"、"养身"、"择友"四个方面入手，提高自己的个人修养，提倡做人要知足常乐，忍让为先。对于治家，张英主张"惟肃乃庸"，提倡以谨慎的态度治家，对于日常生活要节俭持家，衣食起居，一切从简，训诫子孙不得奢侈浪费，不得沉迷歌舞赌博。除此之外，书中在修身立德、人生感悟等其它方面也有很多真知灼见，彰显了张英高深的道德学问。

正所谓"父为子纲"，有如此以身作则，言传身教的父亲，其子孙自然会秉承家风，克己奉礼。张英有六个儿子，都很有出息，其中最为人熟知的一位，就是后来成为一代名臣的张廷玉。

张廷玉（1672—1755），字衡臣，号砚斋，又号澄怀主人，张英次子，安徽桐城人。康熙三十九年（1700）中进士，钦选翰林院庶吉士，康熙四十二年（1703）入散馆，被授为翰林院检讨，并于一年后奉旨入值南书房，不久又任日讲起居注官。

张廷玉深受康熙帝器重，曾多次扈从康熙帝出巡，曾任内阁学士兼礼部侍郎、刑部右侍郎、吏部左侍郎兼翰林院学士。涉政不久，张廷玉就显露出了自身非凡的才干。雍正帝继位后，张廷玉更是受雍正帝倚重，历任礼部尚书、户部尚书、吏部尚书、保和殿大学士（内阁首辅）、首席军机大臣等职务。张廷玉整治吏治，完善军机制度，施行廷寄，这些都是清朝政治制度上的重大改革，对清朝中后期的政治发展起到了重要作用。到了乾隆年间，张廷玉遵照雍正帝遗诏成为辅政大臣，在乾隆帝出京巡幸时，他经常留京总理事务。不仅如此，张廷玉还是雍乾两代皇子师傅，并先后担任《亲征平定朔北方略》的纂修官，《省方盛典》《清圣祖实录》的副总裁官《明史》《四朝国史》《大清会典》《世宗实录》的总裁官。

张廷玉年届八旬时，依然被朝廷慰留，足见对其的信任。尽管在上疏乞归故里这件事上，与乾隆帝起了嫌隙，甚至被剥夺爵位、取消配享，并因此而屡遭打击，最终病逝于家中，但是乾隆帝后来也对自己的行为，心生悔意，感念张廷玉三朝元老之功，并遵循雍正皇帝遗愿，让张廷玉配享太庙，赐祭葬，谥“文和”。张廷玉是清代获得这一殊荣的唯一一位汉族大臣。

张廷玉不仅政绩显赫，在教子方面也颇有成就，四个儿子皆遵家训，学有所成，其中三人进入朝廷内阁，足见其教子有方。

政务繁忙之余，张廷玉博览经典，讲求实学，详察变革，留心时务，深思为文、为人之道，并认真记录下这些心得，同时他也从父亲张英所著的《聪训斋语》中受益良多，日积月累之下，汇集成书，便是这部《澄怀园语》。

《澄怀园语》是张廷玉十数年的“意念之所及，耳目之所经”，是他历经人生风雨之后的深刻感悟，既是秉承父亲张英的谆谆教诲，也是在告诫子孙后人“知我之立身行己，处心积虑之大端”。

《澄怀园语》共分为四卷，其中包括张廷玉处理政事过程中的心得、生活中的发现感悟、阅读过程中的感想、耳闻目睹事件的思考、自身经历的反省等内容，包括修身、为政、持家、节用、读书、择友等诸多方面，由习见习闻之事，引申到教子教人之上；由自身自家推及于治国平天下，正是这一部《澄怀园语》家训的特色。同时，张廷玉还多次引用《聪训斋语》中的内容，在怀念父亲的同时，也将良好的家风传承下去。

光绪年间藏书家葛元煦在重刻《澄怀园语》时便感叹，“读之而叹世德相承，后先媲美之，不可及也。文和（张廷玉）以宰相之子，生长华腴，乃能一秉庭训，百行修举，尤为古今来难能可贵”。张廷玉五代孙、清代藏书家张师亮则在同治七年刻本跋文中称：“其言如布帛菽粟，朴实且要，于持家涉世之道，修己待物之方，尤为周详恳挚。”足见此书对后世的深远影响。

家训，是家庭对子孙立身处世、持家治业等方面的教诲，培养子孙后代形成良好的个人修养，帮助子孙后代建立为人处世的准则。而对于张廷玉的张氏家族来说，家族中出现了“父子双宰相”、“三世得谥”、“六代翰林”、“自祖父至曾玄十二人，先后列侍从，跻鼎贵。玉堂谱里，世系蝉联，门阀之清华，殆可空前绝后矣”、“一门之内，祖父子孙先后相继入南书房，自康熙至乾隆，经数十年之久，此他氏所未有也”，正是因为有张氏家训家风的良好传承与熏陶，才使得张氏家族如此兴盛。张廷玉的《澄怀园语》继承延续父亲《聪训斋语》的良好训诫，也一样成为后世传诵的家训典范，值得今人反复诵读。

目录

聪训斋语

卷一

卷二

澄怀园语

卷一

卷二

卷 三

卷 四

聪训斋语

卷 一

读书增道心

圃翁[①]曰：圣贤领要[②]之语，曰："人心惟危，道心惟微。"[③]危者，嗜欲之心，如堤之束水，其溃甚易，一溃则不可复收也。微者，理义之心，如帷之暎[④]灯，若隐若现，见之难，而晦[⑤]之易也。人心至灵至动，不可过劳，亦不可过逸，惟读书可以养之。每见堪舆家[⑥]平日用磁石养针，书卷乃养心第一妙物。闲适无事之人，镇日[⑦]不观书，则起居出入，身心无所栖泊[⑧]，耳目无所安顿，势必心意颠倒，妄想生嗔[⑨]。处逆境不乐，处顺境亦不乐。每见人栖栖皇皇[⑩]，觉举动无不碍者，此必不读书之人也。古人有言："扫地焚香，清福已具。其有福者，佐[⑪]以读书；其无福者，便生他想。"旨[⑫]哉斯言！予所深赏。且从来拂意[⑬]之事，自不读书者见之，似为我所独遭，极其难堪，不知古人拂意之事，有百倍于此者，特不细心体验耳。即如东坡先生殁后，遭逢高、孝[⑭]，文字始出，名震千古。而当时之忧谗畏讥[⑮]，困顿转徙潮、惠之间[⑯]，苏过[⑰]跣足[⑱]涉水，居近牛栏，是何如境界？又如白香山之无嗣[19]，陆放翁之忍饥[20]，皆载在书卷。彼独非[21]千载闻人[22]，而所遇皆如此！诚壹[23]平心静观，则人间拂意之事，可以涣然冰释[24]。若不读书，则但见我所遭甚苦，而无穷怨尤[25]嗔忿[26]之心，烧灼不静[27]，其苦为何如耶？且富盛[28]之事，古人亦有之，炙手可热[29]，转眼皆空。故读书可以增长道心，为颐养[30]第一事也。

记诵纂集，期[31]以争长[32]应世[33]，则多苦，若涉览[34]，则何至劳心疲神？但当冷眼[35]于闲中窥破古人筋节[36]处耳。予于白、陆诗，皆细注其年月，知彼于何年引退[37]，其衰健之迹[38]皆可指。斯不梦梦[39]耳。

【注释】①圃翁：张英号乐圃，乐圃翁。这里是作者自称。②领要：要领。③“人心”句：语出《尚书·大禹谟》：“人心惟危，道心惟微，惟精惟一，允执厥中。”人心：人欲，人性。道心：即文中的“理义之心”，可理解为“悟道之心，符合天理之心。”这两句是说，人欲是危险的，天理是隐微的。④暎：同“映”，遮，隐藏。⑤晦：掩蔽。⑥堪舆家：古时指占卜者，后专指看风水者。⑦镇日：整天，从早到晚。⑧栖泊：停靠，寄托。⑨生嗔：发怒，生气。⑩栖栖皇皇：意同“栖皇”，惊恐不安的样子。⑪佐：辅佐，辅助。⑫旨：美，美好。⑬拂意：不合心意，不如意。拂：违背，不顺。⑭高、孝：指宋高宗、宋孝宗两位帝王，他们十分推崇苏轼的诗文。⑮忧谗畏讥：担心人家谗言中伤，害怕人家批评指责。⑯困顿转徙潮、惠之间：绍圣元年（1094年），苏轼被贬至惠州，在惠州期间曾到潮州一游并小住。绍圣四年（1097年），又被贬至儋州（今海南儋州）。这里说的就是这期间的事情。困顿：

艰难窘迫。转徙：辗转迁移。潮、惠：潮州、惠州，均属今天的广东省。⑰苏过：苏轼第三子，字叔党，号斜川居士。苏轼被贬惠州、儋州时，苏过皆陪侍左右。⑱跣足：赤脚，光着脚。⑲白香山之无嗣：白居易，字乐天，号香山居士。据《白居易年谱》记载，白居易在五十八岁时才有儿子阿崔，阿崔不幸三岁夭折。嗣：子孙，后代。⑳陆放翁之忍饥：陆游晚年生活贫困，有时甚至忍饥挨饿。其《贫甚戏作绝句》："饥肠雷动寻常事，但误生台两鹊来。"㉑独非：表示反问。犹岂非，难道不是。㉒闻人：有名望的人。㉓诚壹：心志专一。㉔涣然冰释：像冰冻遇热似的一下子消融，多形容矛盾、风波等很快消除。《老子》："涣兮若冰之将释。"㉕怨尤：埋怨责怪。㉖嗔忿：恼怒。㉗烧灼不静：谓心中如烧如灼，不得平静。㉘富盛：富丽昌盛，这里指富贵荣华。㉙炙手可热：手一靠近就感觉很烫，比喻气焰盛、权势大。㉚颐养：养护，保养。㉛期：期望，要求。㉜争长：争相增长。㉝应世：应付世事。㉞涉览：浏览，泛读。㉟冷眼：冷静理智的眼光。㊱筋节：筋腱骨节。这里指文章或言辞承接转折的关键处。㊲引退：辞官，辞职。㊳衰健之迹：强健或衰退的迹象。㊴梦梦（méng méng）：昏乱，不明。

【译文】圃翁说：圣贤的精秒话语，说："人心惟危，道心惟微。"人心之危，是因为人的私欲嗜好之心，就像拦着洪水的堤坝一样，很容易决口，一旦决口就再也难以收拾了。道心隐微，是因为理义之心，像帷幔遮掩的灯光，模模糊糊，若隐若现，难以看见，容易被掩蔽。人心最为灵动，不可使其过于疲劳，也不可使其过于安逸，只有读书可以养护它。常常见到风水先生平日里用磁石养护罗盘上的指针，书籍是养护心灵的第一神妙之物。无所事事的人，整天不读书，那么在日常生活中，身心没有寄托，耳目无法安置，一定会导致心意错乱、胡思乱想，时时生气。处在逆境之中不快乐，处在顺境之中也不快乐。每当看到有的人做事惶恐不安，觉得自己一举一动到处受阻，就知道这样的人必定是不读书的人。古人说："能把家里打扫干净，燃上一炉香，就很有清福了。有福的人，懂得用读书来增助其福气；无福的人，则会胡思乱想。"这话说得多好啊！我很欣赏它。况且，历来不如意的事，在不读书的人看来，似乎仅是我一个人的遭遇，极其难以忍受，他们不知道古人遇到的不如意之事，比他们所遇之事更严重百倍，只是没有特意去体会罢了。就拿苏东坡先生来说吧，死后多年，才得到宋高宗和宋孝宗的赏识，诗文才得以广泛刊印发行，从此声名大振，流芳千古。可是他在世之时却担忧被谗言中伤，害怕被流言指责，艰难窘迫，漂泊潦倒，辗转流放于潮州、惠州等地，爱子苏过光脚涉水，住在牛圈旁边，这是多么困苦的境地呀？再比如白居易晚年有丧子之痛，陆游有时生活贫困，忍饥挨饿，这些都在书卷上有所记载。他们那个不是名震千古之人，却都有这样的悲惨遭遇！如果能真正做到平心静气看待事物，那么人间所有不如意的事，都可以涣然冰释，迅速消除。如果不读书，则只能看见自己的遭遇很悲惨，从而生出无穷的埋怨恼怒，在心中烧灼不止，不得平静，为什么要这样自寻烦恼呢？何况，富贵荣华之事，古人也曾经历，虽然一时气焰逼人，但转眼之间繁华落空。所以读书可以增长悟道之心，是颐养心灵的头等大事。

用默记、背诵、编撰、汇纂的方法读书，希望以此提高自我应对世事的能力，便会觉得读书很苦，没有乐趣，精力疲乏，如果只是浏览泛读，则何至于心神疲劳呢？读书人只需用冷静客观的眼光识破古人文章的关键精要之处即可。我对于白居易、陆游的诗，每读一首都要详细注出其年月，知晓他们何时辞官退隐，因此他们人生盛衰的迹象我都可以明确地指出来。这样读书才不会昏乱不明啊！

真乐之境

圃翁曰：圣贤仙佛，皆无不乐之理。彼世之终身忧戚[①]、忽忽[②]不乐者，决然[③]无道气[④]、无意趣[⑤]之人。孔子曰"乐在其中"[⑥]、颜子"不改其乐"[⑦]，孟子以不愧不怍为乐[⑧]。《论语》开首说"悦"、"乐"[⑨]。《中庸》言"无入而不自得"[⑩]，程朱教寻孔颜乐处[⑪]，皆是此意。若庸人多求多欲，不循理，不安命[⑫]。多求而不得则苦，多欲而不遂则苦，不循理则行多窒碍[⑬]而苦，不安命则意多怨望而苦。是以跼天蹐地[⑭]，行险徼幸[⑮]，如衣敝絮行荆棘中，安知有康衢坦途[⑯]之乐？惟圣贤仙佛，无世俗数者之病[⑰]，是以常全乐体。香山字乐天，予窃慕之，因号曰"乐圃"。圣贤仙佛之乐，予何敢望？窃欲营履道[⑱]，一丘一壑，仿白傅[⑲]之"有叟在中，白须飘然"，"妻孥熙熙，鸡犬闲闲"[⑳]之乐云耳。

【注释】①忧戚：忧愁烦恼。②忽忽：失意的样子。③决然：一定，肯定。④道气：超凡脱俗的气质。⑤意趣：意味情趣。⑥乐在其中：语出《论语·述而》："饭疏食，饮水，曲肱而枕之，乐亦在其中矣。"⑦不改其乐：语出《论语·雍也》："一箪食，一瓢饮，在陋巷，人不堪其忧，回也不改其乐。"⑧"孟子"句：语出《孟子·尽心上》："父母俱存，兄弟无故，一乐也。仰不愧于天，俯不怍于人，二乐也。得天下英才而教育之，三乐也。"不愧不怍：形容做事光明磊落，问心无愧。愧怍：惭愧，羞愧。⑨"《论语》开首"句：《论语》首篇《学而》，首条为："学而时习之，不亦说乎？有朋自远方来，不亦乐乎？"⑩"《中庸》言"句：语出《中庸》第十四章："素富贵，行乎富贵；素贫贱，行乎贫贱；素夷狄，行乎夷狄；素患难，行乎患难；君子无入而不自得焉。""无入而不自得"是说君子恪守本分，无论身处什么样的环境，都能怡然自得。⑪"程朱教寻"句：程朱：指宋代理学家程颢、程颐和朱熹。孔颜：孔子及其弟子颜回的合称。这句是说程颢、程颐和朱熹在教育弟子之时，常让弟子们体寻孔子、颜回的安贫守分、顺应天道的快乐。⑫不循理，不安命：不遵循规律，不安于命运。⑬窒碍：阻碍，障碍。⑭跼（jú）天蹐（jí）地：形容处境困窘，戒慎恐惧的样子。语出《诗经·小雅·正月》："谓天盖高，不敢不局；谓地盖厚，不敢不蹐。"跼：弯腰，屈身。蹐：小步走路。⑮行险徼（jiǎo）幸：冒险行事以求利。语出《礼记·中庸》："小人行险以徼幸。"徼幸：同"侥幸"，偶然得到成功或意外地免于不幸。⑯康衢（qú）坦途：四通八达的平坦道路。衢：四通八达的大路。⑰数者之病：即上文所言"多求多欲、不循理、不安命"之病。⑱履道：即"履道里"，唐朝洛阳里巷名。白居易晚年"归洛阳，于履道里得故散骑常侍杨凭宅，竹木池馆，有林泉之致。"（《旧唐书·白居易传》）这里是说张英仰慕白居易，打算营建一所像履道里一样的别墅园亭，乐在其中。履道：遵行正道。⑲白傅：即白居易。白居易曾授太子少傅，故称白傅。⑳"有叟”四句：白居易修建履道里园池后，曾作《池上篇》：“有叟在中，白须飘然。识分知足，外无求焉……妻孥熙熙，鸡犬闲闲。优哉游哉，吾将终老乎其间。”熙熙：欢乐融融的样子。闲闲：悠闲自得的样子。

【译文】圃翁说：圣贤仙佛，都没有不安乐的道理。世上那些一辈子忧愁烦恼、失意不乐的人，必定是没有脱俗气质、缺乏意味情趣的人。孔子说“乐在其中”，颜回“虽处贫困，不改其乐”，孟子以行事光明磊落、问心无愧为乐。《论语》开篇首条说“悦”“乐”。《中庸》说：“君子恪守本分，无论处于什么样的环境，都能安然自得”，程颢、程颐和朱熹在教育弟子时，让他们寻找孔子、颜回的快乐所在，都是这个意思。如果是平常浅陋之人，往往有太多的需求和贪欲，做事不遵循规律，做人不安于命运。需求太多而得不到就会产生苦恼，贪欲太多而无法满足就会产生痛苦，行事不遵循规律就会行动受阻从而产生苦恼，做人不安天命就会心中多抱怨从而产生痛苦。所以，这样的人处境困窘，整天惶惶不安，心存侥幸去追逐名利，就像有人穿着破旧的衣服行走在荆棘丛中，怎么能体会到行走在康庄大路上的快乐呢？只有圣贤仙佛，才没有世俗之人的这几种弊病，因此常能保全快乐之身，白香山，字乐天，我心中仰慕他，于是给自己取了个“乐圃”的称号。圣贤仙佛的快乐，我哪敢奢望？我私下里准备营造一所像白居易履道里那样的别墅园亭，寄情于山谷之间，效仿白居易在《池上篇》里说的“有老者居其中，白须飘然”，“一家人其乐融融，连鸡狗都从容自在”的那种快乐。

闲情胜名利

圃翁曰：予拟一联，将来悬草堂中："富贵贫贱，总难称意[1]，知足即为称意；山水花竹，无恒[2]主人，得闲便是主人。"其语虽俚[3]，却有至理[4]。天下佳山胜水，名花美箭[5]无限，大约富贵人役[6]于名利，贫贱人役于饥寒，总无闲情及此，惟付之浩叹[7]耳。

【注释】①称意：合乎心意。②恒：永久，持久。③俚：浅俗，俗气。④至理：最精深的道理。⑤美箭：美竹。杜甫《石龛》："为官采美箭，五岁供梁齐。"⑥役：驱使，役使。⑦浩叹：长叹，大声叹息。

【译文】圃翁说：我打算撰写一幅对联，将来悬挂于草堂之中："富贵贫贱，总难称意，知足即为称意；山水花竹，无恒主人，得闲便是主人。"语言虽然通俗，里面却蕴含极精深的道理。天下风景优美的山水、枝叶秀丽的花竹不在少数，大体而言，富贵的人为名利去奔波，贫贱的人迫于生计去做事，总是没有闲情逸致去欣赏山水花竹，对于此我只能付之长叹而已。

唐律最高妙

圃翁曰：唐诗如缎如锦，质厚而体重，文丽而丝密[1]，温醇尔雅[②]，朝堂[③]之所服也。宋诗如纱如葛，轻疏纤朗[④]，便娟[⑤]适体，田野之所服也。中年作诗，断当[⑥]宗唐律；若老年吟咏适意，阑入[⑦]于宋，势所必至。立意学宋，将来益流[⑧]而不可返矣！五律断无[⑨]胜于唐人者，如王、孟[⑩]五言两句，便成一幅画。今试作五字，其写难言之景，尽难状[⑪]之情，高妙自然，起结[⑫]超远，能如唐人否？苏诗[⑬]五律不多见，陆诗[⑭]五律太率[⑮]，非其所长。参[⑯]唐宋人气味，当于五律见之。

【注释】①文丽而丝密：文采华丽而细密。②温醇尔雅：温和醇厚，用语典雅。醇厚：淳朴敦厚。尔雅：雅正，典雅。③朝堂：原为古代君王及官员议政的地方，后泛指朝廷，这里可理解为正式场合。④轻疏纤朗：轻薄宽松，细巧明亮。⑤便娟：轻盈美好的样子。⑥断当：一定要。⑦阑入：搀杂进去。⑧益流：更加放纵，更无节制。流：放纵，无节制。⑨断无：绝对没有。⑩王、孟：指王维、孟浩然。两人都是盛唐时期著名的山水田园诗人，都擅长创作五言诗。⑪难状：难以描述。状：陈述，描绘。⑫起结：诗文的开头和结尾。⑬苏诗：苏轼的诗。⑭陆诗：陆游的诗。⑮率：轻率，草率。⑯参：探究，领悟。

【译文】圃翁说：唐诗像锦缎，质体厚重，文采华丽而细密，用语温厚而典雅，如同朝堂之上穿的礼服，庄重典雅。宋诗像葛纱，轻薄宽松，纤细明亮，轻盈美好，宽便舒身，如同田野间穿的便服，随意闲适。中年写诗，一定要效法唐人的律诗。如果到了老年，为求吟咏的自在轻松，可以效仿宋诗，这也是势所必然的事情。如果打算学习宋诗，将来做诗可能会愈加随意、任性，很难再回到庄重典雅的境界。谈及五言律诗方面的成就，历朝历代绝对没有超过唐人的，像王维、孟浩然的五言律诗，五字两句就可构成一幅图画。今人可以试写五字，描写难以诉说的景物，刻画难以言明的情感，高妙自然，开头和结尾都意味深远，在这些方面能比得上唐人吗？苏轼的五言律诗所见不多，陆游的五言律诗下笔太过轻率，不是他所擅长的。探究比较唐宋之人诗歌韵味的差异，应该从五言律诗中去着手。

琴之韵味

圃翁曰：昌黎[①]《听颖师琴》[②]诗有云："呢呢[③]儿女语，恩怨相尔汝[④]。忽然势轩昂[⑤]，猛士赴战场。"又云："失势一落千丈强[⑥]。"欧阳公[⑦]以为琵琶诗，信然。予细味[⑧]琴音，如微风入深松，寒泉滴幽涧，隽永古澹[⑨]。其上下十三徽[⑩]，出入一弦至七弦，皆有次第，大约由缓而急，由大而细，极于和平，冲夷[⑪]为主，安有"呢呢儿女"忽变为"金戈铁马"之声？常建[⑫]《琴》诗[⑬]："江上调玉琴[⑭]，一弦清一心。泠泠[⑮]七弦遍，万木沉秋阴。能令江月白，又令江水深。始知梧桐枝，可以徽黄金[⑯]。"真可谓字字入妙，得琴之三昧[⑰]者。味此，则与昌黎之言迥别矣！

古来士大夫学琴，类不能学多操[⑱]。白香山止[⑲]《秋思》一曲，范文正公[⑳]止《履霜》一曲，高人抚弦动操[㉑]，自有夷旷冲澹[㉒]之趣，不在多也。古人制琴一曲，调适宫商[㉓]，但传指法[㉔]，后人强被[㉕]以语言文字，失之远矣。甚至俗谱用《大学》及《归去来辞》《赤壁赋》强配七弦，一字予以一音。且有以山歌小曲溷[26]之者，其为唐突[27]古乐甚矣，宜为雅人之所深戒也。

大抵琴音以古淡为宗，非在悦耳。心境微有不清，指下便尔荆棘[28]。清风朗月之时，心无机事[29]，旷然天真，时鼓一曲，不躁不懒[30]，则缓急轻重，合宜自然，正音[31]出于腕下，清兴[32]超于物表[33]。放翁诗曰："琴到无人听处工[34]。"未深领斯妙者，自然闻古乐而欲卧，未足深论也。

【注释】①昌黎：即唐代文学家韩愈。韩愈，字退之，河阳（今河南孟县）人，因自称祖籍在河北昌黎，故世称韩昌黎。②《听颖师琴》：韩愈诗作，全题为《听颖师弹琴》。诗曰："昵昵儿女语，恩怨相尔汝。划然变轩昂，勇士赴敌场。浮云柳絮无根蒂，天地阔远随飞扬。喧啾百鸟群，忽见孤凤皇。跻攀分寸不可上，失势一落千丈强。嗟余有两耳，未省听丝篁。自闻颖师弹，起坐在一旁。推手遽止之，湿衣泪滂滂。颖乎尔诚能，无以冰炭置我肠！"张英所记与原诗在个别字句有所不同，可能是记忆有误。③呢呢：韩愈原诗为"昵昵"，亲密的样子。④尔汝：我和你。在古代，男女情人间以"尔汝"相称是关系亲密的表现。⑤轩昂：形容音调高昂。⑥失势一落千丈强：形容琴声忽然转低，如一落千丈。强：有余。⑦欧阳公：即欧阳修，北宋文学家、史学家，字永叔，号醉翁，晚年又号六一居士。工诗善文，是北宋文学革新运动的领袖。⑧细味：仔细体味。⑨隽永古澹：意味深远，古朴淡雅。⑩十三徽：徽，原指系琴弦的绳，后用作古琴音位的标记，共十三处，故称"十三徽"。⑪冲夷：冲和平易。⑫常建：唐代中期诗人，曾任盱眙（今属江苏）尉，字号、里籍不详。⑬《琴》诗：常建诗作，全题为《江上琴兴》。张英所记与原诗有所出入，现录出原诗比照。诗云：“江上调玉琴，一弦清一心。泠泠七弦遍，万木沉幽阴。能使江月白，又令江水深。始知梧桐枝，可以徽黄金。”⑭玉琴：玉饰的琴，是对琴的美称。⑮泠泠（líng líng）：声音清越、悠扬。⑯徽黄金：以黄金做成的琴徽，形容琴的珍贵。⑰三昧：佛教用语，这里指奥妙、诀窍。⑱操：琴曲。⑲止：只，仅。⑳范文正公：即范仲淹，北宋文学家、政治家，字希文，苏州吴县（今江苏苏州）人。祥符八年进士，死后谥“文正”，史称“范文正公”。㉑抚弦动操：借指弹琴。㉒夷旷冲澹：平和旷达，谦虚淡泊。㉓调适宫商：调和音律。调适：调和，使……协调。宫商：古代有宫、商、角、徵、羽五音，这里以宫商代指音律。㉔指法：弹奏乐器时手指动作的原则和方法。㉕强被：强加。㉖溷（hùn）：混杂。㉗唐突：亵渎，冒犯。㉘荆棘：纷乱，不顺，这里形容琴声杂乱无序，不成曲调。㉙机事：机密巧诈之事。㉚不躁不懒：不急不慢。㉛正音：雅正的乐声。㉜清兴（xìng）：清雅的兴致。㉝物表：物外，世俗之外。㉞工：美妙，巧妙。

【译文】圃翁说：韩愈《听颖师琴》诗中说：“琴声轻柔仿佛情侣间亲密私语，偶尔夹杂着称你呼我的打情骂俏。忽然音调变得高昂，好似勇猛的战士奔赴战场。”又说：“琴声陡然转低，犹如一落千丈。”欧阳修认为这是写弹奏琵琶的诗，确实这样。我仔细玩味琴声，好像微风吹入深茂的松林，清泉滴进幽深的山溪，悠扬深远，古朴淡雅。古琴上下十三个琴徽，一弦到七弦的来回弹拨，都有次序可寻，大体是从缓慢到急促，从洪亮到轻细，以极其冲和平易的音调为主，哪里有什么从“儿女轻声细语”到“金戈铁马”激昂声调的突然转变？常建《琴》诗：“在江上弹奏玉琴，拨一下琴弦心就清静一分。悠远清越地拨完七根琴弦，只觉得周围的树林也变得幽静阴凉。琴声能使江上的月色更加洁白，也能使清澈的江水更加深幽。这时我才知道梧桐木做的古琴，配上黄金装饰的琴徽，竟然能奏出如此美妙的音乐。”真可以说字字精妙，领会了弹琴的奥秘。这样去体会，就与韩愈在《听颖师琴》里所说的话大不相同了！

自古以来，士大夫学琴，大都不能学太多的琴曲。白居易只会《秋思》一首曲子，范仲淹只弹《履霜》这首曲子，高雅的人弹琴，自然有一种平和旷达、淡泊恬静的意趣，不在乎能弹多少曲调。古人创作一首琴曲，在调好音律后，只传下弹琴的指法，至于琴谱上的语言文字那都是后人强加上去的，离古人最初的原意相去太远。甚至，世上有些粗俗的曲谱用《大学》和《归去来辞》《赤壁赋》生搬硬套在七弦琴上，每一字给它一个音调。还有些曲谱，把山歌小调混杂其中，这也太亵渎古乐了，高雅的人应该深以为戒，以免被这些滥俗的琴谱所误导。

大体来说，琴声的关键在于古雅淡泊，不在悦耳动听。弹琴的人心境稍微有一点不清净，指法便会滞涩，琴声便会杂乱。风清月明的时候，心境纯真旷达，没有机诈的念头，即兴弹奏一曲，不急不慢，那么这时弹琴的缓急轻重就会自然适度，手腕下也自然会奏出雅正的音乐，清雅的兴致也自然会超脱于尘俗之外。陆游的诗说：“在没有人听的时候弹琴才能弹出最美妙的音乐。”未曾深刻领会过美妙琴声的人，自然是一听到这种古乐就无精打采地想睡觉了，这样的人也就不值得我去多说什么啦。

节食安寝之义

圃翁曰：古人以“眠”、“食”二者为养生之要务[①]。脏腑肠胃常令宽舒有余地，则真气[②]得以流行而疾病少。吾乡吴友季[③]善医，每赤日寒风，行长安[④]道上不倦。人问之，曰：“予从不饱食，病安得入？”此食忌过饱之明征[⑤]也。燔炙熬煎[⑥]香甘肥腻之物，最悦口而不宜于肠胃。彼肥腻易于粘滞[⑦]，积久则腹痛气塞，寒暑偶侵，则疾作矣。放翁诗云：“倩盼作妖狐未惨，肥甘藏毒鸩犹轻[⑧]。”此老知摄生[⑨]哉！

炊饭极软熟，鸡肉之类只淡煮，菜羹清芬鲜洁渥[⑩]之。食只八分饱，后饮六安苦茗[⑪]一杯。若劳顿饥饿归，先饮醇醪[⑫]一二杯，以开胸胃。陶诗云“春醪解劬饥”[⑬]，盖藉[⑭]之以开胃气也。如此，焉有不益人者乎？且食忌多品，一席之间，遍食水陆[⑮]，浓淡杂进，自然损脾。予谓或鸡鱼凫豕[⑯]之类，只一二种，饱食良[⑰]为有益，此未尝闻之古昔，而以予意揣当如此。

安寝，乃人生最乐。古人有言，“不觅仙方觅睡方”[⑱]。冬夜以二鼓[⑲]为度，暑月以一更为度。每笑人长夜酣饮不休，谓之消夜[⑳]。夫人终日劳劳[㉑]，夜则宴息[㉒]，是极有味，何以消遣为？冬夏，皆当以日出而起，于夏尤宜。天地清旭[㉓]之气，最为爽神，失之，甚为可惜。予山居颇闲，暑月，日出则起，收水草清香之味，莲方敛而未开，竹含露而犹滴，可谓至快！日长漏永[㉔]，不妨午睡数刻，焚香垂幙[25]，净展桃笙[26]。睡足而起，神清气爽，真不啻天际真人[27]。况居家最宜早起。倘日高客至，僮则垢面，婢且蓬头，庭除[28]未扫，灶突[29]犹寒，大非雅事。昔何文端公[30]居京师，同年[31]诣[32]之，日宴[33]未起，久之方出。客问曰："尊夫人亦未起耶？"答曰："然。"客曰："日高如此，内外家长[34]皆未起，一家奴仆，其为奸盗诈伪，何为不至耶？"公瞿然[35]，自此至老不宴起。此太守公[36]亲为予言者。

【注释】①要务：重要的事务，关键。②真气：人体的元气，生命活动的原动力。③吴友季：清代安徽桐城人，曾在京城行医，与张英友善。④长安：西汉、唐朝的都城，即今西安，后常用作都城的代称，这里指清王朝的都城北京。⑤明征：明显的验证，明证。⑥燔（fán）炙熬煎：烧烤煎炸。⑦粘滞：粘附在肠胃上，不易消化。⑧"倩盼"二句：出自陆游《养生》诗："受廛故里老为氓，三十余年学养生。倩盼作妖狐未惨，肥甘藏毒酖犹轻。忠言何啻千金药，赤口能烧万里城。陋巷藜羹心自乐，旁观虚说傲公卿。"倩盼：语出《诗经·卫风·硕人》："巧笑倩兮，美目盼兮。"形容女子相貌美好，神态俏丽。惨：狠毒。肥甘：肥美甘甜的食物。酖：传说中的毒鸟，用它的羽毛泡酒，饮之即死，后常代指毒酒。这两句是说与妖艳的美女相比狐狸精的害人手段还不算狠毒，与肥美的食物相比酖酒的毒还算轻的。⑨摄生：养生。⑩渥（wò）：煮得浓厚。⑪六安苦茗：六安地区产的苦茶。六安：在今安徽西部，以产瓜片苦茶知名。⑫醇醪（chún láo）：味厚的美酒。⑬春醪解劬（qú）饥：语出陶渊明《和刘柴桑》诗，原句作"春醪解饥劬"。春醪：冬酿春熟之酒。劬：劳累。⑭藉：同"借"，凭借。

⑮水陆：水中和陆地所产的各种食物。⑯凫豘（fú tún）：水鸭和小猪。豘：同"豚"。⑰良：确实，实在。⑱不觅仙方觅睡方：出自陆游《午梦》诗："苦爱幽窗午梦长，此中与世暂相忘。华山处士如容见，不觅仙方觅睡方。"⑲二鼓：即二更。古代夜间以更为计时单位，一夜分为五更，每更大约两个小时，更与更之间有专人击鼓报时。二更，约21点至23点，下文的"一更"，约19点至21点。⑳消夜：消遣夜间时光。㉑劳劳：辛劳，忙碌。㉒宴息：休息。㉓清旭：清爽的朝晖。㉔漏永：指时间很长。漏：古代计时的器具，后代指时刻。永：长。㉕垂幙：放下帷帐。幙：帘幔，帷帐。㉖桃笙：用桃枝竹编成的竹席。㉗不啻天际真人：无异于天上的神仙。不啻：无异于，如同。天际真人：天上的仙人。㉘庭除：庭前的台阶，代指庭院。除：台阶。㉙灶突：灶上的烟囱。突：烟囱。㉚何文端公：即何如宠，明代桐城人，字康侯，号芝岳。万历二十六年进士。官至礼部尚书，武英殿大学士，卒谥文端。㉛同年：科举时代同榜录取或同一年考中的人互称"同年"。㉜诣：到某地方去，前往，这里可理解为"拜访，访问"。㉝日宴：时候已晚。宴：同"晏"，迟，晚。㉞内外家长：指家中的男女主人。古代女主内，男主外，故称。㉟瞿然：惊骇的样子。㊱太守公：即姚文燮，桐城人，字经三，号羹湖，顺治十六年进士，曾任云南开化府同知。明清时，称知府为太守，故称。

【译文】圃翁说：古人把"睡眠"、"饮食"两件事当作养生的重要事务。日常饮食不宜过饱，使五脏六腑、肠胃经常宽舒、有余地，这样人体的元气才能流通无阻，从而减少疾病。我的同乡吴友季，常常顶着烈日冒着寒风，奔走在来往京城的路上，从不知疲倦。有人问原因，他回答："我从来不吃得过饱，疾病又怎么可能有机会侵入呢？"这个事例就是食忌过饱的最好验证。

烧烤煎炸、香甜油腻的食物，最可口但也最不适宜于肠胃。那些肥腻的食物，容易粘附在肠胃上，难以消化，积攒久了就会导致腹痛气塞，寒热之气偶尔侵入，便会带来疾病。陆游的诗说：“与妖艳的美女相比狐狸精的害人手段还算不上狠毒，与肥腻香甜的食物相比鸩酒的毒算是轻的。”这老先生深知养生之道啊！

烧饭要把饭煮得极软极熟，鸡肉之类的食物只应清淡地煮，菜粥要选用新鲜干净的蔬菜浓煮而成。吃饭只吃八分饱，饭后饮一杯安徽六安产的苦茶。如果是带着劳累饥饿回来，先喝一两杯味道醇厚的美酒，以疏通胸胃。陶诗说“春酒可以解除疲劳和饥饿”，大概是借醇酒来疏通胃气。像这样饮食，怎么会不有益于人的身体呢？并且，饮食也忌讳花样太多，一桌之上，水陆食物尽皆吃遍，口味厚重的和清淡的混杂在一起食用，自然有损脾胃。依我说，鸡、鱼、鸭、猪等肉类，每次只吃一二种，可以有益于健康，这种观点从未曾听古人说过，只是我自己推测应当如此。

能够安稳地熟睡，是人生最大的乐事，所以，古人说“不觅仙方觅睡方”。冬夜就寝最迟以二更天为限度，夏季以一更天为限度。我常常讥笑那些整夜饮酒不睡还把这叫做消夜的人。人辛劳了一天，夜间就该休息，这是一件多么有趣味的事，为什么还要熬夜消遣呢？冬夏两季，都应该在日出时起床，尤其是夏天。那时天地间的清朗空气，最是令人神清气爽，白白错过，极是可惜。我在山中居住的那段时间比较清闲，夏天，日出时便起床，呼吸沾着露水芳草的清香，观赏含羞未开的莲花和不断滴露的青竹，真可以称得上快意啊！夏季天长，不妨中午小睡一会儿，展开洁净的竹席，焚一炉香，放下帷帐。睡醒起身，神清气爽，如同天上的神仙一样。况且，居家过日子最应该早起。倘若，日上三竿，客人来访，男仆女婢却蓬头垢面，庭院未扫，灶冷茶凉，这就很不雅观。从前，何文端公在京城居住的时候，有一天有客人来访，时间已经很迟了，何文端公还没有起床，客人等了很久他才出来。客人问他："您的夫人也还没有起床吗？"回答说："是。"客人说："太阳这么高了，男女主人都还没有起来，管理家事也太松懈怠慢了，主人管家松懈怠慢，家里的奴仆就会为非作歹，那还有什么不敢干的呢？"何文端公恍然惊悟，从那时起一直到老，再也不敢晚起。这是姚文燮太守亲口告诉我的事。

游山如读书

圃翁曰：山色朝暮之变，无如春深秋晚。四月则有新绿，其浅深浓淡，早晚便不同；九月则有红叶，其赪黄茜紫[①]，或暎朝阳[②]，或回夕照[③]，或当风而吟，或带霜而殷[④]，皆可谓佳胜[⑤]之极。其他则烟岚雨岫[⑥]，云峰霞岭，变幻顷刻，孰谓看山有厌倦时耶？放翁诗云："游山如读书，浅深在所得。"[⑦]故同一登临，视其人之识解[⑧]学问，以为高下苦乐，不可得而强也。

予每日治装[⑨]入龙眠[⑩]，家人相谓："山色总是如此，何用日日相对？"此真浅[⑪]之乎言看山者。

【注释】①赪黄茜紫：指红叶在日光下幻化出的不同颜色。赪（chēng）：同“赬”，浅红色。茜（qiàn）：深红色。②暎：同“映”，映照。③回夕照：反射夕阳的光辉。回：反射，返转。夕照：夕阳，傍晚的阳光。④殷：黑红色。⑤佳胜：优美。⑥烟岚雨岫（xiù）：山峦间云雾弥漫缭绕的样子。岚：山林中的雾气。岫：山峰。⑦“游山”二句：游山就像读书，体会的深浅在于能领悟多少。见陆游《天王广教院在蕺山东麓予年二十余时与老僧惠迪游略无十日不到也淳熙甲辰秋观潮海上偶系舟其门曳杖再游怳如隔世矣》，这二句原作“游山如读书，深浅皆可乐”。⑧识解：见识，见解。⑨治装：整理行装。⑩龙眠：龙眠山，在安徽省桐城市西北，山势蜿蜒，“宛若龙眠形”，上有北宋画家李公麟的山庄别业。⑪浅：浅陋，浅俗。

【译文】圃翁说：山间景色早晚变化万千，没有比深春和晚秋更明显的了。四月，树木就已发出嫩绿，其色彩的浅深浓淡，早晚间便各有不同；九月，就可以见到红叶了，随着日光的变化它们也显出浅红、黄、深红、紫各种颜色，或映对晨光，或反照夕阳，或迎风摇响，或经霜愈红，都可称得上优美至极。此外，还有烟雾缭绕的山峦，耸入云霞的高峰，顷刻之间变幻姿态，谁说看山会有厌倦的时候呢？陆游的诗说：“游山就像读书，体会的深浅在于个人的领悟。”所以，即使是游览同一处山林，根据游览者见识学问的不同，他们游览的体味也有高低苦乐之分，这是不能勉强的。

我每天整理行装进龙眠山的时候，家里人就对我说：那里的山色总是同一个样子，用得着天天去观看吗？对欣赏山间景色持有这样观点的人真是太浅陋了。

僮仆不宜多

圃翁曰：人家[①]僮仆，最不宜多畜[②]，但有得力二三人，训谕[③]有方，使令[④]得宜，未尝不得兼人之用[⑤]。太多则彼此相诿[⑥]，恩养[⑦]必不能周[⑧]，教训亦不能及，反不得其力。且此辈当家道盛，则倚势作非，招尤[⑨]结怨；家道替[⑩]，则飞扬跋扈[⑪]，反唇[⑫]卖主，皆势所必至。予欲令家仆皆各治生业[⑬]，可省游手游食[⑭]之弊，不至于冗食[⑮]为非也。且僮仆甚无取乎黠慧[⑯]者。吾辈居家居官，皆简静[⑰]守理，不为暗昧[⑱]之事。至衙门政务，皆自料理，不烦干仆[⑲]巧权门之应对[⑳]，为远道之输将[㉑]，打点机密，奔走势利。所用者，不过趋蹡[㉒]洒扫、负重徒步之事耳，焉用聪明才智为哉！至于山中耕田锄圃之仆，乃可为宝，其人无奢望、无机智[㉓]，不为主人敛怨[㉔]，彼纵不遵约束，不过懒惰、愚蠢之小过，不必加意防闲[㉕]，岂不为清闲之一助哉？

【注释】①人家：家庭。②畜：雇养。③训谕：训诲，教导。④使令：差遣，使唤。⑤兼人：超过别人，一人顶两人。⑥相诿：相互推托。诿：推卸，推托。⑦恩养：爱护养育。⑧周：全面，周全。⑨招尤：招致他人的怪罪或怨恨。尤：怨恨，责怪。⑩替：衰微，衰落。⑪飞扬跋扈：举止骄横放肆，目中无人。飞扬：放纵。跋扈：霸道，蛮横。⑫反唇：卖弄口舌。⑬生业：产业。⑭游手游食：闲荡不务正业，不劳而食。⑮冗食：吃闲饭。⑯黠慧：狡猾聪慧。⑰简静：简约沉静。⑱暗昧：愚昧昏庸。⑲干仆：能干的仆役。⑳巧权门之应对：善于与权势之家打交道。巧：善于，擅长。㉑为远道之输将：到远地去送礼以打通关节。输将：运送。㉒趋蹡：奔走侍奉。㉓机智：机巧，机诈。㉔敛怨：招致怨恨。㉕防闲：防备禁止。

【译文】圃翁说：家中的仆人，最好不要雇佣太多，只要有二三个得力的人，并且对他们教导有方，差遣得当，未必一人不可以顶两人用。仆人太多，遇事就会相互推托，主人的恩惠也必然难以顾全到所有的家仆，对他们的教导也必然不能周全，这样反而无法很好地让他们为家里出力。况且这些人在主人家道兴盛的时候，往往仗势欺人，为非作歹，招致怨恨；在主人家道衰落的时候，又往往对主人骄横无礼，甚至搬弄是非出卖主人，这都是势所必然的结果。我打算让仆人们各自从事一项产业，这样可以避免他们游手好闲、不劳而食的弊端，也不至于让他们坐吃闲饭、为非作歹。还有，选用仆人不能选用狡猾聪明的人。我们这些人不论居家生活还是在朝为官，都应该简约沉静、遵守事理，不做愚陋昏庸之事。至于衙门里的公务，都要自己处理，不要派遣能干的仆人去从事与权贵们打交道、到远方送礼、行贿请托、商量密事或者争权夺利等事情。使用仆人，不过是让他们干一些端茶倒水、洒扫庭院、搬运重物、跑腿侍奉之类的事，哪里用得着聪明才智啊！说到山中耕田锄地的仆人，那才是应该当作宝贝的人，他们无贪求、不巧诈，不会为主人招来怨恨，即使他们不守规矩，也不过是懒惰、蠢笨之类的小毛病，不必过于防范，这类人难道不是我们获得清闲，避免是非的得力助手吗？

致寿之根本

圃翁曰：昔人论致寿之道[①]有四：曰慈、曰俭、曰和、曰静。人能慈心于物，不为一切害人之事，即一言有损于人，亦不轻发。推之，戒杀生以惜物命，慎剪伐[②]以养天和[③]。无论冥报不爽[④]，即胸中一段吉祥恺悌[⑤]之气，自然灾沴不干[⑥]，而可以长龄矣。

人生福享，皆有分数[⑦]。惜福之人，福尝有馀；暴殄[⑧]之人，易至罄竭[⑨]。故老氏以俭为宝[⑩]。不止财用当俭而已，一切事常思节啬[⑪]之义，方有馀地。俭于饮食，可以养脾胃；俭于嗜欲[⑫]，可以聚精神；俭于言语，可以养气息非；俭于交游，可以择友寡过[⑬]；俭于酬酢[⑭]，可以养身息劳；俭于夜坐，可以安神舒体；俭于饮酒，可以清心养德；俭于思虑，可以蠲烦去扰[⑮]。凡事省得一分，即受一分之益。大约天下事，万不得已者，不过十之一二。初见以为不可已，细算之，亦非万不可已。如此逐渐省去，但日见事之少。白香山诗云："我有一言君记取，世间自取苦人多。"[⑯]今试问劳扰烦苦之人，此事亦尽可已，果属万不可已者乎？当必恍然自失矣。

人常和悦，则心气冲[⑰]而五脏安，昔人所谓养欢喜神[⑱]。真定梁公[⑲]每语人："日间办理公事，每晚家居，必寻可喜笑之事，与客纵谈，掀髯[⑳]大笑，以发舒一日劳顿郁结[㉑]之气。"此真得养生要诀。何文端公[22]时，曾有乡人过百岁，公扣[23]其术，答曰："予乡村人无所知，但一生只是喜欢，从不知忧恼。"噫，此岂名利中人所能哉！

《传》曰："仁者静。"又曰："知者动。"[24]每见气躁之人，举动轻佻[25]，多不得寿。古人谓："砚以世计，墨以时计，笔以日计。"[26]动静之分也。静之义有二：一则身不过劳，一则心不轻动。凡遇一切劳顿、忧惶、喜乐、恐惧之事，外则顺以应之，此心凝然不动，如澄潭[27]、如古井，则志一动气[28]，外间之纷扰皆退听[29]矣。

此四者于养生之理，极为切实。较之服药引导[30]，奚啻[31]万倍哉！若服药，则物性易偏[32]，或多燥滞[33]。引导吐纳[34]，则易至作辍[35]。必以四者为根本，不可舍本而务末也。《道德经》五千言，其要旨不外于此。铭[36]之座右，时时体察，当有裨益耳。

【注释】①致寿之道：取得长寿的方法。致：获得，取得。②剪伐：砍伐。③天和：自然和顺之气。④冥报不爽：死后报应没有差错。爽：差错，违背。⑤恺悌（kǎi tì）：和乐平易。⑥灾沴（lì）不干：灾害邪气不敢侵犯。灾沴：灾害。干：冒犯，干犯。⑦分（fèn）数：定数，天命。⑧暴殄：任意浪费、糟蹋。⑨罄竭：用尽，匮乏。⑩老氏以俭为宝：老氏，指老子。老子在《道德经》里说："我有三宝，持而保之：一曰慈，二曰俭，三曰不敢为天下先。"⑪节啬：节俭。⑫嗜欲：嗜好与欲望，多指肉体感官上追求享受的要求。⑬寡过：少犯错误。⑭酬酢（chóu zuò）：交际应酬。⑮蠲（juān）烦去扰：消除烦恼，去除纷乱。蠲：免除。⑯“我有”二句：出自白居易《感兴二首》其二：“吉凶祸福有来由，但要深知不要忧。只见火光烧润屋，不闻风浪覆虚舟。名为公器无多取，利是身灾合少求。虽异匏瓜难不食，大都食足早宜休。鱼能深入宁忧钓，鸟解高飞岂触罗。热处先争炙手去，悔时其奈噬脐何。尊前诱得猩猩血，幕上偷安燕燕窠。我有一言君记取，世间自取苦人多。”⑰冲：平和，谦虚。⑱欢喜神：原为印度古代传说中的神，俗称“欢喜佛”。相传，供养欢喜神可以得到欢乐。⑲真定梁公：即梁清标，字玉立，明崇祯十六年进士，后降清，官至保和殿大学士。因其祖籍在河北真定，故称“真定梁公”。⑳掀髯：笑时开口张须的样子。㉑郁结：郁闷盘结。㉒何文端公：见本书卷一《节食安寝之义》注释。㉓扣：询问，求教。㉔“仁者静”、“知者动”：语出《论语·雍也》：“子曰：知者乐水，仁者乐山。知者动，仁者静。知者乐，仁者寿。”这两句意为智慧的人懂得变通，仁义的人心境平和。知：同“智”，智慧，聪明。㉕轻佻（tiāo）：不庄重，不严肃。㉖“砚以世计”三句：出自北宋诗人唐庚《古砚铭》：“笔之寿，以日计；墨之寿，以月计；砚之寿，以世计。”世：三十年。㉗澄潭：清澈幽静的潭水。㉘志一动气：使心志、浮动之气凝结专一。志一：心志专一。㉙退听：退让顺从。㉚引导：即导引之术，是古代道家的一种养生方法，其实质是利用呼吸运动（导）和肢体运动（引）相结合的方法来达到强身健体的目的。㉛奚啻：何止。㉜物性：事物的本性。㉝燥滞：干燥积聚。㉞吐纳：即呼吸，古代道家的一种养生方法，吐出恶浊之气，吸纳清新之气。㉟作辍：时作时歇，不能持久。辍：停止。㊱铭：刻，记。

【译文】圃翁说：古人说获得长寿的方法有四种：慈爱、节俭、和顺、平静。人应当有对一切事物的慈爱之心，不做一切有害于人的事情，即使是有损于人的一句话也不轻易去说。推而广之，不杀生以达到爱惜生命的目的，慎砍伐从而养护天地间的和顺之气。就算不考虑善恶的因果报应，就是胸中那一股祥和平易的气象，灾害邪气也自然不敢侵犯于人，从而可以长命百岁。

人生享有多少福气，都是有定数的。爱惜福分的人，往往有享不完的福气；暴殄天物的人，福气则容易用完使尽。所以，老子以节俭为宝。不只财物应当节俭，一切事情都要经常想着节俭、节制的道理，这样万事才有回旋的余地。在饮食方面有节制，能够养护脾胃；在欲望追求方面有节制，能够聚养精神；在说话方面有节制，能够养护元气避免争端；在交游方面有节制，能够选择善友而少犯错误；在应酬方面有节制，能够保养身体减少疲劳；在熬夜娱乐方面有节制，能够安养心神舒适身体；在饮酒方面有节制，能够清静心境培养道德；在思虑方面有节制，能够消除烦恼去除纷扰。所有事情，能省多少，便会得到多少的好处。大体来说，天下的事情，属于非做不可的，不过十分之一二。遇到事情，刚开始时以为非做不可，细想一下，也不是一定要做。像这样逐渐省去一些不必要之事，每天需要处理的事情就会减少。白居易的诗说："我有一句话您要记住，这世上多是自寻烦恼的人。"如今我试着问一下那些劳苦烦扰的人，让他们烦恼的那些事情是属于可以忽略的，还是果真属于非做不可的呢？我想，他们一定会恍然大悟，明白自己的失误之处。

人常常和乐喜悦，心气就会平和，五脏就会安康，这就是古人所说的养欢喜神。河北真定梁清标公常对人说："我白天处理公事，晚上回到家里，必然要找出一些令人高兴快乐的事，与客人畅谈，开口大笑，借此排遣一天的烦劳郁闷之气。"这真是养生的秘诀啊！何文端公活着时，曾遇到一个年龄超过一百岁的人，何公问他长寿的方法，那人答道："我是乡下人，知识浅陋，一生只知道欢喜，从来不知道忧愁烦恼是什么。"哈，这岂是热衷名利的人所能做得到的啊！

古代的典籍说："仁义的人心境平和。"又说"智慧的人懂得变通。"常常见到心浮气躁的人，举止轻薄，行动不庄重，这类人多数不能长寿。古人说："砚的寿命以三十年为一个单位来计算，墨的寿命以季度来计算，笔的寿命以天数来计算。"这是动与静的区别。静的涵义有二：一是身体不能过于劳累，二是内心不能被轻易扰动。不管遇到什么劳苦疲倦、忧愁烦躁、欢喜快乐、惊恐害怕的事，对外要顺其自然的去应对处理，内心则要凝然不动，像澄澈的潭水、寂静的深井一样，这样才能使心志专一，让外界的纷扰退让。

这四个方面对于养生，很是实用。相比服食药物练习导引，胜过它们何止千万倍啊！如果服食药物，容易出现药性偏颇、引发燥热上火的问题。导引吐纳之术，人多不能坚持练习，时作时歇，难以取得成效。必须以这四个方面为根本，不可舍本逐末，《道德经》五千多字，其主旨不外乎这四个方面。如果能把这四个方面当作座右铭，常常体会省察，一定会对身心有益。

人生寄情有山水

圃翁曰：人生不能无所适[①]以寄其意。予无嗜好，惟酷好看山种树。昔王右军[②]亦云："吾笃嗜[③]种果，此中有至乐存焉。"

手种之树，开一花，结一实，玩之偏爱，食之益甘，此亦人情也。

阳和里[4]五亩园[5]，虽不广，倘所谓“有水一池，有竹千竿”[6]者耶。花十有二种，每种得十余本，循环[7]玩赏，可以终老。城中地隘，不能多植，然在居室之西数武[8]，花晨月夕，不须肩舆策蹇[9]，自朝至夜分[10]，可以酣赏饱看一花一草，自始开至零落，无不穷极其趣，则一株可抵十株，一亩可敌十亩。

山中向营赐金园[11]，今购芙蓉岛[12]，皆以田为本，于隙地疏池种树，不废耕耘。阅耕[13]是人生最乐，古人所云“躬耕”[14]，亦止是课仆督农[15]，亦不在沾体涂足[16]也。

【注释】①无所适：没有安适的事情。②王右军：即王羲之。王羲之，东晋书法家，字逸少，琅琊临沂（今属山东）人。官至右军将军，故世称“王右军”。③笃嗜：非常喜好。④阳和里：地名，在今安徽桐城西南。⑤五亩园：张英桐城老家的一座园林，在其住宅南边，因有五亩塘而得名。⑥有水一池，有竹千竿：出自白居易《池上篇》：“十亩之宅，五亩之园，有水一池，有竹千竿。”⑦循环：往复，反复。⑧数武：数步。武：半步。⑨肩舆策蹇：乘轿或骑驴。肩舆：轿子。策：原指古代的一种马鞭，头上有尖刺，可引申为鞭打、骑坐、乘坐。蹇：跛足驴。⑩夜分：半夜。⑪赐金园：张英在桐城老家营建的一所园林，因为是用皇帝赏赐的金银修成，故名“赐金园”。⑫芙蓉岛：继“赐金园”后，张英修建的另一所园林，距“赐金园”不远。⑬阅耕：看人种地。⑭躬耕：亲自耕种。⑮课仆督农：督促仆人监督农耕。课：考核，督促。⑯沾体涂足：身体被汗水沾湿，双脚沾满泥土，形容耕作的劳苦。

【译文】圃翁说：人生不能没有一些自己喜好的事情来寄托

情感。我没有别的嗜好，只酷爱观山景、种花树。从前王羲之也说：“我非常喜爱种果树，这里面有极大的乐趣。”亲手种植的果树，每开出一朵花，每结出一个果，玩赏之时总有一种特别偏爱的感觉，食用之时也觉得特别甘甜，这是人之常情。

我老家阳和里的五亩园，虽然面积不大，大概也符合白居易所说的“有水一池，有竹千竿”吧！园里的花有十二种，每种有十多棵，可以循环往复的观赏，足能以此愉快的终老。城中地方狭小，不能多种花木，但在我家住宅以西数步远的地方，景物美好，有花有月，又不用乘轿或骑驴，就可以前往，从日出到半夜，在那里可以尽情观赏所有花草，领略它们从初开到凋落的无限妙趣，这个地方的一棵花顶得上其它地方的十棵花，一亩地顶得上其它地方的十亩地。

以前我曾在山中修建“赐金园”，现在又购买了一所名叫“芙蓉岛”的园地，两者都以田地为主，在田地之外的空隙地带，我又命人开挖池塘，种植树木，不浪费每一寸可以耕种的土地。观察农耕是人生一大乐事，古人所说的“亲自耕种”，也只不过是督促仆人耕种，绝不会自己汗流满身，双脚沾泥的下地干活。

寻梦山水间

圃翁曰：山居宜小楼，可以收揽[①]群峰众壑之势。竹杪松梢[②]，更有奇趣。予拟于芙蓉岛南向构[③]一小楼，题曰：“千崖万壑之楼。”大溪环抱，群岫耸峙[④]，可谓快矣！筑小斋三楹[⑤]，曰“佳梦轩”。夫人生如梦，信矣！使夕梦至此，岂不以为佳甚耶？陆放翁梦至仙馆，得诗云：“长廊下瞰碧莲沼，小阁正对青萝峰。”[⑥]便以为极胜之景。予此中颇有之，可不谓之佳梦耶？香山诗云：“多道人生都是梦，梦中欢乐亦胜愁。”[⑦]人既在梦中，则宜税驾[⑧]咀嚼其梦，而不当为梦幻泡影[⑨]之嗟。予固将以此为睡乡[⑩]，而不复从邯郸道上，向道人借黄粱枕也[⑪]。

【注释】①收揽：尽得，尽观。②竹杪松梢：竹、松的末梢。杪：树梢。③构：构建，建造。④群岫（xiù）耸峙：群山耸立。岫：峰峦。耸峙：高耸矗立。⑤三楹：三间。楹：原指厅堂前的柱子，后用作房屋计量单位，房屋一间为一楹。⑥“长廊”二句：见陆游《梦游山水奇丽处有古宫观云云台观也》，原句为“曲廊下瞰白莲沼，小阁正对青萝峰”。⑦“多道”二句：见白居易《城上夜宴》，原句为“从道人生都是梦，梦中欢笑亦胜愁”。⑧税驾：解下驾车的马，停车，有休息或归宿之意。税：通“脱”，解下，取下。⑨梦幻泡影：比喻空虚而容易破灭的事物。⑩睡乡：入睡后的境界。⑪“邯郸道上”二句：唐沈既济《枕中记》载：卢生在邯郸客店中住宿，遇一道士吕翁，吕翁给他一个枕头。卢生枕着这个枕头入睡，梦中享尽富贵荣华，及至醒来，主人蒸的黄粱饭尚还未熟。于是后世以“黄粱梦”“邯郸梦”来比喻虚幻不实、容易破灭的事和欲望，或比喻美好之事物，如梦一般，转眼成空。

【译文】圃翁说：在山中居住最好住在小楼之中，这样可以尽观群山众壑的雄伟气势。即使是竹、松的枝梢，看起来也感觉更有奇妙之趣。我打算在芙蓉岛南面建造一座小楼，题名为“千崖万壑之楼”。楼的周围有大溪环绕，群山耸立，真可谓一件快意的事啊！我还要在这里建小屋三间，叫作“佳梦轩”。人生如梦，确实如此啊！假如能在此一夕清梦，难道不是一件令人高兴的事吗？陆游有一次做梦，梦到一处仙境，醒来后作诗说：“曲折的长廊下临长满碧荷的池塘，清幽的小阁正对爬满青藤的山峰。”于是认为那是极美的景致。我的小楼中也颇多这样的景致，这不正是做美梦的好地方吗？白居易诗说：“人们多说人生是梦，即便是梦，这梦中的欢乐也胜过醒时的愁苦。”既然人生如梦，就应该从奔波忙碌中停歇下来体味梦境，而不应当只是空叹人生如梦幻泡影般容易破灭。我已下定决心把“千崖万壑之楼”和“佳梦轩”当作追寻梦境之处所，不用再像卢生那样在邯郸道上向道人借黄粱枕来追寻美梦了。

多藏必招祸

圃翁曰：人生于珍异之物，决不可好。昔端恪公①言：“士人于一研②一琴，当得佳者；研可适用，琴能发音，其它皆属无益。”良然。瓷器最不当好。瓷佳者必脆薄，一盏值数十金，僮仆捧持，易致不谨，过于矜束③，反致失手。朋客欢燕④，亦鲜⑤乐趣。此物在席，宾主皆有戒心，何适意之有？瓷取厚而中等者，不至太粗，纵有倾跌⑥，亦不甚惜，斯为得中之道⑦也。名画法书⑧及海内有名玩器，皆不可畜⑨。从来贾祸招尤⑩，可为龟鉴⑪。购之不啻千金，货⑫之不值一文，且从来真赝⑬难辨，变幻奇于鬼神，装潢[14]易于窃换[15]。一轴得善价，继至者遂不旋踵[16]。以伪为真，以真为伪，互相讪笑[17]，止可供喷饭[18]。昔真定梁公有画、字之好，竭生平之力收之，捐馆[19]后，为势家[20]所求索殆尽。然虽与以佳者，辄谓非是，疑其藏匿，其子孙深受斯累，此可为明鉴[21]者也。

【注释】①端恪公：姚文然，字弱侯，号龙怀，桐城人。明崇祯十六年进士，选翰林院庶吉士。入清，任国史院庶吉士、礼科给事中、刑部尚书等职，卒谥端恪，故称“端恪公”。②研：同“砚”，砚台。③矜束：谨慎拘束。④欢燕：欢聚宴饮。燕：同“宴”。⑤鲜：少，缺乏。⑥倾跌：跌倒，这里指跌倒打碎。⑦得中之道：适宜的做法。得中：适宜、适当。⑧法书：又称法帖，学习书法用的范本，这里指名家书法。⑨畜：积存，收藏。⑩贾（gǔ）祸招尤：招致灾祸、怨恨。贾：招引，招惹。尤：怨恨，责备。⑪龟鉴：龟壳可以占卜吉凶，镜子能够辨别美丑，后世以“龟鉴”比喻可供人学习的榜样或引以为戒的教训。鉴：镜子。⑫货：售，卖。⑬真赝：真假。赝：即赝品，假货，仿制品。⑭装潢：装饰物品使其美观。⑮窃换：偷换。⑯旋踵：掉转脚跟，形容时间短暂。踵：脚跟。⑰讪笑：讥笑。⑱喷饭：原指吃饭时突然发笑而把嘴中的饭喷出来，后以“喷饭”指惹人发笑。⑲捐馆：“捐”指放弃，“馆”指官舍，离弃自己的馆舍，借指死亡、去世。⑳势家：有权势的人家。㉑明鉴：明显的借鉴。

【译文】圃翁说：人生对于珍贵奇异的物品，绝不可以有所癖好。从前姚端恪公说：“读书人对于一砚一琴，可以寻找佳品。因为，砚台能够使用，琴能够演奏，其它贵重的物品都属无益的东西。”确实如此。瓷器最不应当追求质地好的。瓷器质量越好越脆薄，一件好的瓷器价值数十两银子，仆人日常取用，不谨慎则容易打碎，如果过于谨慎，反而也容易因为太紧张而失手打碎。况且，朋友欢聚宴饮，有这样的东西在场，也会减少许多乐趣。试想有如此贵重的瓷器放在桌上，客人和主人都小心翼翼，放不开手脚，怎么会有快乐的心情呢？瓷器要选择厚实而价格中等的，不过于粗糙即可，这样即使跌倒打碎，也不觉得可惜，这才是选取器物的适当方法。名家字画及世上出名的古董玩物，都不应收藏。这些东西历来容易招灾惹祸，应该引以为鉴。古董字画购买时价值千金，卖出时一钱不值，并且历来真假难分，变幻莫测胜过鬼神，在装裱修饰时又容易被偷换。有时一件字画刚刚卖出个好价钱，马上就有无数仿制品出现。把假的当成真的，把真的当成假的，人们为此相互讥笑，在我看来这只是令人喷饭的可笑举动。以前河北真定梁清标公爱好字、画，生平不惜竭尽财力进行收藏，死后，所藏字画几乎全被权势之家索取。然而，即使给别人的是真品，别人也常常以为是赝品，怀疑他家藏匿真品不给，为此梁公的子孙深受其累，这可以作为“勿好珍异之物”的明显借鉴。

天道圆融

圃翁曰：天体至圆，故生其中者，无一不肖[①]其体。悬象[②]之大者，莫如日月，以至人之耳目手足、物之毛羽、树之花实。土得雨而成丸，水得雨而成泡，凡天地自然而生皆圆。其方者，皆人力所为。盖禀[3]天之性者，无一不具天之体。万事做到极精妙处，无有不圆者。圣人之德，古今之至文法帖[4]，以至一艺一术，必极圆而后登峰造极。裕亲王[5]曾畅言其旨，适与予论相合。偶论及科场文[6]，想必到圆处始佳。即饮食做到精美处，到口也是圆底。余尝观四时之旋运[7]、寒暑之循环、生息[8]之相因[9]，无非圆转。人之一身与天时相应，大约三四十以前，是夏至前，凡事渐长；三四十以后，是夏至后，凡事渐衰，中间无一刻停留。中间盛衰关头，无一定时候，大概在三四十之间。观于须发[10]可见：其衰缓者，其寿多；其衰急者，其寿寡。人身不能不衰，先从上而下者，多寿，故古人以早脱顶为寿征；先从下而上者，多不寿，故须发如故而脚软者难治。凡人家道亦然，盛衰增减，决无中立之理。如一树之花，开到极盛，便是摇落之期。多方保护，顺其自然，犹恐其速开，况敢以火气[11]催逼之乎？京师温室之花，能移牡丹各色桃于正月，然花不尽其分量，一开之后，根干辄萎。此造化之机[12]，不可不察也。尝观草木之性，亦随天地为圆转：梅以深冬为春，桃、李以春为春，榴、荷以夏为春，菊、桂、芙蓉以秋为春。观其枝节含苞之处，浑然[13]天地造化之理。故曰："《复》，其见天地之心乎！"[14]

【注释】①肖：像；类似。②悬象：天象，多指日月星辰。③禀：领受，承受。④至文法帖：极好的文章和名家书法的范本。⑤裕亲王：即爱新觉罗·福全。福全，号澹园主人，顺治皇帝次子。康熙六年封裕亲王。曾任抚远大将军，远征噶尔丹。卒谥"宪"。⑥科场文：参加科举考试的文章。⑦旋运：运转。⑧生息：生殖繁衍。⑨相因：接续，承接。⑩须发：胡须和头发。⑪火气：以人工方式增加温度。⑫造化之机：自然界的机巧。造化：自然，自然界。⑬浑然：全然，完全。⑭“天地之心”二句：见《易经·复卦》彖（又名彖辞，《易经》中论卦义的文字。）传：“复，其见天地之心乎！”复卦，为坤上震下合成之卦，象征冬去春来，阳气复发，万物萌生。这句是说“复卦，体现的是自然万物生生不息的本心。”

【译文】圃翁说：天的形状非常圆融，所以生长在其中的东西，没有不类似圆形的。从最大的天象日月，以至于人的耳目手足、动物的毛羽、树的花果，都是这种情况。土遇雨便会成为泥丸，水遇雨就会泛出水泡，所有天地间自然生成的物体都是圆的。而方形物体，都是人力加工形成的。大概禀承自然属性的东西，无一不具有类似天体的形状。世间万事做到极精妙的境界，也无一不是圆融的。圣人的德行，古往今来的好文章好书法，以至于任何艺、术，必然先达到圆融的境地，然后才能登峰造极。裕亲王曾经畅言这种理论，正好与我的观点不谋而合。我们偶然谈到应试文章，也都认为要做到圆融才称得上好。即使是饮食，达到精美之处，入口也是圆润，饱满的。我曾观察四季的运转、寒暑的循环、生死的轮回，无不遵循圆转之理。人的身体与天道运行的规律相对应，大体来说，三四十岁以前，相当于一年中的夏至以前，凡事都会增长发展；三四十岁以后，相当于一年中的夏至以后，凡事都会减弱衰退，其间不会做片刻停留。这中间由盛变衰的关键时间，不一定是什么时候，大体在三四十岁之间。观察人的胡须和头发就可看出：须发衰退慢的人，寿命长；须发衰退快的人，寿命短。人的身体不可能不衰退，由上而下衰退的人，多半会长寿，所以古人以头顶早秃作为长寿的象征；由下而上衰退的人，多不长寿，所以胡须头发健全而腿脚疲软的人，很难长寿。对于人的家庭命运来说也是如此，按照盛衰增减的规律在发展，绝没有中立不变的道理。就像一棵树上的花，完全开放之时，便是衰败摇落之期。虽然想尽办法保护花木，顺其自然生长，仍担心它开得快败得也快，哪敢以人工加温的方法促使其早开花呢？京城温室里培养的花朵，能把牡丹和各种桃树的开花期提前到正月，然而所开之花并不是完全绽放，并且花朵开放一次之后，根和枝叶立即枯萎。这是大自然的必然规律，不可不用心体察。我又曾观察草木的本性，也是随自然规律而圆转变化的：梅花把深冬作为自己的春天，桃、李把春天作为自己的春天，石榴花、荷花把夏天作为自己的春天，菊花、桂花、芙蓉花把秋天作为自己的春天。观察它们枝节上长花苞的地方，全都包含有顺从自然、圆转变化的道理。因此《易经·复卦》彖辞说："往复循环，是大自然生养万物的本心的体现。"

古人精要在文集

圃翁曰：人往往于古人片纸只字[①]，珍如拱璧[②]。其好之者，索价千金。观其落笔神彩，洵[③]可宝矣。然自予观之，此特[④]一时笔墨之趣所寄耳。

若古人终身精神识见[⑤]，尽在其文集中，乃其呕心刿肺[⑥]而出之者，如白香山、苏长公[⑦]之诗数千首，陆放翁之诗八十五卷。其人自少至老，仕宦之所历，游迹之所至，悲喜之情，怫愉[⑧]之色，以至言貌謦欬[⑨]，饮食起居，交游酬酢[⑩]，无一不寓其中。较之偶尔落笔，其可宝不且[⑪]万倍哉！予怪世人于古人诗文集不知爱，而宝其片纸只字，为大惑也。

余昔在龙眠[⑫]，苦于无客为伴。日则步屧[⑬]于空潭碧涧、长松茂竹之侧，夕则掩关[⑭]读苏、陆诗。以二鼓为度，烧烛焚香煮茶，延[⑮]两君子于坐，与之相对，如见其容貌须眉然。诗云：“架头苏陆有遗书，特地携来共索居[⑯]。日与两君同卧起，人间何客得胜渠[⑰]？”良非解嘲语也[⑱]。

【注释】①片纸只字：即片言只字，零碎简短的文字材料。②拱璧：两手合抱的大璧，比喻极其珍贵之物。③洵：确实，实在。④特：仅，只。⑤识见：见识。⑥呕心刿（guì）肺：劳心苦虑，费尽心思。刿：刺伤，割。⑦苏长公：即苏轼，因其为苏洵长子，故时人尊称为“苏长公”。⑧怫（fú）愉：抑郁和欢乐。怫：心情郁闷不畅。⑨謦欬（qǐng kài）：咳嗽声，引申为谈笑。⑩酬酢：应酬交往。⑪不且：副词，不只，不仅。⑫龙眠：即龙眠山，在安徽桐城市西北三十里。⑬步屧：步行，漫步。屧：同“屟”，木拖鞋。⑭掩关：闭门。关：门闩。⑮延：请。⑯索居：独处，独居。⑰渠：古代方言，相当于“他，他们”。⑱解嘲：因被人嘲笑而自作解释。

【译文】圃翁说：世人往往对只有片言只字的古人手迹，如大璧宝玉般的珍视。有些喜好它的人，要价千金才肯卖。看它下笔的神采，确实值得珍视。然而，在我看来，这仅仅是作者一时兴起，随手书写以寄托兴趣罢了。

古人一生的心得见识，全体现在他的文集中，文集中的作品是他们呕心沥血、费尽心思创作出来的，比如白居易、苏轼的数千首诗，陆游的八十五卷诗集。这些人从少到老，为官的经历，游览的足迹，或悲或喜的心绪，忧郁欢乐的情感，以至于言谈笑貌，饮食起居，交游应酬，无一不体现在文集中。相比较偶尔落笔的作品，其文集的宝贵程度胜过它们何止万倍啊！我奇怪世人对于古人的诗文集不知珍爱，却珍爱写了片言只字的书法墨迹，这真令我大惑不解。

我以前在龙眠山居住的时候，苦于没有同伴。白天在清澈碧绿的溪潭和高大茂密的松竹林旁闲步，晚上就闭门读苏轼、陆游的诗。读到二更天为限度，点上蜡烛，焚一炉香，煮一壶茶，请两君子入座，对着他们的诗集，我好像能看到他们的音容笑貌。我有一首诗："书架上摆着苏、陆留下的著作，这是我特意带来伴我隐居的。每天与他们同睡同起，人间有哪位客人能胜过他们？"这绝不是自我解嘲的话。

山林之乐人难享

圃翁曰：予尝言享山林之乐者，必具四者而后能长享其乐，实有其乐，是以古今来不易觏[①]也。四者维[②]何？曰道德，曰文章，曰经济[③]，曰福命[④]。所谓道德者，性情不乖戾[⑤]，不谿刻[⑥]，不褊狭[⑦]，不暴躁，不移情于纷华[⑧]，不生嗔[⑨]于冷暖。居家则肃雍[⑩]闲静，足以见信于妻孥[⑪]；居乡则厚重谦和，足以取重于邻里；居身[12]则恬淡寡营[13]，足以不愧于衾影[14]；无忤[15]于人，无羡于世，无争于人，无憾于己。然后天地容其隐逸，鬼神许其安享，无心意颠倒之病，无取舍转徙[16]之烦。此非道德而何哉？

佳山胜水，茂林修竹，全恃我之情性识见取之。不然，一见而悦，数见而厌心生矣。或吟咏古人之篇章，或抒写性灵之所见，一字一句便可千秋，相契无言亦成妙谛[17]。古人所谓："行到水穷处，坐看云起时[18]。"又云："登东皋以舒啸，临清流而赋诗[19]。"断非不解笔墨人所能领略。此非文章而何哉？

夫茅亭草舍，皆有经纶[20]；菜陇瓜畦[21]，具见规划；一草一木，其布置亦有法度。淡泊而可免饥寒，徒步而不致委顿[22]。良辰美景，而匏樽[23]不空；岁时伏腊[24]，而鸡豚可办。分花乞竹[25]，不须多费，而自有雅人深致[26]；疏池结篱，不烦华侈[27]，而皆能天然入画。此非经济而何哉？

从来爱闲之人，类[28]不得闲；得闲之人，类不爱闲。公卿将相，时至则为之。独是山林清福，为造物之所深吝[29]。试观宇宙间几人解脱，书卷之中亦不多得。置身在穷达毁誉之外，名利之所不能奔走，世味[30]之所不能缚束。室有莱妻[31]，而无交谪[32]之言；田有伏腊[33]，而无乞米之苦。白香山所谓"事了心了"[34]。此非福命而何哉？

四者有一不具，不足以享山林清福。故举世聪明才智之士，非无一知半见，略知山林趣味，而究竟不能身入其中，职[35]此之故也。

【注释】①觏（gòu）：遇见。②维：语气词，无意义。③经济：经世济民的才能。④福命：享福的命运。⑤乖戾：不合情理。⑥谿（xī）刻：刻薄。谿：同“溪”。⑦褊（biǎn）狭：度量狭小。⑧纷华：繁华，富丽。⑨生嗔：生气。⑩肃雍：庄严雍容，整齐和谐。⑪妻孥：妻子和儿女。⑫居身：立身处世。⑬寡营：欲望少，不为个人谋划打算。⑭不愧于衾影：暗中不做亏心事，后常指在私生活中无丧德败行之事，问心无愧。北齐刘昼《新论·慎独》：“独立不惭影，独寝不愧衾。”⑮忤：违逆。⑯转徙：辗转漂泊。⑰妙谛：精妙的道理。⑱“行到”二句：语出唐王维《终南别业》。全诗为：“中岁颇好道，晚家南山陲。兴来每独往，胜事空自知。行到水穷处，坐看云起时。偶然值林叟，谈笑无还期。”意为走到溪流的尽头，坐下来欣赏刚刚升起的云雾。⑲“登东皋”二句：语出晋陶潜《归去来兮辞》。意为登上东边的高地放声歌啸，来到清溪之旁吟咏诗篇。皋：水边的高地。舒啸：长啸。放声歌啸。⑳经纶：原指整理丝线，后借指治理国家的才能。㉑菜陇瓜畦（qí）：种植瓜菜的田地，泛指田地。陇：同“垄”，田间土埂。畦：田园中分成的小区，一区称为一畦。㉒委顿：精神不振，疲困。㉓匏（páo）樽：匏制的酒樽，泛指酒樽。匏：葫芦的一种，果实圆大而扁。㉔伏腊：古代两种祭祀的名称，“伏”在夏季伏日，“腊”在冬季腊日。这里代指一年中的节日。㉕分花乞竹：把花分给他人种，自己讨他人的竹子种，这里指以自种之花与他人换竹。㉖雅人深致：人品高尚，情趣深远，后多形容人的言谈举止高尚文雅，不同流俗。㉗华侈：豪华奢侈。㉘类：大抵，大都。㉙吝：爱惜，舍不得。㉚世味：人世滋味，社会人情。㉛莱妻：老莱子之妻。汉刘向《列女传·贤明》载：莱子逃世，耕于蒙山，楚王遣使聘其出仕，其妻以“食人酒肉，受人官禄，为人所制也，能免于患乎？”为由劝止之。后以“莱妻”作为贤妻的代称。㉜交谪：互相埋怨。㉝伏腊：借指必要的生活资料，此处指粮食。㉞事了心了：出自白居易《自在》诗："心了事未了，饥寒迫于外。事了心未了，念虑煎于内。我今实多幸，事与心和会。内外及中间，了然无一碍。"㉟职：惟，只，表示出于某种原因。

【译文】圃翁说：我曾经说过要想享受山林的快乐，必须具备四个条件后才能真正长久地享受这种快乐，真正地拥有这种快乐，所以古往今来同时具备这四个条件的人很难遇到。这四个条件是什么呢？一是道德，二是文章，三是经世济民的才能，四是能够享受福分的命运。所谓道德，指的是性情不怪僻，不刻薄，不器量小，不暴躁，不因世俗繁华而改变志向，不因世态炎凉而生气动怒。在家则庄严雍容、和谐沉静，这样才能够赢得妻子和儿女的信任；在乡则淳厚朴实，谦虚平和，这样才能够得到街坊邻里的尊重；立身处世则淡泊恬静不计名利，这样才能够做到问心无愧光明磊落。不违逆于人，不羡慕世间的名利，不与人争斗，无愧于自己。然后，天地才会容纳其隐居，鬼神才会允许其安享山林之乐，没有心烦意乱的困扰，没有为名利奔波的烦恼。这不是道德又是什么呢？

好山好水，茂林高竹，全凭个人的性情见识来欣赏其中的乐趣。不然，第一次见到这些景物时内心会感到喜悦，见多了内心就会生出厌倦。时而吟咏古人的诗文，时而抒发灵光一现时的感悟，一字一句便可传诵千古，心有感悟无须言语也可领会其中精妙的道理。古人说："行到流水的尽头，坐看升腾的烟云。"又说："登上东边的高地高声长啸，面对清澈的溪流吟咏诗歌。"这种境界是那些不懂文章的人所不能领会的。这不是文章又是什么呢？

茅屋草房，都要经过一番筹划而建设；瓜田菜地，都要精心规划而开辟；一草一木，布置起来也要遵循一定之规。家境虽不宽裕却可以免于饥寒，徒步而行却不致于疲劳。良辰美景，杯有醇酒；逢年过节，肉食齐备。与人交换花竹而种，无须太多花费，自然就有一种高雅之人的情趣；疏浚池塘，编结篱笆，不用太多豪华布置，这些平凡之物都可以构成天然的图画。这不是经济才能又是什么呢？

从来喜爱清闲的人，大多没有机会享受清闲；有空闲的人，又大多不喜爱享受清闲。公卿将相的位子，时运来时就可以坐上去。只有山林隐居之福，是造物主所不轻易给予的。试看天地间，有几个人能从世俗中解脱？就是书卷中也没有记载多少这样的人。有几个人能置身于穷困、显达、毁谤、赞誉之外，又有几个人能不为名利奔走，不被世俗人情所束缚。家有贤妻，夫妻间就不会相互埋怨；田有余粮，一家人就无借米之苦。白居易说“事了心了”，这不是福命又是什么呢？

这四个条件有一个不具备，就不能尽情享受隐居山林的清福。所以，普天下具有聪明才智的人，并非没有见解，也并非对山林乐趣所知不多，但终究不能身入其中，享受隐居山林的快乐，正是由于这个原因。

衣不著缎，食无人参

圃翁曰：予于归田之后，誓不著缎，不食人参。夫古人至贵，犹服三浣之衣[①]。缎之为物，不可洗，不可染，而其价六七倍于湖州绉䌷[②]与丝䌷，佳者三四钱一尺，比于一匹布之价。初时华丽可观，一沾灰油，便色改而不可浣洗。况予素性[③]疏忽，于衣服不能整齐，最不爱华丽之服。归田后，惟著绒、褐、山茧、文布、湖䌷[④]，期于适体养性。冬则羔裘[⑤]，夏则蕉葛[⑥]，一切珍裘细縠[⑦]，悉屏弃之，不使外物妨吾坐起也。老年奔走应[⑧]事务，日服人参一二钱。细思吾乡米价，一石不过四钱，今日服参，价如之或倍之，是一人而兼百馀人糊口[⑨]之具，忍孰甚焉？侈孰甚焉？夫药性原以治病，不得已而取效于旦夕，用是补续血气，乃竟以为日用寻常之物，可乎哉？无论物力不及，即及亦不当为。予故深以为戒。倘得邀恩遂初[⑩]，此二事断然不渝[⑪]吾言也。

【注释】①三浣（huàn）之衣：洗过多次的粗布衣服。浣，洗。②湖州绉䌷（zhòu chóu）：浙江湖州出产的丝织品。绉：有皱纹的丝织品。䌷：同“绸”，一种薄而软的丝织品。③素性：本性。④绒、褐、山茧、文布、湖䌷：古代丝织品的不同种类。绒：细布。褐：粗布，古时为贫贱者所服。山茧：用山蚕茧制成的布。文布：有花纹的布。湖䌷：浙江湖州生产的粗绸。⑤羔裘：用羔羊皮制成的衣服。⑥蕉葛：用蕉麻纤维织成的布。⑦珍裘细縠（hú）：珍贵的皮衣，轻薄的细纱。縠：有皱纹的细纱。⑧应：应对。⑨糊口：吃饭，勉强维持生活。⑩邀恩遂初：谋求恩准，完成辞官隐居的初愿。遂：成功，完成。初：初愿，本愿。⑪不渝（yú）：不改变。渝：改变。

【译文】圃翁说：我将来退隐田园后，立誓不穿缎料衣服，不吃人参。古代身份高贵的人，尚且穿洗过多次的粗布衣服，何况我呢？缎子这种东西，不好清洗，不易于染色，而且其价格是湖州纱绸与丝绸的六七倍，质量好的要三四钱银子一尺，相当于一匹布的价格。缎料衣服初穿时华丽好看，可一旦沾上灰尘、油渍，就会变色而且洗也洗不净。况且我本性随意，对衣着不太讲究，也最不喜欢华丽的服饰。回乡隐居后，我只穿普通布料和丝绸制成的衣服，目的在于舒适方便，有助身心。冬天穿羔羊皮衣，夏天穿葛布薄衣，所有珍贵皮衣精细绸纱，全都舍弃，以免让这些东西妨碍我的日常起居。以前，因为年老又整日忙于事务，所以每天服用人参，花费一二钱银子。细想一下，我家乡的米价，一石才不过四钱银子，现在一天服用的人参，价钱相当于一石米甚至有时还要多，我一个人吃人参的费用就足够一百多人生活之所需，如果这样的事情都可以被容忍，还有什么是不能被容忍的？如果这都不算奢侈，那什么才算作奢侈呢？人参的药性功能本是用来治病的，不得已时偶尔用一下，取得一时的疗效，用的是人参能够补充气血的功能，现在竟然把它当做日常普通之物使用，这样做怎么能行呢？且不说人参这种东西价格昂贵，普通人家负担不起，就是负担得起也不应当这样做。所以，我深以为戒。假使皇上恩准我辞官归乡，对于这两件事，我绝不会改变自己的初衷。

门下杂宾，有损无益

圃翁曰：古人美王司徒之德，曰“门无杂宾”[①]，此最有味。大约门下奔走之客，有损无益。主人以清正、高简[②]、安静为美，于彼何利焉？可以啖之以利[③]，可以动之以名，可以怵[④]之以利害，则欣动[⑤]其主人。主人不可动，则诱其子弟，诱其僮仆：外探无稽之言[⑥]，以荧惑[⑦]其视听；内泄机密之语，以夸示其交游。甚且以伪为真，将无作有，以徼幸[⑧]其语之或验，则从中而取利焉。或居要津[⑨]之位，或处权势之地，尤当远之益远也。又有挟术技以游者，彼皆藉[⑩]一艺以售其身，渐与仕宦相亲密，而遂以乘机遘会[⑪]，其本念决不在专售其技也。挟术以游者，往往如此。故此辈之朴讷[⑫]迂钝者，犹当慎其晋接[⑬]。若狡黠便佞[⑭]，好生事端，踪迹诡秘者，以不识其人，不知其姓名为善。勿曰：我持正，彼安能惑我？我明察，彼不能蔽我！恐久之自堕其术中，而不能出也。

【注释】①门无杂宾：家中没有乱七八糟的宾客，形容交友慎重，不胡乱交朋友。②高简：清高简约。③啖（dàn）之以利：用利益引诱人。④怵：害怕，恐惧，这里作使动用法，使……害怕，使……恐惧。⑤欣动：因喜悦而动心，这里指引动。⑥无稽之言：没有根据、无从查证的话。稽：考证，查核。⑦荧惑：迷惑。⑧徼幸：即侥幸。徼：同“侥”。⑨要津：重要渡口，比喻显要的地位。⑩藉：凭借。⑪遘（gòu）会：迎合攀附。⑫朴讷（nè）：质朴而不善言词。讷：说话迟钝，不善说话。⑬晋接：接见，接触。⑭狡黠（xiá）便佞（pián nìng）：诡诈多变，花言巧语。狡黠：诡诈，狡猾。便佞：巧言善辩，阿谀逢迎。

【译文】圃翁说：古人赞美王司徒的德行，说“家中无闲杂的宾客”，这句话很有意味。一般来说，家中的门客都是为了一定的利益才甘受驱使，他们这些人对家里害处多，好处少。如果家中的主人具备清白正直、高洁简约、安分宁静等众多美德，就不会过多依赖这些门客，也就不能给门客们带来额外的好处和利益，这是门客所不希望见到的。用利益来引诱，用名誉来打动，用利害来恐吓，门客们就是用这些东西来鼓惑主人的。如果无法鼓惑主人，就用下面的两种方法来引诱他的子女、仆佣：用从外面打听到的一些查无根据的谣言，来迷惑他们的视听；向他们泄露一些内部机密的谈话，以夸耀显示自己交游广阔。甚至有些人以假乱真，无中生有，抱着侥幸的心理盼望自己的话能被证实一两次，以便从中获得利益。尤其当主人处于显要位置、执掌重要权力的时候，对他们更应当避而远之。还有一些凭借某种技艺来游说的人，他们都是借擅长的一技一艺来推销自己，等到慢慢与官员们混熟了，就乘机迎合攀附，其目的绝非在于只展示他们的技艺。凭借技艺来游说的人，往往是这种情况。所以，遇到这种人，即使是质朴少言、笨拙迟钝的人，也应当小心接触。如果是狡猾诡诈，巧言善辩，好惹是非，行踪隐秘的人，最好不要结识他，也不要知道他的姓名。千万别说：我持身正直，他岂能迷惑我？我观察入微，他无法欺骗我！恐怕时间长了，自己落入他的圈套之中而不能自拔。

节俭以利人

圃翁曰：予性不爱观剧，在京师，一席之费，动逾数十金。

徒有应酬之劳，而无酣适[①]之趣，不若以其费济困赈急，为人我利溥[②]也。予六旬之期，老妻礼佛时，忽念：“诞日，例当设梨园[③]宴亲友。吾家既不为此，胡不将此费制绵衣袴[④]百领[⑤]，以施道路饥寒之人乎？”次日为余言，笑而许之。予意欲归里时，仿陆梭山[⑥]居家之法：以一岁之费，分为十二股，一月用一分，每日于食用节省。月晦[⑦]之日，则总一月之所馀，别作一封，以应贫寒之急。能多作好事一两件，其乐逾于日享大烹之奉[⑧]多矣！但在勉力[⑨]而行之。

【注释】①酣适：畅快舒适。②利溥（pǔ）：广施恩惠。溥：普遍，广大。③梨园：本是唐玄宗设立以训练乐工的机构，后用作戏班子和戏曲演出的代称。④绵衣袴：即棉衣裤。绵：同“棉”。袴：同“裤”。⑤百领：百件。⑥陆梭山：即陆九韶，字子美，号梭山居士，江西抚州人。南宋著名学者，与其弟陆九龄、陆九渊，并称“三陆”。其在《居家正本制用篇》中谈到自己的治家方法：把每年的田产收入平均分成十份，三份作为水旱之年的备用，一份用作祭祀，六份用来日常开支。每月的费用，分成三十份，每日用一份。⑦晦：农历每月的最后一日。⑧大烹之奉：供给大鱼大肉。⑨勉力：努力，尽力。

【译文】圃翁说：我生平不爱看戏，在京城的时候，常见到别人在戏园一席座位的花费，动不动就超过数十两银子。这些事空有应酬的辛劳，而无畅快舒适的乐趣。不如用这些钱救济贫苦或急需帮助的人，这样做，对人对己都有很大的益处。我六十岁生日之时，老妻在佛前为我求福的时候，忽然想到：“既是生日，按例应该叫一班唱戏的并宴请亲朋好友来热闹热闹。

我们家既然已取消了这种惯例，何不把这些省下来的钱制成百件棉衣棉裤，施舍给路旁那些忍受饥寒的人呢？”第二天，老妻把她的想法说与我，我笑着答应了。我打算在辞官回乡之后，效仿陆九韶治家的方法：把一年的费用，分成十二份，一月用一份，每日的饮食花费只可节余，不可用光。月底最后一天，把这一个月的所有节余汇总起来，另放一处保存，以备周济贫寒人士的不时之需。人生能多做一两件好事就多做一两件，这种快乐比起每天大鱼大肉的享受要强多了！节俭行善的事，每个人可以根据自己的条件，只管努力去做就好了。

移树须护根，做人要务本

圃翁曰：移树之法，江南以惊蛰[①]前后半月为宜。大约从土掘出之根，最畏春风，故须用土裹密，用草包之，不宜见风，甚不宜于隔宿[②]。所以吴门、建业[③]来卖花者，行千里、经一月而犹活，乃用金汁土[④]密护其根，不使露风之故。近地移植反不活者，不知此理之故也。其新生细白根，系生气所托，尤不当损。人但知深根固蒂，不知亦不宜太深种植。书谓：“加旧迹[⑤]一指。”若太深，则泥水伤树皮，断然不茂矣！

凡树大约花时[⑥]移，则彼精脉[⑦]在枝叶，易活，于桂尤甚。花已有蓓蕾，移之多开，然此最泄气。故移树而花盛开者，多不活；惟叶茂，则其树必活矣。牡丹移在秋，当春宜尽去其花，若少[⑧]爱惜，则其气泄，树即活亦不茂，数年后多自萎。树之作花甚不易，气泄则本伤。古人云："再实之木，其根必伤。"[⑨]人之于文章、功名也，亦然。不可不审也。

【注释】①惊蛰：二十四节气之一，在阳历三月五日或六日。②隔宿：相隔一夜。③吴门、建业：吴门，今苏州或苏州一带。建业，今南京市。④金汁土：以粪汁浇过的土。⑤旧迹：移植前根干埋入地下的痕迹。⑥花时：开花的时期。⑦精脉：精气血脉，这里指花树的生命力。⑧少，稍微。⑨再实之木，其根必伤：一年两次结出果实的树木，根部必有损伤。

【译文】圃翁说：移植花木的方法，江南地区在距离惊蛰前后半个月的时间最为恰当。大体而言，刚从土中挖出的树根，最怕春风，因此要用土裹严实，再用草包扎紧，不让它受风，更不要让它隔夜。从苏州、南京一带过来卖花的人，不远千里，经过一个月的时间才能到达目的地，而花木仍然存活，这是用粪汁浇过的土紧密地护住它的根部，不让它受风的缘故。有时树木移植距离较近，反而不能成活，就是不知晓这个道理的缘故。新长出的细白根，是花木生命力的集中地，尤其不能损伤。人只知道种植花木要使花木根基深固不可动摇，却不知道种植太深也不利于花木的生长。书上说："种植深度，要比移植前根干埋入地下的痕迹，多一指的距离。"如果种植太深，泥水就会损伤树皮，花木一定不会茂盛的！

凡是移植树木大多在开花的时期移植，这时树木的精气血脉全都集中在枝叶上，移植后的树木容易成活，桂树尤其如此。

花木已经长出蓓蕾的，移植树木之后花蕾多半会开放，但这是最耗损树木元气的。所以，移植后花朵盛开的树木，多数不能存活；只有枝叶茂盛的树木，移植后才会存活。移植牡丹最好是在秋季，春天移植应去掉它所有的花朵，如果稍有顾惜，就会造成元气损耗，花木即使活下来也不会茂盛，几年后多半会枯萎而死。树木开一次花很不容易，如果元气损耗，必然会伤及根本。古人说："一年两次结出果实的树木，根部必然会受到损伤。"这个道理也适用于人们写文章、求功名等事。不可不用心审察呀。

茶品如人品

圃翁曰：予少年嗜六安茶①，中年饮武夷②而甘，后乃知岕茶③之妙。此三种可以终老，其他不必问矣。岕茶如名士④，武夷如高士⑤，六安如野士⑥，皆可为岁寒之交⑦。六安尤养脾，食饱最宜，但鄙性好多饮茶，终日不离瓯⑧碗，为宜节约耳！

【注释】①六安茶：安徽六安所产的茶，明清时为贡茶。②武夷：即福建武夷山，这里指武夷山所产的茶。③岕（jiè）茶：产自浙江长兴罗齐山的茶。为茶中上品。④名士：名望高而不做官的人。⑤高士：志行高洁之士。⑥野士：草野质朴之士。⑦岁寒之交：如同岁寒三友一样品行高尚的朋友。⑧瓯（ōu）：杯，小盆。

【译文】圃翁说：我年轻时喜欢饮六安茶，中年时喜欢饮味道甜美的武夷山茶，后来才慢慢知道岕茶的美妙。这三种茶可以终身饮用，其它的就不必了解了。岕茶像有名望而不做官的人，武夷山茶像志行高洁的隐士，六安茶像田野质朴之人，都可以与之成为长久的朋友。尤其是六安茶，能养脾胃，饭后最好饮用一杯，只是我生性喜欢多饮茶，整日不离杯碗，以后应该注意节制。

君子知命

圃翁曰：《论语》云："不知命，无以为君子。"[①]考亭注[②]："不知命，则见利必趋，见害必避，而无以为君子。"予少奉教[③]于姚端恪公[④]，服膺[⑤]斯语。每遇疑难踌躇之事，辄依据此言，稍有把握。古人言"居易以俟命"[⑥]，又言"行法以俟命"[⑦]。人生祸福荣辱得丧，自有一定命数，确不可移。审此，则利可趋而有不必趋之利；害宜避而有不能避之害。利害之见既除，而为君子之道始出，此"为"字甚有力。既知利害有一定，则落得做好人也。权势之人，岂必与之相抗以取害？到难于相从处，亦要内不失己。果谦和以谢[⑧]之，宛转[⑨]以避之，彼亦未必决能祸我。此亦命数宜然，又安知委曲从彼之祸不更烈于此也？使我为州县官，决不用官银媚上官，安知用官银之祸，不甚于上官之失欢[⑩]也？

昔者米脂令（萧）[边]君[⑪]，掘李贼[⑫]之祖坟。贼破京师后，获（萧）[边]君，置军中，欲甘心焉[⑬]？挟至山西，以二十人守之。(萧)[边]君夜遁，后复为州守，自著《虎吻馀生》记其事。李贼杀人数十万，究不能杀一(萧)[边]君?生死有命，宁[14]不信然耶?

予官京师日久，每见人之数[15]应为此官，而其时本无此一缺；有人焉，竭力经营，干办停当[16]，而此人无端值[17]之，或反为此人之所不欲，且滋诟詈[18]。如此者，不一而足，此亦举世之人共知之，而当局则往往迷而不悟。其中之求速反迟，求得反失，彼人为此人而谋，此事因彼事而坏，颠倒错乱，不可究诘[19]。人能将耳目闻见之事，平心体察，亦可消许多妄念[20]也!

【注释】①"不知命"二句：语出《论语·尧曰》："孔子曰：不知命，无以为君子也；不知礼，无以立也；不知信，无以知人也。"②考亭注：即朱熹的注解。朱熹，南宋理学家、教育家，字元晦，号晦庵，晚年隐居福建建阳考亭村，讲学传道，人称"考亭先生"。其《四书集注》引程子的话解释"不知命，无以为君子也"说："知命者，知有命而信之也。人不知命，则见害必避，见利必趋，何以为君子?"③奉教：接受教导。④姚端恪公：见本书卷一《多藏必招祸》注释①。⑤服膺：衷心信服，牢记在心。⑥居易以俟命：安守本分，听天由命。语出《礼记·中庸》："上不怨天，下不尤人，故君子居易以俟命，小人行险以徼幸。"⑦行法以俟命：依法度行事，而后顺从命运的安排。语出《孟子·尽心下》："君子行法以俟命而已矣。"⑧谢：推辞，拒绝。⑨宛转：委婉曲折，不直接坦率。⑩失欢：失去别人的欢心。⑪米脂令边君：指米脂县令边大绶。边大绶，字素一，号长白，河北任丘人，崇祯十二年举人。任米脂县令时，奉命挖掘李自成祖坟，后被李自成部俘获，押解途中逃脱，著有《虎口馀生记》（下文误作《虎吻馀生》）记其事。米脂：米脂县，在今陕西东北部。⑫李贼：对李自成的蔑称。⑬欲甘心焉：想杀之而后快。甘心：快意斩杀。⑭宁：岂，难道。⑮数：命运，运数。⑯干办停当：办理妥帖，准备就绪。⑰值：遇到，碰上。⑱诟詈（gòu lì）：辱骂，责骂。⑲究诘：追问原委。⑳妄念：虚妄的或不正当的念头。

【译文】圃翁说：《论语》说："不了解命运的安排，就无法成为君子。"朱熹引用程子的话注释："不相信命运，一定会趋利避害，从而不能成为君子。"我年轻时跟从姚端恪公学习，很是信服这句话。每当遇到疑难不决的事情，就依据此言行事，渐渐做事有了决断。古人说"安守本分，听天由命"，又说"依法度行事，顺从命运的安排"。人生的祸福荣辱得失，都有一定的运数，半点也改变不了。知晓此理，才能区分哪些利益是可以追逐的，哪些利益是不能追逐的；哪些祸害是应该规避的，哪些祸害是不应该规避的。利害偏见既然已经破除，那么作为君子应有的原则立场和做事方法就自然会形成，这个"为"字用得很有分量。既然知晓利与害是有定数的，那么就应该尽力做个好人。有权势的人，何必与他抗衡而自取祸患呢？到了与他难以相处的时候，心中也要坚持自己的原则。如果能谦恭地拒绝他，委婉地回避他，那么他也未必就会加害于我。这也是顺从命运的安排，如果不这样处理，又怎么能知道委曲顺应他而带来的祸患不会比拒绝他更大呢？假如我是州县的长官，我绝不会用公款来巴结上司，如果这样做了，怎么能知道挪用公款而带来的灾祸不会比失宠于上级更大呢？

从前米脂县令边大绶，奉命发掘李自成的祖坟。李自成攻下京城后，捕获了边大绶，并把他关押在军中，打算杀之而后快。后来李自成败退，把边大绶押解到山西，命令二十个士兵看守他。一天夜里，边大绶趁看守松懈，逃了出来，后来重新获得官职，并自著《虎吻馀生》一书，记载此事。李自成杀了几十万人，最终却杀不了区区一个边大绶。生死有命的道理，难道还不相信吗?

我久在京城做官，常常见到某人本应该担任某一官职，而当时却原本没有这一空缺，旁人以为他担任不了那个官职了。另外一个人，也为了这个官职，竭尽全力地钻营，觉得处处都经办妥贴了，可谁知无缘无故地被那等待之人得了去，又或者是那等待之人不仅没得到想要的官职，反而被委派了一个他不愿意要的官职，还可能因此与其他人发生争执，引起是非。像这样的事情，发生了很多次，这也是世人所共知的，而当事人却常常迷惑不解。事情发展过程中，有人希望快速反而延迟，有人希望得到反而失去，有人费尽心思的一番经营反而为他人做嫁衣裳，一件事情因另一件事情而被破坏等种种情况，更是颠倒错乱，无法追究。人们能对耳闻目睹的事情，用心体察，也可以消除许多虚妄不实的念头!

富贵子孙，处之有道

圃翁曰：人生适意之事有三：曰贵，曰富，曰多子孙。然是三者，善处之，则为福，不善处之，则足为累。至为累而求所谓福者，不可见矣！何则？高位者，责备之地[①]，忌嫉之门，怨尤之府[②]，利害之关，忧患之窟，劳苦之薮[③]，谤讪之的[④]，攻击之场，古之智人往往望而却步[⑤]。况有荣则必有辱，有得则必有失，有进则必有退，有亲则必有疏。若但计丘山之得[⑥]，而不容铢两之失[⑦]，天下安有此理？但己身无大谴过[⑧]，而外来者平淡视之，此处贵之道也。

佛家以货财为五家公共之物：一曰国家，二曰官吏，三曰水火，四曰盗贼，五曰不肖子孙。夫人厚积，则必经营布置，生息[⑨]防守，其劳不可胜言；则必有亲戚之请求，贫穷之怨望[⑩]，僮仆之奸骗；大而盗贼之劫取，小而穿窬之鼠窃[⑪]；经商之亏折，行路之失脱，田禾之灾伤，攘夺之争讼[⑫]，子弟之浪费；种种之苦，贫者不知，惟富厚者兼而有之。人能知富之为累，则取之当廉，而不必厚积以招怨；视之当淡，而不必深忮[⑬]以累心。思我既有此财货，彼贫穷者不取我而取谁？不怨我而怨谁？平心息忿，庶不为外物所累。俭于居身，而裕于待物；薄于取利，而谨于盖藏[⑭]，此处富之道也。

至子孙之累尤多矣！少小则有疾病之虑，稍长则有功名之虑，浮奢不善治家之虑，纳交[⑮]匪类之虑。一离膝下，则有道路寒暑饥渴之虑，以至由子而孙，展转无穷，更无底止[⑯]。夫年寿既高，子息蕃衍[⑰]，焉能保其无疾病痛楚之事？贤愚不齐，升沉各异，聚散无恒，忧乐自别。但当教之孝友[⑱]，教之谦让，教之立品[⑲]，教之读书，教之择友，教之养身，教之俭用，教之作家[⑳]。

其成败利钝，父母不必过为萦心；聚散苦乐，父母不必忧念成疾。但视己无甚刻薄，后人当无倍出[21]之患；己无大偏私[22]，后人自无攘夺之患；己无甚贪婪，后人自当无荡尽之患。至于天行[23]之数，禀赋之愚，有才而不遇，无因而致疾，延良医，慎调治，延良师，谨教训，父母之责尽矣！父母之心尽矣！此处多子孙之道也。

予每见世人处好境，而郁郁不快，动多悔吝忧戚[24]，必皆此三者之故。由不明斯理，是以心褊见隘[25]，未食其报，先受其苦。能静体吾言，于扰扰之中，存荧荧[26]之亮，岂非热火坑中一服清凉散，苦海波中一架八宝筏[27]哉！

【注释】①责备之地：指责的对象。②怨尤之府：埋怨责怪的所在。③劳苦之薮（sǒu）：劳累辛苦的集聚地。薮：人或东西聚集的地方。④谤讪之的（dì）：毁谤讥刺的目标。谤讪：诽谤。的：箭靶的中心，引申为目标。⑤望而却步：指远远望见就吓得直后退，不敢上前。⑥丘山之得：得到很多。丘山：比喻大或多。⑦铢（zhū）两之失：失去很少。铢两：铢和两都是古代极轻的重量单位，这里比喻微小。⑧谴过：过错，过失。⑨生息：产生利息。⑩怨望：怨恨。⑪穿窬（yú）鼠窃：穿壁翻墙，像老鼠一样偷窃。穿窬：挖墙洞或爬墙头的盗窃行为。鼠窃：像鼠一样地偷窃，借指小偷小摸。⑫攘夺：因争夺财物而引发的争论诉讼。攘夺：掠夺，夺取。⑬忮（zhì）：嫉妒。⑭盖藏：储藏。⑮纳交：结交，结纳。⑯底止：终止。⑰子息蕃衍：子嗣众多。子息：子嗣。蕃衍：繁盛众多。⑱孝友：孝顺父母，友爱兄弟。⑲立品：树立品行，培养品德。⑳作家：治家，理家。㉑倍出：即“悖出”，胡乱花钱，不正当消费。㉒偏私：袒护私情，不公正。㉓天行：天命。㉔悔吝忧戚：悔恨忧愁。悔吝：悔恨，追悔顾惜。忧戚：忧愁悲伤。㉕心褊见隘：气量狭小，见识短浅。㉖荧荧：微弱的光亮。 ㉗八宝筏：佛教八宝合成的筏子，在佛经中多喻指引导众生渡过苦海到达彼岸的佛法，这里可解作珍贵而适用的船只。八宝：佛教的八种图案纹饰，分别为宝伞、金鱼、宝瓶、莲花、法螺、吉祥结、宝幢、法轮。

【译文】圃翁说：人生称心如意的事有三件：尊贵、富足、子孙众多。然而这三件事，处理得当的话，就可成为好事，处理不得当的话，反而会成为拖累。等到成为拖累时，再想把它变成好事，那就很难办到了。为什么呢？位高权重之处，是受到指责的地方，是招惹猜忌进来的门户，是埋怨责怪聚集的府宅，是利害得失的关键，是忧患愁苦的洞窟，是劳累辛苦的聚集地，是遭受诽谤的目标，是承受攻击的场所，古代有智慧的人对这样的地方往往是望而却步的。况且，凡事有荣誉也必会有屈辱，有得到也必会有失去，有前进也必会有后退，有亲近也必会有疏远。一个人若只惦记着获取巨大的利益，而无法容忍微小的损失，天下哪有这样的道理？只要做到自身无大过错，并且能够对身外之事平淡看待，这便是对待尊贵之位的处事方法了。

佛家把货物钱财当作是五家可以共同占有的东西：一是国家，二是官吏，三是水火，四是盗贼，五是不肖子孙。如果某人想积蓄丰厚财物，必然要经营筹划，布置产业，求取利润，提防盗贼，其中的辛劳是说不尽的；也必然会有亲戚们的央求借贷，贫穷之人的觊觎怨恨，仆人们欺骗盗取之类事情的发生；大的灾祸有盗匪劫掠，小的灾祸有毛贼偷窃；再加上经商中可能遇到的亏损，行路时可能碰上的丢失，田苗庄稼可能遭受的天灾，争夺财货可能引起的官司，年轻一辈的挥霍浪费；这种种愁苦，贫穷之人不能体会，只有财货富足的人才能体会全部。人如果能够懂得富足有时也会成为拖累的道理，就应该有节制地获取财富，以免财富储蓄丰厚而招致怨恨；就应该以淡泊之心对待财富，以免患得患失而使自己心累。想想我既然有这么多财物，那些贫穷的人不向我索取还向谁索取？不怨恨我还怨恨谁？自己只有平心静气，消除愤恨，才不会被这些外物拖累。对自身要节俭，而待人接物要慷慨大方；有节制地谋取利益，并且谨慎的储藏，这是对待富足的方法。

至于子孙的牵累那是更多！小的时候担心他们生病，稍大一些就担心他们考不上功名，又担心他们轻浮奢侈不懂治家，还担心他们结交损友误入歧途。一旦离开父母身边，更担心他们在外有什么冷热饥渴，以至于这种担心，从儿子到孙子，操起心来反复无穷，没有终止。长辈既然高寿，子孙必然众多，哪能保证每一个儿孙都没有疾病痛苦的事情？儿孙们的贤能愚笨各不相同，得失进退也互相有别，聚散无常，忧乐各异。只要教会他们孝顺友爱，教会他们谦和礼让，教会他们树立品行培养道德，教会他们读书明理，教会他们选择朋友，教会他们修身养性，教会他们节俭开支，教会他们治理家业。至于他们的成败顺逆，父母不必过于操心；聚散苦乐，父母不必过分忧虑。只要自己不过分刻薄吝啬，后人应当没有奢侈浪费的祸患；只要自己不过分偏袒徇私，后人应当没有争夺财产的祸患；只要自己不过分贪婪，后人应当没有家财荡尽的祸患。至于天命所归的事情，例如子孙的天生愚笨，有才华却遇不到发达的机会，无缘无故得病，遇到这些情况，聘请好的医生，细心调养治理，聘请好的老师，用心教导，父母的责任就已经尽到了！父母就已经尽心竭力了！这是对待子孙的处事方法。

我常常见到有人处于好的环境，却闷闷不乐，一举一动时常悔恨忧伤，这都是不明白如何对待这三种情况的缘故。正是由于不明白这些道理，所以心胸窄小，见识狭隘，还未曾受处事不当的因果报应，就已先承受处事不当的痛苦。如果能够平心静气地体察我的话，就能在纷扰的俗世中，保存一些能引导方向的微光，这光亮虽然微小，难道不像是在热火坑中服用了一剂清凉散，在茫茫苦海中见到一只解脱苦恼的八宝筏吗！

方寸之地，谨守严防

圃翁曰：予自四十六七以来，讲求安心之法。凡喜怒哀乐、劳苦恐惧之事，只以五官四肢应之，中间有方寸之地[①]，常时空空洞洞、朗朗惺惺[②]，决不令之入，所以此地常觉宽绰洁净。予制为一城，将城门紧闭，时加防守，惟恐此数者阑入[③]。亦有时贼势甚锐，城门稍疏，彼间或阑入，即时觉察，便驱之出城外，而牢闭城门，令此地仍宽绰洁净。十年来渐觉阑入之时少，不甚用力驱逐。然城外不免纷扰，主人居其中，尚无浑忘[④]天真之乐。倘得归田遂初[⑤]，见山时多，见人时少，空潭碧落，或庶几[⑥]矣！

【注释】①方寸之地：指心。②朗朗惺惺：光明、清醒的样子。③阑入：混入。④浑忘：全部忘却。⑤归田遂初：归田的初愿得以实现。⑥庶几：差不多。

【译文】圃翁说：我自四十六、七岁以来就寻求使心灵安静的方法。一切喜怒哀乐、劳苦恐惧的事情，只用五官四肢去应对处理。中间的这块心灵之地，时常保持空虚澄澈、光明清朗，决不让外物进入，所以常觉此地宽阔有余、纯洁明净。我在心中设置了一座城池来护卫心灵，将城门紧闭，时刻严加防守，只恐那些俗事杂务混入城中。也有时候，这些俗事杂务的攻势很猛，城门防卫略一松弛，它们就乘隙闯入，我察觉后，立刻就会将它们驱逐出城，并牢牢关闭城门，仍让此地保持宽阔洁净。十年来，渐渐感到它们混入的时候越来越少，即使有混入，也不用花费太多力气，就可以将它们驱逐出去。然而，心城以外的世界还是免不了纷扰杂乱，我身处其中，依旧不能达到全然忘俗而天真快乐的境界。假使我辞官归隐的初愿得以实现，到那时面对山的时候多，面对人的时候少，能够面对空潭、碧水，我的愿望或许也就差不多可以实现了！

立训四则

圃翁曰：予之立训，更无多言，止有四语：读书者不贱，守田者不饥，积德者不倾[①]，择交[②]者不败。尝将四语律身训子，亦不用烦言夥说[③]矣。虽至寒苦之人，但能读书为文，必使人钦敬，不敢忽视。其人德性，亦必温和，行事决不颠倒，不在功名之得失，遇合[4]之迟速也。守田之说，详于《恒产琐言》[5]。积德之语，六经[6]、《语》《孟》[7]、诸史百家，无非阐发此义，不须赘说。择交之说，予目击身历，最为深切。此辈毒人，如鸩[8]之入口，蛇之螫肤，断断不易[9]，决无解捄[10]之说，尤四者之纲领也。余言无奇，止布帛、菽粟[11]，可衣可食，但在体验亲切耳。

【注释】①倾：衰败，灭亡。②择交：选择朋友，谨慎交友。③烦言夥（huǒ）说：琐碎而多余的话语。烦言：琐碎无用的话。夥：多。④遇合：相遇而彼此投合。⑤《恒产琐言》：张英的另一部著作，主要论述如何守治田产和家业。⑥六经：六部儒家经典，即《诗》《书》《礼》《乐》《易》《春秋》。⑦《语》《孟》：《论语》和《孟子》的省称。⑧鸩（zhèn）：这里指鸩酒，毒酒。见本书卷一《节食安寝之义》注释⑧。⑨断断不易：绝对无法改变。断断，绝对。易：改变。⑩解捄（jiù）：解救，纠正。捄，同“救”。⑪菽粟（shū sù）：豆和小米，泛指粮食。

【译文】圃翁说：我制定训诫之词，没有多余的话，只有四语：读书的人不会卑贱，守田的人不会饥饿，积德行善的人不会衰落，谨慎择友的人不会败坏。曾把这四句话用来约束自己和教导子女，也不用再发琐碎多余的议论了。纵使是极穷苦的人，只要能读书作文，也必会赢得别人的尊敬，使人不敢轻视。此人的德性也必定温和，做事不颠倒错乱，不在乎功名的得失和发迹的早晚。守护田产的理论，详见《恒产琐言》。积德行善的理论，儒家六经、《论语》《孟子》、各种史书诸子百家，都是阐发这个道理的，这里无须多说。谨慎择友的理论，是我亲眼所见，亲身经历后阐发的，最为深刻切实。损友害人，就像毒酒入口，毒蛇螫身，一旦受其影响就绝难改变，也绝无解救之理，因此“择交”一说是这四句话的关键要领。我的训诫之言，没什么特别的地方，只是像平常的衣食之物一样，可以用来穿，可以用来吃，只不过在于体验的亲切罢了。

张廷瓒跋[①]

康熙三十六年丁丑春，大人[②]退食[③]之暇，随所欲言，取素笺[④]书之，得八十四幅，示长男廷瓒[⑤]。装成二册，敬置座右，朝夕览诵，道心自生，传示子孙，永为世宝[⑥]。廷瓒敬识。

【注释】①跋：文体的一种，写在书籍，文章或书画作品的后面。②大人：对在高位者或父母长辈的称呼，这里指张英。③退食：退朝回家就食或休息。④素笺：白纸。⑤长男廷瓒：即张英的大儿子张廷瓒。张廷瓒，字卣臣，号随斋。康熙十八年进士，曾任翰林院编修、詹事府少詹事、侍读学士。先张英而卒。著有《传恭堂诗集》。⑥世宝：世代相传的珍宝。

【译文】康熙三十六年丁丑春天，父亲张英利用退朝休息的空闲，在白色笺纸上记下自己随心想要表达的话语，共八十四张，出示给他的大儿子张廷瓒看。我把它装订成两册，恭敬地放在座位右边，整日诵读，不知不觉间生出了合乎天理之心，特将此传示后代子孙，永远作为我家世代相传的珍宝。张廷瓒谨记。

卷 二

厚重沉静以载福

圃翁曰：人生必厚重[①]沉静，而后为载福之器[②]。王谢子弟[③]，席丰履厚[④]，田庐仆役，无一不具，且为人所敬礼[⑤]，无有轻忽[⑥]之者。视寒畯[⑦]之士，终年授读[⑧]，远离家室，唇燥吻枯[⑨]，仅博束脩数金[⑩]，仰事俯育[⑪]，咸取诸此。应试则徒步而往，风雨泥淖，一步三叹。凡此情形，皆汝辈所习见。仕宦子弟，则乘舆驱肥[⑫]，即僮仆亦无徒行者，岂非福耶？乃与寒士一体怨天尤人，争较锱铢[⑬]得失，讵非过耶？古人云："予之齿者去其角，（与）[傅]之翼者两其足。"[⑭]天道造物，必无两全。汝辈既享席丰履厚之福，又思事事周全，揆[⑮]之天道，岂不诚难？惟有敦厚谦谨，慎言守礼，不可与寒士同一般感慨欷歔[⑯]，放言高论，怨天尤人，庶不为造物鬼神所呵责也。况父祖经营多年，有田庐别业[⑰]，身则劳于王事[⑱]，不获安享。为子孙者，生而受其福，乃又不思安享，而妄想妄行，岂不大可惜耶！思尽人子之责，报父母之恩，致乡里之誉，贻后人之泽[19]，唯有四事：一曰立品，二曰读书，三曰养身，四曰俭用。世家子弟原是贵重，更得精金美玉[20]之品。言，思可道；行，思可法。不骄盈、不诈伪、不刻薄、不轻佻，则人之钦重，较三公[21]而更贵。

予不及见祖父赠光禄公恂所府君[22]，每闻乡人言其厚德，邑人仰之如祥麟威凤[23]。方伯公己酉登科[24]，邑人[25]荣之，赠以联曰："张不张威，愿秉文文名天下；盛有盛德，期可藩藩屏王家。"[26]至今桑梓[27]以为美谈。

【注释】①厚重：温厚稳重。②载福之器：能够承受福德的人。③王谢子弟：显贵世族的子孙。王谢：六朝望族王氏、谢氏的并称，后以之代指名门望族。④席丰履厚：亦作"席履丰厚"，凭借祖上丰厚的遗产而过着富足优裕的生活。⑤敬礼：对人恭敬，以礼相待。⑥轻忽：轻视忽略。⑦寒畯（jùn）：寒微。⑧授读：授人学业，教人读书。⑨唇燥吻枯：口干舌燥。⑩仅博束脩数金：只得到少量的酬金。博：获取。束脩：十条干肉，原是学生送给老师的礼物，后指给老师的酬金。⑪仰事俯育：对上侍奉父母，对下养育妻儿，泛指维持全家生活。⑫驱肥：乘骑肥壮的马。⑬锱铢：锱和铢都是古代很小的重量单位，后用来比喻微小的数量。⑭"予之齿者"二句：语出《汉书·董仲舒传》："夫天亦有所分予，予之齿者去其角，傅其翼者两其足，是所受大者不得取小也。"这两句是说上天给了某些动物锋利的牙齿就不会让它头上生角，给了它飞翔的翅膀就只让它长两只脚，比喻世上的事物没有十全十美的。傅：同"附"，附着。⑮揆（kuí）：度量，揣度。⑯欷歔：叹息。⑰别业：房产。⑱劳于王事：为公事劳心劳力。王事：王命差遣的公事。⑲贻后人之泽：留给子孙后代的恩泽。贻：遗留。泽：恩泽，恩惠。⑳精金美玉：纯金美玉，比喻纯洁温和的品德。精金：精炼的金。㉑三公：古代最高的三种官爵，历代各有不同，周朝以太师、太傅、太保为三公，东汉以太尉、司徒、司空为三公，明清沿袭周制。㉒祖父赠光禄公恂所府君：张英祖父张四维，字立甫，号恂所，十四岁补县学生。六十七岁卒。张英官至大学士后，封赠三代，父、祖皆赠光禄大夫之号。府君：对死者的敬称。㉓祥麟威凤：麒麟和凤凰，古人认为它们的出现代表祥瑞，常比喻难得的人才或德高望重的人。㉔方伯公己酉登科：方伯公，即张秉文。张秉文，明代桐城人。字含之，号钟阳。万历庚戌进士。曾任户部郎中、福建建宁兵巡道，广东右布政使、山东左布政使等。明清时称布政使为方伯，故称其为"方伯公"。己酉登科：可能是张英误记。张秉文于万历三十八年（庚戌年）中进士，应为庚戌登科。㉕邑人：乡人。㉖"张不张威"四句：这是一幅嵌字联，上联嵌有"张秉文"的姓名，下联嵌入"盛可藩"的姓名。盛可藩：明代桐城人，字屏之，万历三十七年举人，历官浙江龙泉县教谕，户部司务、通州督运。病卒于任。赠光禄寺少卿，有诗文行世。藩屏：屏障，引申为保卫，捍卫。㉗桑梓：古人常在家屋旁栽种桑树和梓树，后用"桑梓"来借指故乡。

【译文】圃翁说：世人必须具备温厚稳重的性格，而后才能做一个承受福分的人。名门望族家的子弟，生活优裕，田产房屋仆从，无一不有，并且被人尊敬，没有人敢轻视他们。再看看那些寒微清苦的读书人，终年教书，远离家庭，费尽口舌，只能获得少量的酬金，上养父母，下育妻儿，都要从这点酬金里开销。即使是参加科举考试，也只能徒步前往，冒着风雨泥泞，一步三叹。所有这些情形，都是你们常见并且熟悉的。官宦人家的子弟，如果去参加科举考试，则乘轿或是骑马，就算是仆人也不用步行。难道这些不是福气吗？竟然有的官宦子弟像出身寒微清苦的读书人一样动辄怨天尤人，计较微小得失，难道这不是过失吗？古人说："上天给予某些动物锋利的牙齿就不会让它头上再生角，给了它飞翔的翅膀就只让它长两只脚。"上天造物，没有两全其美的。你们既已享受优裕的生活，又想万事顺心，带着这种想法去揣度天意，难道不是太难了吗？只有做到朴实温厚、谦虚谨慎、慎于言谈、遵守礼法，而不可与出身寒微清苦的士人一样感慨叹息，出言无忌，怨天尤人，这样做大概才不会被天地鬼神所斥责。况且祖父辈经营多年，才置办下田地房产，自身则为朝廷公事劳心劳力，却无法安心享受这些成果。做子孙的，生来便享有这种福泽，可是又不安然享受，而是胡思乱想，任意妄为，这难道不是太可惜吗？如果想要尽到为人子孙的责任，报答父母的恩情，获得乡人的赞誉，留给后人福泽，只有做到四件事才可以：一树立好的品行，二用心读书，三养护身心，四节俭开支。世家大族的子弟原本就高贵受人尊重，更应该具备纯洁温和的品德。说话，要考虑一下是否符合道理；行动，要考虑一下是否符合礼法。不骄傲自满、不欺诈虚伪、不刻薄、不轻浮，这样就会受到人们的尊重，比获得高官显位更可贵。

我没有见过我的祖父，曾经被追赠光禄大夫的恂所先生，但每次听乡人们谈到他时，都说他德行淳厚，乡人们对他像对麒麟凤凰般仰慕。布政使张秉文先生明朝万历己酉年中进士，乡里人感到光荣，就赠给他一幅对联："张不张威，愿秉文文名天下；盛有盛德，期可藩藩屏王家。"至今在家乡传为美谈。

暇豫杂记

父亲赠光禄公拙庵府君[1]，予逮事[2]三十年，生平无疾言遽色[3]，居身节俭，待人宽厚。为介弟[4]，未尝以一事一言干谒州县[5]，生平未尝呈送[6]一人。见乡里煦煦[7]以和，所行隐德[8]甚多，从不向人索逋欠[9]，以故三世皆祀于乡贤[10]。请主入庙[11]之日，里人莫不欣喜，道盛德之报，是亦何负于人哉！予行年六十有一，生平未尝送一人于捕厅[12]，令其呵谴[13]之，更勿言笞责[14]。愿吾子孙终守此戒勿犯也！

不足，则断不可借债；有馀，则断不可放债。权子母[15]起家，惟至寒之士稍可，若富贵人家为之，敛怨养奸[16]，得罪招尤[17]，莫此为甚。

乡里间，荷担负贩[18]及佣工小人，切不可取其便宜。此种人所争不过数文，我辈视之甚轻，而彼之含怨甚重。每有愚人，见省得一文，以为得计，而不知此种人心忿口碑[19]，所损实大也。待下我一等之人，言语辞气最为要紧。此事甚不费钱，然彼人受之，同于实惠，只在精神照料得来，不可惮烦[20]，《易》所谓"劳谦"[21]是也。予深知此理，然苦于性情疏懒，惮于趋承[22]，故我惟思退处山泽，不见要人，庶少斯过，终日懔懔[23]耳。

读书固所以取科名[24]，继家声[25]，然亦使人敬重。今见贫贱之士，果胸中淹博[26]，笔下氤氲[27]，则自然进退安雅，言谈有味。即使迂腐不通方[28]，亦可以教学授徒，为人师表。至举业[29]，乃朝廷取士之具，三年开场大比[30]，专视此为优劣。人若举业高华秀美，则人不敢轻视。每见仕宦显赫之家，其老者或退或故，而其家索然[31]者，其后无读书之人也；其家郁然[32]者，其后有读书之人也。山有猛兽，则藜藿[33]为之不采；家有子弟，则强暴为之改容，岂止掇青紫[34]、荣宗祊[35]而已哉？予尝有言曰："读书者不贱"，不专为场屋[36]进退而言也。

父母之爱子，第一望其康宁，第二冀其成名，第三愿其保家。《语》曰："父母惟其疾之忧。"[37]夫子以此答武伯之问孝。至哉斯言！安其身以安父母之心，孝莫大焉。

养身之道，一在谨嗜欲，一在慎饮食，一在慎忿怒，一在慎寒暑，一在慎思索，一在慎烦劳。有一于此，足以致病，以贻父母之忧，安得不时时谨凛[38]也！

吾贻子孙，不过瘠田数处耳，且甚荒芜不治，水旱多虞[39]。岁入之数，谨足以免饥寒畜妻子而已。一件儿戏事做不得，一件高兴事做不得。生平最喜陆梭山[40]过日治家之法，以为先得我心，诚仿而行之，庶几无鬻产荡家[41]之患。予有言曰："守田者不饥。"此二语足以长世[42]，不在多言。

凡人少年，德性不定，每见人厌之曰"悭"，笑之曰"啬"，诮之曰"俭"，辄面发热，不知此最是美名。人肯以此诮之，亦最是美事，不必避讳。人生豪侠周密之名，至不易副，事事应之，一事不应，遂生嫌怨；人人周之，一人不周，便存形迹[43]。若平素俭啬[44]，见谅于人，省无穷物力，少无穷嫌怨，不亦至便乎?

四者[45]立身行己之道，已有崖岸[46]，而其关键切要，则又在于择友。人生二十内外，渐远于师保[47]之严，未跻于成人之列，此时知识大开，性情未定，父师之训不能入，即妻子之言亦不听，惟朋友之言，甘如醴[48]而芳若兰。脱[49]有一淫朋匪友，阑入其侧，朝夕浸灌[50]，鲜有不为其所移者。从前四事，遂荡然[51]而莫可收拾矣！此予幼年时知之最切。

今亲戚中，倘有此等之人，则踪迹常令疏远，不必亲密。若朋友，则直以不识其颜面，不知其姓名为善。比之毒草哑泉[52]，更当远避。芸圃[53]有诗云："于今道上揶揄鬼，原是尊前妩媚人。"[54]盖痛乎其言之矣。择友何以知其贤否？亦即前四件能行者，为良友；不能行者，为非良友。

予暑中退休，稍有暇晷[55]，遂举胸中所欲言者，笔之于此。语虽无文，然三十馀年涉历[56]仕途，多逢险阻，人情物理，知之颇熟，言之较亲。后人勿以予言为迂而远于事情也。

【注释】①父亲赠光禄公拙庵府君：张英之父张秉彝，字孩之，号拙庵，县学生。崇祯年间考授通判，卒年七十五。张英升任大学士后，其父被朝廷封赠为光禄大夫，故称"光禄公"。②逮事：侍奉。逮：赶上，到，及。③疾言遽（jù）色：言语神色粗暴急躁。疾：快，急速。遽：仓猝，急。④介弟：对他人弟弟的尊称，这里指张秉彝在家中为弟。⑤干谒州县：因事求见州县长官。干谒：为某种目的而求见。⑥呈送：上送。这里指送礼以打通关节。⑦煦煦（xù xù）：和悦的样子。⑧隐德：施德于人而不为人所知。⑨逋欠(bū qiàn):拖欠的钱粮。⑩祀于乡贤:被当作乡贤来祭祀。明清时各地设有乡贤祠，凡品行、学问被地方所推重的，死后可以由大吏题请入乡贤祠，接受乡人春秋祭祀。⑪请主入庙:请神主入庙，即把祖先牌位安放于庙中。⑫捕厅:清代州县官署中的佐杂官，如吏目、典史等，负有缉捕之责，故称。⑬呵谴:斥责。⑭笞责:拷打责罚。⑮权子母:本指国家铸钱，以重币为母，轻币为子，权衡其轻重而后施行，有利于民生。后遂称以资本经营或借贷生息为“权子母”。⑯敛怨养奸:招惹怨恨，纵容奸邪。⑰招尤:招致他人怪罪或怨恨。⑱荷担负贩:肩挑背负的小商贩。荷担:用肩负物，挑担。⑲心忿口碑:心中愤恨不平而嘴上乱发议论、乱说坏话。⑳惮烦:怕麻烦。㉑劳谦:勤劳谦恭。《易·谦》:“劳谦，君子有终，吉。”㉒趋承:趋附奉承。㉓懔懔(lǐn lǐn):严正的样子。㉔科名:科举功名。㉕家声:家族的声誉。㉖淹博:渊博。㉗氤氲:烟气、烟云弥漫的样子，这里形容文章文采斐然的样子。㉘通方:变通，灵活。㉙举业:为应科举考试而准备的学业。㉚大比:原单指乡试，明清时把会试也称为“大比”，每三年一次，乡试在前，会试在后，会试合格者进入殿试由皇帝选定等级。这里泛指科举考试。㉛索然:离散零落的样子。㉜郁然:旺盛美好的样子。㉝藜藿(lí huò):藜和藿，两种野菜。㉞掇(duō)青紫:获取高官显位。掇:拾取，获取。青紫:古时公卿的服色。㉟荣宗祊(bēng):光宗耀祖。宗祊:宗庙;家庙。祊:宗庙之门。㊱场屋:又称科场，即科举考试的地方。㊲“父母惟其”句:让父母只担忧子女的疾病，因为疾病不可避免，除此，任何事情都不要让父母担忧。语出《论语·为政》:“孟武伯问孝。子曰:‘父母唯其疾之忧。’”㊳谨凛:谨慎戒惧。㊴水旱多虞:经常担心发生旱涝灾害。虞:忧虑。㊵陆梭山:见本书卷一《节俭以利人》注释⑥。㊶鬻（yù）产荡家：卖尽田产，耗尽家业，意同“倾家荡产”。鬻：卖。荡：耗尽，丧。㊷长世：历世久远，永存。㊸形迹：嫌疑。㊹俭啬：节俭。㊺四者：即上篇所言立品、读书、养身、俭用四事。㊻崖岸：山崖堤岸，边际，引申为操守、气节。㊼师保：古时任辅佐帝王和教导王室子弟的官，有师有保，统称“师保”。这里指老师。㊽醴（lǐ）：甜酒。㊾脱：假使，万一。㊿浸灌：浸入灌溉，这里指熏陶影响。51荡然：形容原有的东西完全失去。52哑泉：饮之使人致哑的泉水。53芸圃：即张茂稷，清安徽桐城人，字子艺，号芸圃。出身贵介，而不求仕进，工诗，有《芸圃诗集》。54“于今”句：现今在路上嘲弄你的人，过去是你酒席上的美好客人。揶揄：戏弄，嘲弄。尊前：酒樽之前，指酒筵上。尊：同“樽”。55暇晷（guǐ）：空闲的时日。晷：古代用来观测日影以及量定时刻的仪器，后常代指时间。56涉历：经历。

【译文】父亲拙庵先生曾被朝廷追赠为光禄大夫，我侍奉了他三十年。他一生没有粗暴急躁的言语神色，立身节俭，对人宽厚。作为家中的弟弟，从来不会因为任何事去求见当时任州县长官的哥哥，一生也从没有给任何人送过贿赂。每次遇到乡里人都表现出温和喜悦的样子，做过很多不为人知的好事，并且从来不向人讨取欠债，所以我家三代祖先都被供奉在乡贤祠，接受春秋祭祀。把祖先的牌位安放于庙中的那一天，乡里人无不高兴，都说这是祖先品德高尚的回报，上天从不会辜负行善之人！我已有六十一岁，平生从未把一人送到官衙让他受到斥责，更不要说让人受鞭打惩罚了。希望我的子孙永久遵守这些戒规不去触犯！

如果家中不富裕，千万不要去借债；如果家中有盈余，千万不需去放贷。靠放贷来作为家业，只有非常贫寒的人可以这样做，如果富贵人家这样做，就容易招惹怨恨，纵容奸邪，受人怪罪责备，没有什么事比放贷更容易招来麻烦了。

乡间那些肩挑背负的小商贩以及雇工小民，千万不可占他们的便宜。这些人计较的只不过是几文钱的小利，在我们看来不值一提，却容易使他们心怀极重的怨恨。常有愚笨的人，见到省了一文钱，就暗自高兴，却不知因这一文钱就会惹得这些小贩们心怀愤恨，污言秽语，到处乱说，对于自己家族的名誉声望造成的损失实在太大了。对待地位比我低的人，说话的语气最为要紧。这样做，不需要花费太多，然而在他们听来却像受到了恩惠一样，只需要我们在思想上重视起来，有耐心，不怕麻烦，这也就是《易经》所说的要“勤劳谦虚”。我深知这个道理，然而受自己不愿意与人交际来往，不愿意迎合奉承的性格所局限，我只想退隐山水之间，这样就不用接见达官显贵，或许可以少一些过错，整天可以保持庄重谨慎的状态。

读书固然是为了获取功名，延续家族的声誉，然而读书也可以使自己受到旁人的敬重。现今我们所见到的一些贫贱的人，果真胸中学问渊博，笔下文章灿烂，那么自然也会举止安闲优雅，说话文雅有趣。即使是迂腐不知变通的读书人，也可以教书授徒，为人师表。至于应试文章，它是朝廷选拔人才的工具，三年举行一次的科举考试，就专门以它来判定人才的优劣。读书人如果应试文章写得华丽，旁人便不敢轻视。常常见到显赫的官宦人家，老一辈退休或亡故之后，其家庭便离散衰落，大概是后代没有读书人的缘故；其家庭兴旺的，大概是后代中有读书人的缘故。山中如果有猛兽守护，即使是野菜也没人敢去偷采；家中如果有读书子弟，即使是强横凶狠的人也会受其感化，行为变善，其后代子孙岂只是获取高官厚禄、光耀祖宗而已啊？我曾经说过：“读书的人不低贱”，这不是单就科考的成败而说的。

父母爱护子女，第一希望子女平安健康，第二希望子女功成名就，第三希望子女保守家业。《论语》说：“除生病不能避免外，不要让父母担忧子女的其他任何事情。”孔子用它来回答孟武伯关于孝的问题。这话说得太好了！使自身健康平安，就能够使父母之心安宁平静，没有比这更大的孝了。

养护身体的方法，一是在于控制自己的嗜好欲望，二是在于节制饮食，三是在于控制好情绪，不轻易生气，四是在于注意天气冷热变化，五是在于节制思绪，六是在于不要过分烦劳。违反其中任何一条，就会得病，给父母带来担忧，怎能不时刻小心谨慎啊！

我留给子孙的财产，不过几处薄田而已，并且荒草丛生缺乏治理，时常发生水旱灾害。每年的收入，仅够家庭免除饥寒，养育妻儿的。任何一件轻率的事不能去做，任何一件忘乎所以的高兴事也不能去做。我平生最喜欢陆梭山居家过日子的方法，认为他先于我，说出了我的心里话，果真能效仿陆梭山的方法去做，大概不会有倾家荡产的祸患了吧。我说过：“守有田产的人不会饥寒。”这两句话，足可以传世永存，不必说更多其他的话。

任何一个人年少的时候，品德心性尚未养成还不稳定，每当见到有人厌烦地说他“小气”，嘲笑地说他“吝啬”，或者讥讽地说他“俭约”，就会脸红耳热，觉得发窘，其实他不知道这是最美的名声。有人能用这些字眼来嘲讽你，也是一件美事，不必忌讳。人生豪爽周到的声名，最不容易得到。事事都答应别人，如果有一件事没有答应，别人就会生出怨恨；人人都去周济，如果有一个人没有周济到，别人就会怀疑你的豪爽。如果平时就节俭，则容易被人谅解，不知会省下多少物力，减少多少仇怨，这不是极有利于自己的事吗？

立品、读书、养身、俭用是立身处世的四个方面，在前面已大体予以说明，然而其中关键的地方在于择友。人到了二十岁左右的时候，虽然渐渐脱离了师长的管教，却还未进入到成年人的行列，这个时候他的认知能力大增，但性情还不稳定，听不进师长的教导，就连妻子儿女的规劝也听不进去，唯有朋友的话，在他看来，甘甜如酒，芳香如兰。万一结交一个品行不端的朋友，伴随他的身边，朝夕熏染，很少有人不被其引诱变坏的。从前在立身处世四个方面的修养，就会在这种朋友的影响下荡然无存，不可收拾了。这在我年青时就有深刻体会了。

当下亲戚之中，如果有这样的人，则要远离这种人，不要和这种人亲密接触。如果是交友，则干脆不要认识这种人，也不要知道这种人的姓名为好。与毒草哑泉相比，这类人更应该远避。张芸圃有诗说："现在嘲弄你的人，曾是你酒席上的尊贵客人。"说得真是切中要害啊！选择朋友怎么样才能知道他贤与不贤呢？标准就是，看他能否做到前面所说的四个方面的事情，能做到的，就是良友；不能做到的，就是损友。

我夏天退朝休息，稍有闲暇，便列出胸中想要说的话，记录下来。句子虽然没有文采，然而是我三十多年经历仕途，多次遇到险阻，对人情事理了解透彻后，说的亲身感受。希望后人不要认为我说的这些话迂腐不切实际。

书法旨要

楷书如坐如立，行书如行，草书如奔。人之形貌虽不同，然未有倾斜跛侧为佳者。故作楷书，以端庄严肃为尚，然须去矜束拘迫[①]之态，而有雍容和愉[②]之象。斯晋书之所独擅也。分行布白[③]，取乎匀净，然亦以自然为妙。《乐毅论》如端人雅士[④]，《黄庭经》如碧落仙人[⑤]，《东方朔像赞》如古贤前哲[⑥]，《曹娥碑》有孝女婉顺之容[⑦]，《洛神赋》有淑姿纤丽之态[⑧]。盖各象其文，以为体要[⑨]，有骨有肉。一行之间，自相顾盼。如树木之枝叶扶疏[⑩]，而彼此相让；如流水之沦漪[⑪]杂见，而先后相承。未有偏斜倾侧，各不相顾，绝无神形，步伍连络映带[⑫]，而可称佳书者。细玩《兰亭》[⑬]，委蛇[⑭]生动，千古如新。董文敏[⑮]书，大小疏密，于寻行数墨[⑯]之际，最有趣致。学者当于此参之。

【注释】①矜束拘迫：拘谨束缚。矜束：拘束，放不开。②雍容和愉：从容舒畅。雍容：舒缓，从容。③分行布白：书法上通过安排字体点画和布置字、行间的关系以达到整体和谐稳称，叫做“分行布白”。布白：布置字行间的空白。④《乐毅论》如端人雅士：《乐毅论》的字体像正直文雅的士人一样从容沉静。《乐毅论》：小楷法帖，三国魏夏侯玄作，晋王羲之书。端人，正直的人。⑤《黄庭经》如碧落仙人：《黄庭经》的字体像天上的仙人一样空灵飘逸。《黄庭经》：指晋王羲之书写的《黄庭经》法帖。碧落：天上，晴天。⑥《东方朔像赞》如古贤前哲：《东方朔像赞》的字体像古代贤哲一样端正严肃。《东方朔像赞》：小楷法帖，晋夏侯湛作，王羲之书。像赞：为人物画像或人的相貌所作的赞辞。⑦《曹娥碑》有孝女婉顺之容：《曹娥碑》具有孝女那样温柔和顺的仪态。《曹娥碑》：上虞县令度尚立，邯郸淳作辞。碑帖真本已佚，后世所传的是晋人摹刻的拓本。曹娥：东汉时人。相传其父溺死江中，尸体数日不见。当时曹娥年仅十四岁，沿江哭号十七昼夜，也投江而死，五日后曹娥的尸体抱父尸浮出水面。世视为孝女。婉顺，温柔和顺。⑧《洛神赋》有淑姿纤丽之态：《洛神赋》有洛神那样优美秀丽的姿态。《洛神赋》：三国魏曹植作，晋王献之书。淑姿：美好的姿态。⑨体要：体制，格调。⑩扶疏：枝叶繁茂分披的样子。⑪沦漪：水面波纹。⑫步伍连络映带：队形纠缠连带，法度错乱。步伍：军队操演行进的队形。连络映带：衔接关联。⑬《兰亭》：即王羲之书写的《兰亭集序帖》，被誉为天下第一行书。⑭委蛇（wēi yí）：同“逶迤”，绵延曲折的样子。⑮董文敏：即董其昌，明代著名文学家、书画家，字元宰，号思白。万历年间进士，卒谥文敏。⑯寻行数墨：一行行一字字地阅读欣赏。

【译文】楷书看起来就像人的端坐与站立，行书看起来像人的快步行走，草书看起来则像人的奔跑。人的形貌纵然不同，但没有谁会把姿态歪斜视为美好。所以写楷书，应以端庄肃穆为原则，但是必须去除拘谨束缚的形态，写出从容舒展的气象。这是晋朝人的书法所独有的特点。安排字体结构、布置字行间距，要求均匀平整，但也以自然为妙。《乐毅论》的字体像正直文雅的士人一样从容沉静，《黄庭经》的字体像天上的仙人一样飘逸空灵，《东方朔像赞》的字体像古代贤哲一样端正严肃，《曹娥碑》有孝女那样温柔和顺的仪容，《洛神赋》有洛神那样优美秀丽的姿态。大体上，书法风格与表达内容相像，写书法应该以此为体制，做到有骨有肉。一行之间，相互照应。就像树上茂密的枝叶，虽然密集但又相互避让；也像水面上交错呈现的波纹，虽然杂乱但前后相接。没有笔划偏斜倾侧，各不相顾的毛病，也没有字形布局，纠缠混乱的现象，这样的书法就可以被称为好书法。细赏《兰亭集序贴》，其字体曲折生动，历时千年依然如新。董其昌的书法，其大小疏密，只有在逐行逐字去欣赏的时候，才最有趣味。学习书法的人应当会从我这篇短文中有所参悟。

手足之情，同气连枝

法昭禅师偈[①]云："同气连枝各自荣，些些言语莫伤情。一回相见一回老，能得几时为弟兄？"词意蔼然[②]，足以启人友于[③]之爱。然予尝谓人伦有五[④]，而兄弟相处之日最长。君臣之遇合，朋友之会聚，久速固难必也。父之生子，妻之配夫，其早者皆以二十岁为率[⑤]。惟兄弟或一二年，或三四年相继而生，自竹马游戏[⑥]，以至鲐背鹤发[⑦]，其相与周旋[⑧]，多者至七八十年之久。若恩意浃洽[⑨]，猜间[⑩]不生，其乐岂有涯哉？近时有周益公[⑪]，以太傅[⑫]退休，其兄乘成先生[⑬]，以将作监丞[⑭]退休，年皆八十，诗酒相娱者终其身。章泉赵昌甫[⑮]兄弟，亦俱隐于玉山之下，苍颜华发，相从于泉石之间，皆年近九十，真人间至乐之事，亦人间希有之事也！

【注释】①偈：佛经中的唱颂词，是一种略似于诗的有韵文辞，一般四句。②蔼然：和善的样子。③友于：借指兄弟。语出《书·君陈》："惟孝友于兄弟。"④人伦有五：即父子有亲，君臣有义，夫妇有别，长幼有序，朋友有信。⑤率：标准。⑥竹马游戏：把竹竿当马骑，古代儿童游戏的一种，代指童年。⑦鲐（tái）背鹤发：形容老年。鲐背：鲐鱼背有青纹，老人身上生斑如鲐背纹。鹤发：白发，因鹤羽为白色，故称。⑧周旋：交往应酬。⑨恩意浃洽（jiā qià）：感情融洽。⑩猜间：猜忌隔阂。⑪周益公：即周必大，南宋著名政治家、文学家，字子充，号平园老叟，江西吉安人。绍兴年间进士。官至枢密使、左丞相，封益国公，故世称周益公。⑫太傅：古代职官名，掌管礼法的制定和颁行，多为虚职。《宋史·周必大传》："（淳熙）十五年……乃摄太傅，为山陵使。"⑬乘成先生：即周必正，周必大从兄，字子中，官军器监丞、知舒州。⑭将作监丞：官名，负责宫室建筑、器皿打造等事务。⑮赵昌甫：即赵蕃，南宋著名诗人，字昌甫，号章泉。曾任太和主簿、直秘阁，晚年隐居信州玉山（今属江西）。

【译文】法昭禅师的偈语说："兄弟就像同一棵树上长出的树枝各自繁荣，不要因为一点言语不合就伤了感情。两人相见一回就老一回，人生在世有多少时间做兄弟呢？"这首偈语的语气温和，足以激发人们的兄弟之情。我也曾经说过人与人之间有五种伦常，而兄弟相处的时间最长。不论是君臣间的相遇相处，还是朋友间的相会聚合，时间久了就会生出芥蒂，维系巩固彼此间的关系也很困难。父有子，妻嫁夫，彼此之间年龄的的差距差不多可以达到二十岁左右。只有兄弟或间隔一二年，或间隔三四年相继出生，自童年游戏开始，直到身有鲐纹、白发苍苍时，相互交往接触，长的能有七八十年之久。如果兄弟之间感情和谐融洽，没有猜忌隔阂，这种快乐，岂是有限度的啊？以前曾有周益公，从太傅的位子上退休，他的从兄张乘成先生，从将作监丞的位子上退休，两人都八十岁了，仍旧以诗酒相乐，共度余生。章泉赵昌甫兄弟，也都是隐居在玉山脚下，一大把年纪了，仍然相伴游山玩水，两人都活到将近九十岁，这真是人间极快乐的事情，也是人间少有的事情啊！

文章四法

《论语》文字，如化工肖物①，简古浑沦②而尽事情，平易涵蕴③而不费辞④。于《尚书》《毛诗》⑤之外，别为一种。《大学》《中庸》之文，极闳阔精微⑥而包罗万有。《孟子》则雄奇跌宕⑦，变幻洋溢。秦汉以来，无有能此四种文字者，特以儒生习读而不察，遂不知其章法⑧、字法之妙也。当细心玩味之。

【注释】①化工肖物：自然界造化的事物。化工：自然界的造化者，代指大自然。肖物：刻画事物。②简古浑沦：简朴古雅，浑然一体。浑沦：浑然，不分明。③平易涵蕴：浅显易懂，含蓄蕴藉。④费辞：多余的话，多费言词。⑤《毛诗》：秦汉时期鲁人毛亨、毛苌注解的《诗经》。⑥闳（hóng）阔精微：博大广阔，精深微妙。⑦雄奇跌宕：豪放奇特，曲折起伏。⑧章法：文章谋篇布局的方法。

【译文】《论语》的文字，像造物主精心完成的作品，简朴古雅、浑然一体而能说尽人情事理；又浅显易懂、含义深刻而又不多费言词。是《尚书》《毛诗》之外的另一种文体。《大学》《中庸》的文字，极其博大精深并且包罗万象。《孟子》的文字则豪放奇特，曲折起伏，富于变化，激情洋溢。秦汉以来，没有能写出类似这四种文字的人。只是因为儒生们平日学习诵读而少有体察，于是就不能知晓其谋篇布局、选词用字的高妙之处。应当细心探究体悟才是。

草木含珠悟养生

古人读《文选》①而悟养生之理，得力于两句，曰："石蕴玉而山辉，水含珠而川媚。"②此真是至言。尝见兰蕙③、芍药之蒂间，必有露珠一点，若此一点为蚁虫所食，则花萎矣。又见笋初出，当晓则必有露珠数颗在其末，日出则露复敛而归根，夕则复上。田间④有诗云"夕看露颗⑤上梢行"是也！若侵晓⑥入园，笋上无露珠，则不成竹，遂取而食之。稻上亦有露，夕现而朝敛。人之元气，全在于此。故《文选》二语，不可不时时体察，得诀⑦固不在多矣！

【注释】①《文选》：又称《昭明文选》，南朝梁昭明太子萧统编，收录东周至梁一百多位作者七百余篇各种体裁的文学作品，是我国现存最早的诗文总集。②"石蕴"二句：语出晋陆机《文赋》。意思是说石中藏有美玉，能使整座山倍增光辉；水中含有珍珠，能使整条河更加秀媚。比喻文章中精彩的词句可以使整篇文章生辉。③蕙：即蕙兰，叶瘦长，一茎可开八九朵花，色、香清淡。④田间：即钱澄之，明清之际文学家，字饮光，号田间老人。安徽桐城人。著有《田间集》《田间诗集》《田间文集》《藏山阁集》等。⑤露颗：露珠。⑥侵晓：拂晓，天色渐明之时。⑦得诀：获得要诀。

【译文】古人阅读《文选》而悟出养生的道理，主要来源于于其中的两句话："石中藏玉，山岭增辉；水中含珠，河流秀媚。"这真是高明的言论。以前见到兰花、蕙兰、芍药的花蒂中间，必定有一点露珠，如果这点露珠被虫蚁所吞食，那么花朵就会枯萎。又曾看见初生的竹笋，早晨的时候必有几颗露珠生于顶梢，太阳一出来露珠就退到根部，晚上又重回顶梢。钱澄之的诗句"夕看露颗上梢行"说的就是这个情况。如果拂晓时分走进菜园，遇到没有露珠的竹笋，那便是长不成竹子的，可以摘取吃掉。稻子上也有露珠，晚上出现，早晨收敛。人的元气，就像植物上的露珠，全集中于此。所以《文选》上的这两句话，一定要时刻审察体会，获得养生的要诀必然不在贪多。

知命而后安

世人只因不知命，不安命，生出许多劳扰[①]。圣贤明明说与，曰："君子居易以俟命。"[②]又曰："君子行法以俟命"[③]，又曰："修身以俟之"[④]，"不知命，无以为君子"[⑤]。因知之真，而后俟之，安也。予历世故颇多，认此一字颇确。曾与韩慕庐[⑥]宿齐[⑦]天坛，深夜剧谈[⑧]。慕庐谈当年乡会考[⑨]时，乡试则有得售[⑩]之想，场中颇著意[⑪]。至会试、殿试，则全无心而得会状[⑫]。会试场大风吹卷欲飞，号[⑬]中人皆取石坚押[⑭]，韩独无意。祝曰："若当中，则自不吹去。"亦竟无恙。故其会试殿试文皆游行自在，无斧凿痕[⑮]。予谓慕庐足下[⑯]两掇巍科[⑰]，当是何如勇猛？以此言告人，人决不信，余独信之。何以故？予自谕德[⑱]后，即无意仕进，不止无竞进之心，且时时求退不已。乃由讲读学士，跻学士，登亚卿正卿，皆华朊[⑲]清贵之官。自傍人观之，不知是如何勇猛精进[⑳]。以予自审[㉑]，则知慕庐之非妄矣！慕庐亦可以己事推之，而知予之非诳也，愿与世人共知之。

【注释】①劳扰：劳苦烦扰。②君子居易以俟命：见本书卷一《君子知命》注释⑥。③君子行法以俟命：见本书卷一《君子知命》注释⑦。④"修身以俟之"：修养身心，等待天命。语出《孟子·尽心上》："夭寿不贰，修身以俟之，所以立命也。"⑤"不知命"句：见《君子知命》注释①。⑥韩慕庐：即韩菼，字元少，别号慕庐，苏州长洲人。康熙十二年会试、殿试皆第一。官至礼部尚书兼翰林院掌院学士。著有《有怀堂诗文稿》。⑦宿齐：即宿斋，古代举行祭祀或其他典礼前的斋戒。齐，同"斋"。⑧剧谈：畅谈。⑨乡会考：乡试和会试，皆三年举行一次。乡试在各省省城举行，应试者为秀才，考中的称"举人"，头名举人称"解元"。会试在京城礼部的贡院举行，应试者为举人，考中的称"贡士"，贡士首名称"会元"。贡士可以继续参加殿试，殿试前三名分别称状元、榜眼、探花。⑩得售：目的、计划得以实现，这里特指考试得中。⑪著意：集中注意力，用心。⑫会状：会元和状元。⑬号：又称号子，是科举考场中考生答卷和食宿的场所，每人一小间，各有编号。⑭坚押：牢固压住。⑮无斧凿痕：没有刻意雕琢的痕迹，比喻文章行文自然，不矫揉造作。⑯足下：对对方的尊称，相当于“您”，多用于下称上或同辈相称。⑰两掇（duō）巍科：两次考取第一。康熙十二年会试、殿试韩慕庐皆第一，故言。掇：拾取，摘取。巍科：科举考试名次居前。⑱谕德：与下文的讲读学士、学士、亚卿、正卿都是官名。谕德：始置于唐，正四品下，掌管对皇太子教谕道德。讲读学士：侍读学士和侍讲学士的合称。侍读学士负责帮助皇帝读书和解答疑问，侍讲学士负责给皇帝讲授经史。学士：皇帝的文学侍从，古代词臣的荣衔。宋代始设专职，明代设翰林院学士及翰林院侍读、侍讲学士，清代改翰林院学士为掌院学士。亚卿：周制，卿分上、亚、少三级，唐以后称太常寺等官署少卿为亚卿。这里指次于正卿的副职。正卿：上卿，春秋时部分诸侯国的最高执政大臣兼军事最高指挥官，权力仅次于国君。这里指正职。⑲华朊（wǔ）：华贵，显贵。朊：厚，盛。⑳精进：努力进取。㉑自审：自我审视。

【译文】世人只因为不懂天命，不安于天命，于是产生出许多劳苦烦扰。圣贤明明告诉我们“君子安守本分以等待天命”。又说“君子以法度行事而等待命运安排”，又说“修身养性，以待天命”，“不懂天命，无法成为君子”。因为对天命理解的真切深刻，然后才能等待天命，这就是安于本分。我经历的事情很多，对“命”字的体悟颇为确切。曾经与韩慕庐在天坛斋戒守夜，深夜畅谈。他说自己当年参加乡试会试时，就有能必然考中的感觉，所以在考场中格外用心。到了会试、殿试，则丝毫没有要夺取头名的打算。会试时，考场突然刮起大风，几乎要把卷子吹飞，考场中的人都用石块牢牢压住卷子，只有慕庐没有这样做。他心中默念：“如果命里注定能考中，则卷子必然不会被风吹跑。”最终卷子竟然安然无恙。因此，他会试、殿试的文章都写得自然流畅，没有特意雕琢的痕迹。我对慕庐说您两次夺得头名，怎么会那么勇猛？如果我把您刚才说的话告诉别人，别人绝不会相信，然而我却相信，是什么缘故？我自从官任谕德职位以后，就没有了进取更高职位的想法，不仅没有进取竞争之心，而且常常请求退休归隐。可我反而由讲读学士升任学士，进而坐到亚卿正卿的位置，这些都是高贵显要的官职。在旁人看来，不知我是多么地勇猛进取而得来的。在我自己看来，则知道慕庐说的“天命”一事绝非虚假！慕庐也可以用他自己的事例来推测我的经历，他一定会知道我的话也绝非虚妄，我愿与世人共同来了解这些有关命运的事情。

不观歌舞观花木

予生平嗜卉木，遂成奇癖，亦自觉可哂[①]。细思天下歌舞声伎[②]、古玩书画、禽鸟博奕[③]之属[④]，皆多费而耗物力，惹气而多后患，不可以训子孙。惟山水花木，差可[⑤]自娱，而非人之所争。草木日有生意而妙于无知，损[⑥]许多爱憎烦恼。

京师难于树植[⑦]，艰于旷土[⑧]，书阁中置盆花数种，滋培收护[⑨]，颇费心力，然亦可以少供耳目之玩。琴荐书幌[⑩]，床头十笏之地[⑪]，无非落花填塞，亦一佳话也。

【注释】①可哂：可笑。哂：微笑，讥笑。②歌舞声伎：歌舞艺人。声伎：亦作“声妓”，古代宫廷及贵族家中的歌姬舞女。③博奕：同“博弈”，局戏和围棋，这里指赌博。④属：类。⑤差可：尚可，勉强可以。⑥损：减少。⑦树植：种植。⑧艰于旷土：缺少空闲的土地。艰：欠缺，缺乏。旷土：空旷闲置的土地。⑨滋培收护：浇水培土，收藏养护。⑩琴荐书幌：琴垫书帷，代指弹琴读书的地方。荐：衬垫。幌：用于遮挡或障隔的帘幔。⑪十笏之地：比喻空间狭小。笏：古代大臣上朝时手中所拿的狭长板子，用玉、象牙或竹制成，可用来记事。

【译文】我生平爱好花草树木，慢慢就成为一种特别的嗜好，想来自己也觉得可笑。细想世上的歌姬舞女、古玩书画、禽鸟赌博之类，都是既浪费钱财又浪费物力，既会惹来闲气又多生后患的东西，不可以用来训诫子孙。只有山水花木，不是人们争夺的东西，还可以自我娱乐一下。花草树木每天都有不同的姿态并且妙在不会让人有情绪上的困扰，让人减少很多爱恨烦恼。

京城缺少空旷闲置的土地，很难种植花木，我在书房中摆放了几种盆花，浇水栽培，收藏养护，虽然很费心力，但也可以忙里偷闲，略微愉悦一下自己。房间里除了琴垫书幔外，床头间剩余的咫尺之地，都被落花填满，也算是一种别样的韵味。

人生以择友为第一事

古人佩玉，朝夕不离，义取温润坚栗[①]。君子无故不撤琴瑟，义取和平温厚。故质性[②]爽直者，恐近高亢[③]，益当深体此意，以自箴砭[4]，不可任其一往之性也。

人生以择友为第一事。自就塾以后，有室有家，渐远父母之教，初离师保[5]之严。此时乍得友朋，投契缔交[6]，其言甘如兰芷[7]，甚至父母、兄弟、妻子之言，皆不听受，惟朋友之言是信。一有匪人[8]侧于间[9]，德性未定，识见未纯，断未有不为其所移者。余见此屡矣。至仕宦之子弟尤甚！一入其彀中[10]，迷而不悟，脱[11]有尊长诫谕[12]，反生嫌隙[13]，益滋乖张[14]。故余家训有云："保家莫如择友。"盖痛心疾首其言之也！

汝辈但于至戚中，观其德性谨厚、好读书者，交友两三人足矣！况内有兄弟，互相师友，亦不至岑寂[15]。且势利言之，汝则温饱，来交者，岂能皆有文章道德之切劘[16]？平居[17]则有酒食之费、应酬之扰。一遇婚丧有无[18]，则有资给称贷[19]之事，甚至有争讼外侮，则又有关说[20]救援之事。平昔既与之契密，临事却[21]之，必生怨毒反唇[22]。故余以为宜慎之于始也。

况且嬉游征逐[23]，耗精神而荒正业，广言谈而滋是非，种种弊端，不可纪极[24]。故特为痛切发挥之。昔人有戒："饭不嚼便咽，路不看便走，话不想便说，事不思便做。"洵[25]为格言。予益[26]之曰："友不择便交，气不忍便动，财不审便取，衣不慎便脱。"

【注释】①温润坚栗：温和柔润，坚贞牢固。坚栗：坚硬，坚贞。②质性：资质本性。③高亢：刚强爽直。④箴砭：同"针砭"，古代用来治病的石针，比喻纠错，规劝过失。⑤师保：古时任辅佐帝王和教导王室子弟的官，有师有保，统称"师保"。这里指老师。⑥投契缔交：因情意相合而结交。投契：意气或见解相合。⑦兰芷：兰草和白芷，皆香草。⑧匪人：行为不端正的人。⑨侧于间：藏伏在身旁。侧：藏伏。⑩彀(gòu)中：原指弓弩射程所及的范围，后常比喻圈套、陷阱。⑪脱：假使，倘若。⑫诫谕：告诫晓谕。⑬嫌隙：猜疑隔阂。⑭乖张：背离，不相合。⑮岑(cén)寂：寂寞，孤独冷清。⑯切劘(mó)：切磋相正。⑰平居：平日，平素。⑱有无：有余和不足，这里是偏义复词，只取"无"字的意义。⑲资给称贷：资助借贷。⑳关说：疏通关节，代人说情。㉑却：推辞，拒绝。㉒怨毒反唇：怨恨仇视。反唇：反对，对立，引申为翻脸，仇视。㉓嬉游征逐：形容朋友经常在一起吃喝玩乐。嬉游：游戏，玩耍。征逐：朋友频繁交往，只在吃喝玩乐上来往。㉔不可纪极：无法穷尽，不能数清。纪极：终极，限度，表示极多。㉕洵(xún)：实在。㉖益：增加。

【译文】古人佩戴玉饰，整日不离身，是取其温和柔润、坚贞牢固的寓意。君子没有缘故不会撤掉琴瑟，是取其和平温厚的寓意。所以性格爽直的人，如果担心自己的性格过于刚强，更应该深入体会玉、琴所蕴含的寓意，以求自我内省，纠正缺陷，不可任由自己以往的性格继续发展下去。

人生以选择朋友为第一重要的事。自学业结束以后，就有了妻子家室，逐渐远离父母的教育，脱离老师的督促管教。这时突然得遇朋友，两人意气相投，结交为友，把对方的话视作兰、芷般芳香美好，甚至父母、兄弟、妻子、儿女的话都听不进去，只相信朋友的话。一旦有行为不端正的人在自己身边，而此时自己的品性尚未稳定，见识尚未纯正，肯定会受到对方的影响而有所改变。我多次见到这样的事例。对于官宦人家的子弟，这种不良影响造成的后果更为严重。一旦落入对方的陷阱，就会执迷不悟，纵使有师长训诫教导，也无济于事，反而会对家人师长生出猜忌隔阂，越发滋长他的叛逆背理的行为。所以，我在家训中说："若想保住家业，各项事情都不如择友重要。"这是我的痛心疾首之言。

你们只需在最亲近的亲戚中，选择品性谨慎淳厚、喜好读书的两三个人，结交为朋友就够了。况且家中有兄弟陪伴，互相学习，也不至于寂寞。而且从利益方面来讲，你们衣食无忧，主动与你们交往的难道都是为了切磋学问道德吗？平时有酒食花费，应酬搅扰。一遇到婚丧嫁娶、家计匮乏，则必有资助借贷等事，更严重的遇到诸如争执诉讼、外人欺侮的事，便又会遇到有人请你代人说情、疏通救援等事。平常既然与他们交往密切，遇到事了却推辞拒绝，这必然引起他们的怨恨仇视。所以，我认为在开始选择朋友时就应该小心谨慎。

况且朋友间频繁地游玩宴请，耗费精神，荒废正业，言谈一多便滋生是非，种种弊端，数也数不清。所以，我特意在这里痛心而深切地论述阐发。前人曾列举出一些应该被禁止的行为："饭不嚼便咽，路不看便走，话不想便说，事不思便做。"确实是对人生有益的格言。我再增加几条："友不择便交，气不忍便动，财不审便取，衣不慎便脱。"

临帖须选择

学字当专一。择古人佳帖或时人墨迹与己笔路[①]相近者，专心学之。若朝更夕改，见异而迁，鲜有得成者。楷书如端坐，须庄严宽裕，而神彩自然掩映[②]。若体格不匀净，而遽[③]讲流动，失其本矣！

汝小字可学《乐毅论》[④]。前见所写《乐毅论》，大有进步，今当一心临仿之。每日明窗净几，笔精墨良，以白奏本纸[⑤]，临四五百字，亦不须太多，但工夫不可间断。纸画乌丝格[⑥]，古人最重分行布白[⑦]，故以整齐匀净为要。学字忌飞动草率，大小不匀，而妄言奇古磊落[⑧]，终无进步矣。

行书亦宜专心一家。赵松雪[⑨]佩玉垂绅[⑩]，丰神清贵，而其原本则出于《圣教序》[⑪]《兰亭》，犹见晋人风度，不可訾议[⑫]之也。汝作联字[⑬]，亦颇有丰秀[⑭]之致。今专学松雪，亦可望其有进，但不可任意变迁耳。

【注释】①笔路：笔法。②掩映：或遮或露，时隐时现，这里指逐渐显现。③遽（jù）：匆忙，急。④《乐毅论》：见《书法旨要》注释④。⑤奏本纸：向皇帝上奏文书所用的纸。⑥乌丝格：以墨线在笺纸上画出的格子。⑦分行布白：见《书法旨要》注释③。⑧奇古磊落：奇特古朴，错落有致。⑨赵松雪：赵孟頫，元代书画名家，字子昂，号松雪道人，湖州（今属浙江）人。受世祖赏识，官至翰林学院士承旨。有《松雪斋集》。⑩佩玉垂绅：佩戴玉饰，飘垂长带，是古时官宦的装束，这里形容赵松雪的字体像在朝为官的人一样气质华贵。绅：大带。⑪《圣教序》：唐碑名，全称《大唐三藏圣教序》，唐太宗撰文，褚遂良书写。其后弘福寺僧怀仁从王羲之书法中集字重新书写，刻制成碑文，称《怀仁集王羲之书圣教序》，或《集王圣教序》。文中所指应是《集王圣教序》。⑫訾（zǐ）议：指责，批评。⑬联字：对联上的字。⑭丰秀：丰满清秀。

【译文】学习写字应当一心一意。选择古人好的字帖或者当代人与自己笔法相近的书法，专心学习。如果经常更改风格，见异思迁，就很难有所收获。楷书的字形像人端正而坐，必须庄严宽松，字的神采要自然而然地显现。如果字体基本结构还没练习到均匀工整的程度，就急于追求写字的流利灵活，那是舍本逐末的做法。

你的小楷可以学习《乐毅论》字帖。前段时间看见你所临摹的《乐毅论》，进步很大，现在仍要专心临摹。每天写字前，要窗户明亮书桌干净，选择精良的笔墨，在空白奏本纸上，临摹四五百字，不需要写的太多，但练习书法的工夫不能间断。练习书法，事先要在纸上画出黑丝格，古人很重视字体结构和字、行关系的安排布置，所以写字要以整齐匀称为关键。学习写字，忌讳字写的飞舞草率，大小不匀，却乱找理由，说这是奇特古朴、错落有致，如果这样练习下去，始终也不会有所进步。

行书也应该专心选定一家学习。赵松雪的字体像佩戴玉饰、飘垂大带的古代公卿一样，风采清雅高贵，其本源出自《圣教序》和《兰亭集序》，从他的书法中仍能见到晋朝人的风貌气度，所以不可随便评论他的书法不好。你写的楹联，也颇具丰满清秀的韵致。现在你专心学习赵松雪，我也期望你有所进步，但不要随意变换风格。

芙蓉谿谷筑亭池

龙眠芙蓉谿，吾朝夕梦寐所在也。垂云沜[1]，天然石壁，上倚青山，下临流水，当为吾相度[2]可亭之地，期于对石枕流[3]。双谿草堂[4]前，引南北二涧为两池，中一闸相通，一种莲，一种鱼。制扁舟[5]，容五六人，朱栏翠棂[6]，兰桨桂棹[7]，从芙蓉谿亭登舟，至舣舟亭登岸，襟带[8]吾庐。汝归当谋疏凿[9]，阔处十二丈，窄处二三丈，但可以行舟。汝兄弟侄轮日督工，于九月杪[10]从事，渠成以报吾。堂轩基址，预以绳定之，以俟异日。

临河有大石，土人名为獾洞，此地相度亭子。下临澄潭，四围岭岫[11]，既旷然轩豁[12]，亦窈然[13]幽深。其旁当种梅柳以映带之，亦此时事也。向来梅杏桃梨之属，种植者，亦不少矣，使皆茂达[14]，尽可自娱。此时浇溉、修治、扶植、去草为急。仆人纸上之树日增，园中之树日减，汝当为吾稽察[15]之。树不活，与不种同。山中须三五日静坐经理[16]，晨入暮归，不如其已[17]也。可与兄弟侄言之。

【注释】①垂云沜（pàn）：地名，位于安徽桐城龙眠山李公麟山庄内。沜：岸边，崖岸。②相度：观察估量。③枕流：靠近水流。④双谿草堂：张英在家乡龙眠修建的园宅。⑤扁（piān）舟：小舟，小船。⑥朱栏翠棂：朱红色的围栏、青绿色的窗棂。棂：窗户上的格子。⑦兰桨桂棹（zhào）：用木兰、桂木制成的船桨，是对船桨的美称。棹：长的船桨。⑧襟带：衣襟和腰带，比喻山川环绕，如襟似带。⑨疏凿：开凿。⑩月杪：月末，月底。⑪岭岫（xiù）：山岭。⑫轩豁：高大开阔。⑬窈然：深远幽深的样子。⑭茂达：茂盛兴旺。⑮稽察：检查。⑯经理：治理，料理。⑰不如其已：不如停止，这里指不如不去山里。已：止。

【译文】龙眠山的芙蓉谿，是我整日梦寐以求的地方。垂云沜，是天然形成的石壁，上靠青山，下临流水，据我观察估量可以作为建造亭阁的地方，以实现我近山临水的愿望。在双谿草堂前，可以引来南北二溪的水，开挖两处池塘，中间设置一个闸门连通两处池塘，一处池塘种莲，另一处池塘养鱼。池中造一只可以容纳五六人的小船，有着朱红色的围栏，青绿色的窗棂，精致的船桨，从芙蓉谿的亭子上船，到舣舟亭上岸，山川像一条衣带般环绕房舍四周。你回去后，就要谋划开凿池塘，宽处十二丈，窄处二三丈，你们兄弟子侄轮流监工督促，这件事从九月底开始着手，完成后就告诉我。厅堂长廊的地基范围和具体位置，应该提前测量确定下来，以待来日修建。

靠近河水的地方有块大石，本地人叫做獾洞，此地也可以建造一所亭阁。下临清潭，四周有山岭环绕，地势既空旷开阔，又深远幽深。亭阁旁边，应当种上梅、柳使其相互衬托，这件事也要现在开始做。此处种植梅、杏、桃、梨之类的树木，已经为数不少了，要让它们都能长势旺盛，也算一处足以自娱自乐的景观。现在给树木浇水灌溉、修理整治、扶持培植、去除杂草是当务之急。仆人们在账册上记录的树木总数一直都在增加，可实际上园中树木的数量却在一直减少，你们一定要替我彻查此事。树种了却不能成活，那就和不种没什么两样。完成这些工程，需要连续待在山中三五天，如果是早晨进山，傍晚回家，就太费事了，不如先停了吧。你可以把我的这些话告诉其他兄弟子侄。

春日偶游

辛巳[1]春分日，予携大郎、二郎、六郎[2]，出西直门，过高梁桥，沿溪水至法华寺，饭于僧舍。因至万寿寺时，甫[3]移华严钟于后阁，尚未悬架，遂过天禧宫看白松。盖余最心赏古松，枝干如凝雪，清响如飞涛，班剥[4]离奇，扶疏诘曲[5]，枝枝入画，叶叶有声，如对高人逸士，不敢亵玩[6]。京师寺观，此种为多，而时代久远，则无过天禧宫者。共二十馀株，皆异态殊形，可谓巨观[7]矣！是行也，春寒初解，野色苍茫，然已有融润[8]之气。得小诗曰："缘豁来古寺，石堰[9]旧河梁[10]。冰泮[11]波澄绿，风轻柳麯黄[12]。苔痕春已半，松影日初长。篮笋[13]携诸子，僧寮[14]野蔌[15]香。"

【注释】①辛巳：即辛巳年，康熙四十年，公元1701年。②大郎、二郎、六郎：分别指张廷瓒、张廷玉、张廷瓘。③甫：刚，才。④班剥：同"斑剥"，色彩错杂的样子。⑤扶疏诘曲：枝叶繁茂，枝干屈曲。诘曲：屈曲，曲折。⑥亵玩：轻慢玩弄。⑦巨观：大观，宏伟的景象。⑧融润：温暖湿润。⑨石堰：石坝。⑩河梁：桥梁。⑪冰泮（pàn）：冰冻融解。泮：融解。⑫麯（qū）黄：淡黄色。麯：酒曲上所生的菌，色淡黄。⑬篮笋：竹轿。⑭僧寮（liáo）：僧舍。⑮野蔌（sù）：野菜。

【译文】辛巳年春分这一天，我与长子、次子、六子，从西直门出城，经过高梁桥，沿着溪水来到法华寺，在一间僧舍中用过斋饭。由法华寺到万寿寺时，寺僧刚把华严钟移到后阁，还没有挂到钟架上，于是去天禧宫看白松。我最喜爱古松：枝干像覆盖着一层白雪，松涛响声清脆如飞溅的波浪声，古松的枝叶色彩斑驳，繁茂屈曲，枝枝都可入画，叶叶都有响声，面对它就如同面对高雅脱俗之人，不敢轻慢亵渎。京城的寺院道观，这种树木最多，但论起年代的久远，都没有超过天禧宫的松树。天禧宫里的白松，共二十多株，每株都有不同的姿态、奇异的形状，这可真称得上景象壮观啊！这次出行，春寒刚刚消退，广袤的原野上，已经有了温暖湿润的气息。关于这次出游，我做了一首小诗："沿着溪谷，走过古旧的石坝和桥梁，我们来到一座古寺。其时，冰冻融解，波清水绿，轻风吹柳，柳泛淡黄。幽深的青苔告知我们春天已过去一半，松树的影子在初升的太阳下显得很长。我乘着竹轿在几个儿子的陪同下，在寺院的一间僧舍里品尝了野菜的清香。"

文贵简练

时文以多作为主①，则工拙自知②，才思自出，蹊径③自熟，气体④自纯。读文不必多，择其精纯条畅⑤，有气局词华者⑥，多则百篇，少则六十篇。神明⑦与之浑化⑧，始为有益。若贪多务博，过眼辄忘，及至作时，则彼此不相涉，落笔仍是故吾[⑨]。所以思常窒而不灵，词常窘而不裕，意常枯而不润。记诵劳神，中[⑩]无所得，则不熟不化之病也。学者犯此弊最多。故能得力于简，则极是要诀。古人言“简练以为揣摩”[⑪]，最是立言[⑫]之妙，勿忽而不察也。

【注释】①时文：科举时代称应试的文章为“时文”，明清时期特指八股文。②工拙：优劣。③蹊径：门径，途径，这里指写作时文的方法。④气体：文章的气势和风格。⑤条畅：通畅，畅达。⑥气局词华：有气度格局，辞藻华丽。⑦神明：指人的精神和心思。⑧浑化：融为一体，浑然一体。⑨故吾：过去的我，这里指文章没什么进步，仍是原来的水准。⑩中：心中，内心。⑪简练以为揣摩：对精要之处加以揣摩。语出《战国策·秦策》：“得太公《阴符》之谋，伏而诵之，简练以为揣摩”。简练：简明精炼。揣摩：反复思考，细心探求。⑫立言：立论，提出某种见解或主张。

【译文】应试文章以多作练习为关键，练习的多了，文章的优劣自会知晓，才思自会涌现，门径自会熟悉，气度自会纯正。诵读范文不必多，选择精美纯正、条理通畅，有气度格局，辞藻华丽的文章，多则百篇，至少六十篇。达到心神与它们融为一体的程度，这样才会有收获。如果一味求多，读过就忘，到了自己作文时，所读文章对自己的写作毫无借鉴和提高的作用，写出的文章仍是自己原来的风格。因此思路常常受阻而不灵通，词汇常常匮乏而不丰富，立意常常枯竭而不丰润。花费了心神去记诵，心中却无所收获，这是对所学文章未吃透不熟练而造成的结果。读书人犯这种弊病的最多。写文章如果能从简练方面多下功夫，就是真正掌握了作文的关键之处。古人说“把简练之处作为思考探求的对象”，这种见解最是精妙，不要忽略而不去体察。

治家惟谨肃

治家之道，谨肃为要。《易经·家人卦》[①]，义理极完备，其曰：“家人嗃嗃，悔、厉，吉；妇子嘻嘻，终吝。”[②]“嗃嗃”近于烦琐，然虽厉而终吉。“嘻嘻”流于纵轶[③]，则始宽而终吝。余欲于居室，自书一额，曰“惟肃乃雍”[④]，常以自警，亦愿吾子孙共守也。

【注释】①《易经·家人卦》：《周易》第三十七卦，象征家庭，特别注重女子在家中的作用，要求女子应以正持家，始终如一。②“家人嗃嗃（hè hè）”二句：治家严厉，可能会有悔恨，但总是吉利的；妻子儿女整日嬉笑取乐，终会对家庭不利。嗃嗃：严厉的样子。嘻嘻：欢笑貌，这里指不正经地嬉笑取乐。吝：遗憾，麻烦，艰难。③纵轶：同“纵佚”，恣纵放荡。佚：放荡。④惟肃乃雍：只有严肃，才能使家庭团结和睦。雍：团结，和谐，和睦。

【译文】治家的方法，以谨慎严肃为关键。《易经·家人卦》，对此道理谈得极为完备，其中说：“治家严厉，可能会有悔恨，但最终是吉利的；妻子儿女整日嬉笑取乐，终会对家庭不利。”“嗃嗃”近于烦琐，然而虽然严厉，但最终是吉利的。“嘻嘻”导致放纵不检点，虽然开始宽容，却最终会给家庭带来不利。我打算在居室中自己书写一个匾额，上写“惟肃乃雍”，时常以此警示自己，也希望后代子孙能共同遵守。

人生不觅奇

人之居家立身，最不可好奇。一部《中庸》，本是极平淡，却是极神奇。人能于伦常[1]无缺，起居动作、治家节用、待人接物，事事合于矩度[2]，无有乖张[3]，便是圣贤路上人，岂不是至奇？若举动怪异，言语诡激[4]，明明坦易[5]道理，却自寻奇觅怪，守偏文过[6]，以为不坠恒境[7]，是穷奇、梼杌[8]之流，乌[9]足以表异[10]哉？布帛菽粟，千古至味[11]，朝夕不能离，何独至于立身制行[12]而反之也？

【注释】①伦常：伦理道德。②矩度：规矩法度。③乖张：背离。④诡激：怪异偏激，异于常情。⑤坦易：坦率平易。⑥守偏文过：固守偏执，掩饰过错。文：掩饰，文饰。⑦不坠恒境：不落窠臼，不走寻常路。⑧穷奇、梼杌（táo wù）：与混沌、饕餮（tāo tiè）合称“四凶”，是古代四种凶猛的恶兽，这里指凶恶的人。⑨乌：表疑问，相当于“哪，何”。⑩表异：表现异能以显示与众不同。⑪至味：最美好的滋味，最美味的食品。⑫制行：规范道德和行为准则。

【译文】世间众人治家修身，最不可以好奇为目的。一部

《中庸》，原本极其平淡，却又极其神奇。人能够在伦理道德方面没有缺陷，又能在举止动作、治家节俭、待人接物方面，事事符合规矩法度，没有偏激怪僻的行为，便是有希望成为圣贤的人，这不是很神奇吗？如果举动怪异，言语偏激，明明是浅显易懂的道理，自己却故作奇怪，固守偏执，掩饰过错，以为自己的观点与众不同，这种行为是穷奇、梼杌之类的恶行，怎么算得上与众不同呢？布帛菽粟等物，虽然普通，确实是千古以来最有益的东西，人一日也不能离开，为什么一到修身养德的时候却与之相反，一味追求奇特怪异呢？

言行有益，便是善人

与人相交，一言一事皆须有益于人，便是善人。余偶以忌辰[①]著朝服[②]出门，巷口见一人，遥呼曰："今日是忌辰！"余急易之。虽不识其人，而心感之。如此等事，在彼无丝毫之损，而于人为有益。每谓同一禽鸟也，闻鸾凤[③]之名则喜，闻鸺鹠[④]之声则恶，以鸾凤能为人福，而鸺鹠能为人祸也。同一草木也，毒草则远避之，参苓[⑤]则共宝之，以毒草能鸩[⑥]人，而参苓能益人也。人能处心积虑，一言一动皆思益人，而痛戒[⑦]损人，则人望之若鸾凤，宝之如参苓，必为天地所佑，鬼神之所服，而享有多福矣！此理之最易见者也。

【注释】①忌辰：忌日，原单指先辈及其他亲属逝世的日子，后来范围扩大，祖先生日、死日及皇帝、皇后死亡之日也统称忌日。旧俗这一天忌举行宴会或从事娱乐，所以叫忌辰。②朝服：上朝时所穿的官服。③鸾凤：鸾鸟与凤凰，古代传说中的神鸟，代表祥瑞。④鸺鹠（xiū liú）：俗称小猫头鹰，羽毛暗褐色，尾巴黑褐色，有横斑，古人认为是不祥之鸟。⑤参苓：人参与茯苓，都是名贵药材，有滋补健身的作用。⑥鸩（zhèn）：毒害。⑦痛戒：严戒，深戒。痛：深切地，彻底地。

【译文】与人交往，一言一行都要有益于人，这便是善人。某一次忌日我穿着官服出门，在巷口遇到一个人，他远远地就冲我喊："今天是朝廷规定的忌日！"我急忙回家换了衣服。虽然不认识此人，但心中感激他。像这样的事，对他自己没有丝毫损害，对别人却是有益。我常说同是鸟类，人们听到鸾凤的名字便喜悦，听见鸺鹠的叫声便厌恶，因为鸾凤能给人带来幸运，而鸺鹠则带给人不幸。同样是草木，人们看见毒草就远远地避开，看见人参和茯苓却珍爱如宝，因为毒草能害人，人参和茯苓则对人有益。人能够多花些心思，一言一行都想着对人有益，而绝不做损人利己的事，那么人们就会视他如鸾凤，爱他如参苓，他也必会受到天地的护佑，鬼神的敬服，从而具有更多的福运！这是最显而易见的道理。

温故而知新

凡读书，二十岁以前所读之书与二十岁以后所读之书迥异。幼年知识[1]未开，天真纯固[2]，所读者虽久不温习，偶尔提起，尚可数行成诵。若壮年所读，经月则忘，必不能持久。故六经、秦汉之文，词语古奥[3]，必须幼年读。长壮后，虽倍蓰[4]其功，终属影响[5]。自八岁至二十岁，中间岁月无多，安可荒弃或读不急之书？此时，时文固不可不读，亦须择典雅醇正、理纯辞裕、可历二三十年无弊者读之。若朝华夕落、浅陋无识、诡僻[6]失体、取悦一时者，安可以珠玉难换之岁月而读此无益之文？何如诵得《左》《国》[7]一两篇及东西汉典贵华腴[8]之文数篇，为终身受用之宝乎？

且更可异者：幼龄入学之时，其父师必令其读《诗》《书》《易》《左传》《礼记》、两汉、八家文[9]。及十八九，作制义[10]、应科举时，便束之高阁，全不温习。此何异衣中之珠，不知探取，而向涂人乞浆[11]乎？且幼年之所以读经书，本为壮年扩充才智，驱驾[12]古人，使不寒俭[13]，如畜[14]钱待用者然。乃不知寻味其义蕴，而弁髦[15]弃之，岂不大相刺谬[16]乎？

我愿汝曹将平昔已读经书，视之如拱璧[17]，一月之内，必加温习。古人之书，安可尽读？但我所已读者，决不可轻弃。得尺则尺，得寸则寸，毋贪多，毋贪名。但读得一篇，必求可以背诵，然后思通其义蕴，而运用之于手腕之下。如此，则才气自然发越[18]。若曾读此书，而全不能举其词，谓之"画饼充饥"；能举其词而不能运用，谓之"食而不化"。二者其去枵腹[19]无异。汝辈于此，极宜猛省。

【注释】①知识：辨识事物的能力。②纯固：单纯坚定。③古奥：古老深奥，难以理解。④倍蓰：数倍。蓰：五倍。⑤影响：影子和回声，这里指印象不深，记忆不牢固，很快便忘。⑥诡僻：荒谬邪僻。⑦《左》《国》：《左传》和《国语》。⑧华腴：文辞华美。⑨八家文：唐宋八大家（唐朝韩愈、柳宗元和宋朝欧阳修、王安石、苏洵、苏轼、苏辙、曾巩）的文章。⑩制义：即八股文。《明史·选举志》："其文略仿宋经义，然代古人语气为之，体用排偶，谓之八股，通谓之制义。" ⑪向涂人乞浆：向路人讨水。涂人：路人。涂：同"途"。⑫驱驾：使用，驾驭。⑬寒俭：形容诗文等浅露、单薄。⑭畜：同"蓄"，储存，积聚。⑮弁髦（biàn máo）：弁：黑色布帽。髦：垂发。古代男子行加冠礼，先用黑布冠把垂发束好，三次加冠后就丢弃不用了。后以"弁髦"比喻弃置无用之物。⑯剌谬（là miù）：违背，悖谬。⑰拱璧：古代一种大型玉璧，因其须用双手拱执，故名，常用来比喻极其珍贵之物。⑱发越：焕发，显露。⑲枵（xiāo）腹：空腹，比喻空疏无学。

【译文】凡是读书，二十岁以前所读的书与二十岁以后所读的书大不相同。幼年欠缺辨知事物的能力，天真纯朴，所读的诗书即使久不温习，偶尔提到，还是可以背诵几行。如果是壮年时所读的书，过上个把月便会忘记，一定不能持久。因为儒家六经、秦汉之文，所用词语古老深奥，难以理解，必须幼年时阅读，才能有所收获。长大后，即使加倍努力，终究会印象不深很快忘记。自八岁到二十岁，中间时日不多，怎可荒废时间或者读那些不是当务之急的书籍呢？这个时候，八股范文固然不能不读，但必须选择典雅纯正、说理正统、辞藻丰富、流传二三十年仍未发现其缺陷的范文来阅读。如果是朝花夕落、浅陋无识、诡异邪僻、有失体统、迎合一时的文章，怎么可以耗费自己如珠玉般的宝贵时间来阅读这些无用之文章呢？还不如诵读《左传》《国语》一两篇和东西汉典雅华美的文章数篇，以作为终身受用的宝物呢？

更令人诧异的是：幼年入学的时候，老师必定会让阅读《诗》《书》《易》《左传》《礼记》、东西两汉的文章、唐宋八大家的文章；到了十八九岁，学写八股文、准备参加科举考试的时候，反而把以前所读的这些经典书籍束之高阁，丝毫不去温习。这何异于自己衣袋中有珠宝，不知取出使用，却向路人乞讨呢？并且幼年时期阅读经书的目的，本来是为了成年后扩展自己的才智，能够驾驭古人的智慧为我所用，使自己的诗文不至于浅陋，这就像储存钱财准备以后使用一样。有些人竟然不知道探求体会这些经典书籍所蕴含的深刻道理，而把它们当作无用的东西扔掉，这不是太过荒谬了吗？

我希望你们把以往读过的书，视如珍宝，每隔一月，必须温习。古人的书，怎能读得完呢？但是自己已经读过的书，绝不可以轻易抛弃。收获一尺是一尺，收获一寸是一寸，不要贪多，也不要贪图知识渊博的虚名。但要做到读一篇，就必须能够背诵，然后思考它所包含的深意，而后运用到自己的作文之中。这样，写文章时才气自然会显露出来。如果对于读过的书，其中的词语却也列举不出几个来，这叫“画饼充饥”；能列举出词语但不会运用，这叫“食而不化”。这两种情况就像一个人从来不曾学习过一样。你们对此，最应该深刻反省。

读书贵精不贵多

凡物之殊异者，必有光华发越于外，况文章为荣世之业，士子进身之具乎！非有光彩，安能动人？闱中之文，得以数言概之，曰：“理明词畅，气足机圆。”要当知棘闱[1]之文，与窗稿房行书[2]不同之处。且南闱[3]之文，又与他省不同处。此则可以意会，难以言传。唯平心下气，细看南闱墨卷，将自得之。即最低下墨卷，彼亦自有得手[4]，亦不可忽。此事最渺茫。古称射虱者，视虱如车轮，然后一发而贯[5]。今能分别气味截然不同，当庶几矣！

汝曹兄弟叔侄，自来岁正月为始，每三、六、九日一会，作文一篇，一月可得九篇。不疏不数[6]，但不可间断，不可草草塞责[7]。一题入手，先讲求书理[8]极透澈，然后布格遣词，须语语有著落。勿作影响语[9]，勿作艰涩语，勿作累赘语，勿作雷同语。凡文中鲜亮出色之句，谓之“调”，调有高卑。疏密相间，繁简得宜处，谓之“格”。此等处最宜理会。深恼人读时文，累千累百而不知理会，于身心毫无裨益[10]。夫能理会，则数十篇百篇已足，焉用如此之多？不能理会，则读数千篇，与不读一字等。徒使精神瞆乱[11]，临文捉笔，依旧茫然，不过胸中旧套应副[12]，安有名理精论、佳词妙句，奔汇于笔端乎？所谓理会者，读一篇则先看其一篇之“格”，再味其一股之“格”，出落之次第[13]，讲题之发挥[14]，前后竖义[15]之浅深，词调之华美，诵之极其熟，味之极其精。有与此等相类之题，有不相类之题，如何推广扩充？如此，读一篇，有一篇之益，又何必多？又何能多乎？每见汝曹读时文成帙[16]，问之不能举其词，叩之不能言其义。粗者[17]不能，况其精者乎？自诳乎？诳人乎？此绝不可解者。汝曹试静思之，亦不可解也。以后当力除此等之习。读文必期有用，不然，宁可不读。古人有言："读生文不如玩熟文。必以我之精神，包乎此一篇之外，以我之心思，入乎此一篇之中。"噫嘻，此岂易言哉！

汝曹能如此用功，则笔下自然充裕，无补缉寒涩[18]、支离冗泛[19]草率之态。汝每月寄所作九首来京，我看一会两会，则汝曹之用心不用心，务外[20]不务外，了然矣。作文决不可使人代写，此最是大家子弟陋习。写文要工致[21]，不可错落涂抹[22]，所关于色泽[23]不小也。汝曹不能面奉教言，每日展此一次，当有心会。幼年当专攻举业，以为立身根本。诗且不必作，或可偶一为之，至诗馀[24]则断不可作。余生平未尝为此，亦不多看。苏、辛[25]尚有豪气，馀则靡靡[26]，焉可近也？

【注释】①棘闱：唐、五代时，以荆棘圈围试院以防弊端，故称。后泛指考场、试院。闱：科举时代对考场的称谓。②窗稿房行书：窗稿，古称私塾中学生习作的诗文。房，即房稿、房书，明清进士平日所作的八股文选集。行书，举人所作的八股文选本。③南闱：明清科举考试，称江南乡试为南闱。④得手：得心应手，这里指长处、优点、心得。⑤“古称射虱者”三句：典出《列子·汤问》：“纪昌者，又学射于飞卫。……昌以牦（牦牛的毛）悬虱于牖，南面而望之。旬日之间，浸大也；三年之后，如车轮焉。以睹余物，皆丘山也。乃以燕角之弧（用燕国出产的牛角做成的弓），朔蓬之竿（用楚国的蓬草梗做成的箭）射之，贯虱之心，而悬不绝。”形容射艺精熟，即使是微小的虱子也能射中。⑥不疏不数（shuò）：不少不多。数：密，多。⑦塞责：做事不认真，敷衍了事。⑧书理：文理。⑨影响语：空泛不实的语句。⑩裨（bì）益：益处，好处。⑪瞶（kuì）乱：昏乱。⑫旧套应副：以老样子、老方法应付。应副：应对，对付。⑬出落之次第：起笔和落笔的顺序。⑭讲题之发挥：对题目内涵的阐释。⑮竖义：立意，立义。⑯读时文成帙：成套成册地阅读八股范文，形容阅读量过大过多。帙：量词。一套线装书叫一帙。⑰粗者：与下文的“景者”相对，一指粗略地理解，一指精细地欣赏。⑱补缉寒涩：形容文章修改的地方多，文词艰涩不流畅。补缉：修补，修改。⑲支离冗泛：形容文章散乱繁杂，空泛无条理。⑳务外：指研究学问，只致力于表面，不求深入。㉑工致：工巧精密。㉒错落涂抹：错乱不齐，随意书写。㉓色泽：颜色光泽，这里指文章的辞采、文采。㉔诗馀：词的别称。㉕苏、辛：苏轼与辛弃疾。㉖靡靡：柔弱颓废，萎靡不振。

【译文】凡是奇异的事物，必定会有光芒显露出来，何况文章是光宗耀祖的事业，是读书人做官升迁的工具呢！文章没有文采，怎么能打动人？应试文章，用几句话来概括其特点，就是“说理明白，词句流畅，气势饱满，机巧圆通”。要知道应试文章，与平时所写的文章有所不同。并且江南地区的应试文章，又与其他省份不同。这只可用心体会，很难用言语表达出来。只有平心静气，细心研读江南地区的考卷，才能有所收获。即使名次靠后的考卷，也有长处值得学习，不可忽视。这件事是最难以说清的。古人传说射虱子的纪昌，能把虱子看成像车轮一般大，然后一箭贯穿。现在如果你们能够做到分辨出不同考卷的气质韵味，应该也算差不多了。

你们兄弟叔侄，从明年正月开始，每月逢三日、六日、九日相聚一次，各写一篇文章，一个月可以积累九篇。这个作业量，不多不少，只是中间不能间断，更不可轻视马虎、敷衍了事。拿到一个题目，先思考怎样使文章文理透彻，然后再谋篇布局，遣词造句，必须每句话都具体充实。不要写空泛不实的语句，不要写艰涩不通的语句，不要写多余无用的语句，不要写与别人类似的语句。凡是文章中鲜亮出彩的语句，叫做“调”，调有高妙与卑俗之分。疏密有度，繁简恰当的地方，称为“格”。这些地方最应该琢磨领会。最担忧有人读八股文，读了成百上千的文章而不知琢磨领会其中的优点，对自己的身心全无益处。如果能琢磨领会，几十篇或者百篇文章就已经够了，哪里用得着读这么多？不能琢磨领会，即使读几千篇文章，也与一篇不读的效果一样。这样做只是白白地使自己精神昏乱，到了握笔作文的时候，依旧心中迷茫，仍是以胸中的旧知识来应付，怎么会有精深的理论、美妙的词句涌向笔端呢？所谓琢磨领会，是指读文章时先看整篇文章的“格局”，再体味其中一段的“格局”，起笔和落笔的写作顺序，对题目内涵的阐发，前后立意的深浅，文辞音调的华美，以达到背诵极熟练、体味极精深的地步。以后遇到与这类文章相似的题目，或不相似的题目，就知道如何运用自己已经掌握的知识，去推广扩大到眼前题目的具体写作方法。像这样，读一篇，有一篇的收获，又何必多读？常见到你们成套成册地阅读科考范文，询问考查你们，你们却不能列举出其中的用词，无法说出文章的涵义。粗略地理解都做不到，更何况精细的分析呢？你们这是欺骗自己呢？还是欺骗别人？这种做法我很难理解。你们静下心来想想自己的这些做法，也肯定不能理解。以后一定要戒除这种恶习。阅读文章的目的在于有用，不然，宁可不读。古人说："读陌生的文章不如玩味熟悉的文章。必须做到自己的精神境界能够涵盖到文章之外，也要做到自己的心思能够深入体会文章的内在涵义。"唉，这可是说到容易，做到难啊！

你们能按我说的方法用功，则笔下自然言之有物，没有东拼西凑，艰涩晦暗、散乱繁杂、粗糙空泛等毛病，你们每月把所写的九篇文章寄到京城，我审阅一两次，你们用心不用心，深入不深入，便会看得清楚明白。作文决不能叫人代写，这是世家子弟最大的陋习。写文章要工巧精致，不能错乱无序、随意涂改，这很大程度上关系到文章的辞令和文采。你们不能当面听我教诲，每天展开这篇文章阅读一遍，必然会心有所得。幼年应当专心攻读科举文章，作为往后立身的根本。诗暂且不必作，有时偶尔写一下也可以，至于词则绝不可以写。我一生从未填过词，也从不多读词。苏轼、辛弃疾的词尚有豪气，其余人的词则多颓废萎靡之作，哪里能够接近啊！

人生世途，解脱之法

余久历世涂[①]，日在纷扰、荣辱、劳苦、忧患之中，静念解脱之法，成此八章。自谓于人情物理，消息盈虚[②]，略得其大意。醉醒卧起，作息[③]往来，不过如此而已。顾[④]以年增衰老，无由自适[⑤]。二十馀年来，小斋仅可容膝[⑥]，寒则温室拥杂花，暑则垂帘对高槐，所自适于天壤间者，止此耳。求所谓烟霞林壑[⑦]之趣，则仅托于梦想，形诸篇咏[⑧]，皆非实境也。辛巳春分前一日，积雪初融，霁色[⑨]回暖，为三郎廷璐[⑩]书此，远寄江乡[⑪]，亦可知翁针砭气质之偏[⑫]，流览造物之理，有此一知半见，当不至于汩没本来[⑬]耳。

【注释】①世涂：同“世途”，人世的道路，人生的历程。②消息盈虚：指事物的盛衰变化或行为的出处进退。消：消减。息：增长。盈：充满。虚：空虚。③作息：劳作和休息。④顾：但是，只是。⑤自适：悠然闲适而自得其乐。⑥容膝：仅能容下两膝，形容居室狭小。⑦烟霞林壑：山水林谷，借指隐居之地。烟霞：烟雾和云霞，泛指山水、山林。⑧篇咏：诗篇。⑨霁色：晴朗的天色，这里指天气。⑩三郎廷璐：即张英的第三个儿子张廷璐，字宝臣，号药斋，康熙五十七年进士，官至礼部侍郎。著《咏花轩诗文集》。⑪江乡：指张英的故乡安徽桐城，因地近长江，多湖泊江河，故称。⑫气质之偏：有偏颇的性格。⑬汩（gǔ）没本来：埋没了本性。汩没：淹没，埋没。

【译文】我经历世事的时间也算较长了，每天都处在纷扰、荣辱、劳苦、忧患之中，默想解脱的方法，于是写成这八章内容。我自认为对人情世故、盛衰荣辱，大体上有一些自己的体会。醉醒卧起，劳作休息，应酬往来，这些事不过如此罢了。只是因为我已年老体衰，没有办法做到悠然闲适、自得其乐。二十多年来，在狭小的居室里，冬天我便点起炉火悠闲的面对各色花卉，夏天我就放下竹帘惬意的坐对高大庭槐，我在天地间所得到的轻松适意，也就这些而已。我期求的所谓山水林谷之乐，则仅仅寄托于梦想之中，表现在诗文之上，都不是我的亲身经历。辛巳年春分前一天，积雪初融，天气回暖，为三儿子廷璐写下这些文字，远寄故乡，你们也可以知道父亲我对于改正性格缺陷，观察自然规律的经验和体会，你们了解了这些经验和体会，应该会对你们修身有所帮助，不至于埋没你们自己的本性。

世家子弟，忍让为本

古称："仕宦之家，如再实之木，其根必伤。"[①]旨哉斯言[②]，可为深鉴[③]。世家子弟，其修行立名之难，较寒士百倍。何以故？人之当面待之者，万不能如寒士之古道[④]：小有失检[⑤]，谁肯面斥其非？微有骄盈，谁肯深规其过？幼而骄惯，为亲戚之所优容[⑥]；长而习成，为朋友之所谅恕。至于利交而谄[⑦]，相诱以为非；势交而谀[⑧]，相倚而作慝[⑨]者，又无论矣。

人之背后称之者，万不能如寒士直道[10]：或偶誉其才品，而虑人笑其逢迎；或心赏其文章，而疑人鄙其势利。甚且吹毛索瘢[11]，指摘其过失而以为名高；批枝伤根[12]，讪笑其前人而以为痛快。至于求利不得，而嫌隙易生于有无[13]；依势不能，而怨毒相形于荣悴[14]者，又无论矣。故富贵子弟，人之当面待之也恒恕，而背后责之也恒深，如此则何由知其过失，而显其名誉乎？

故世家子弟，其谨饬[15]如寒士，其俭素[16]如寒士，其谦冲[17]小心如寒士，其读书勤苦如寒士，其乐闻规劝如寒士，如此，则自视亦已足矣，而不知人之称之者，尚不能如寒士。必也谨饬倍于寒士，俭素倍于寒士，谦冲小心倍于寒士，读书勤苦倍于寒士，乐闻规劝倍于寒士，然后人之视之也，仅得与寒士等。今人稍稍能谨饬、俭素、谦下、勤苦，人不见称[18]，则曰："世道不古[19]"，"世家子弟难做"。此未深明于人情物理之故者也。

我愿汝曹常以席丰履盛[20]为可危、可虑、难处、难全之地，勿以为可喜、可幸、易安、易逸之地。人有非之、责之者，遇之不以礼者，则平心和气，思所处之时势，彼之施于我者，应该如此，原非过当。即我所行十分全是，无一毫非理，彼尚在可恕，况我岂能全是乎？

古人有言："终身让路，不失尺寸[21]。"老氏[22]以"让"为宝。左氏曰："'让'，德之本也。"[23]处里闬[24]之间，信世俗之言，不过曰"渐不可长[25]"，不过曰"后将更甚"，是大不然！人孰无天理良心、是非公道？揆之天道[26]，有"满损谦益"[27]之义；揆之鬼神，有“亏盈福谦”[28]之理。自古只闻“忍”与“让”，足以消无穷之灾悔[29]，未闻“忍”与“让”，翻以酿后来之祸患也。欲行忍让之道，先须从小事做起。余曾署[30]刑部事五十日，见天下大讼大狱，多从极小事起。君子敬小慎微，凡事只从小处了。余行年五十馀，生平未尝多受小人之侮，只有一善策--能转弯早耳。每思天下事，受得小气，则不至于受大气；吃得小亏，则不至于吃大亏。此生平得力之处。凡事最不可想占便宜。子曰：“放于利而行，多怨。”[31]便宜者，天下人之所共争也，我一人据之，则怨萃[32]于我矣；我失便宜，则众怨消矣。故终身失便宜，乃终身得便宜也。

汝曹席前人之资[33]，不忧饥寒，居有室庐，使有臧获[34]，养有田畴，读书有精舍[35]，良不易得。其有游荡非僻[36]，结交淫朋匪友，以致倾家败业，路人指为笑谈，亲戚为之浩叹[37]者，汝曹见之闻之，不待余言也。其有立身醇谨[38]，老成俭朴，择人而友，闭户读书，名日美而业日成，乡里指为令器[39]，父兄期其远大者，汝曹见之闻之，不待余言也。二者何去何从，何得何失；何芳如芝兰，何臭如腐草；何祥如麟凤，何妖如鸺鹠[40]，又岂俟予言哉！

汝辈今皆年富力强，饱食温衣，血气未定，岂能无所嗜好？古人云：“凡人欲饮酒博弈一切嬉戏之事，必皆觅伴侣为之，独读快意书、对佳山水，可以独自怡悦。凡声色货利[41]一切嗜欲之事好之，有乐则必有苦，惟读书与对佳山水，止有乐而无苦。”今架有藏书，离城数里有佳山水，汝曹与其狎[42]无益之友，听无益之谈，赴无益之应酬，曷若[43]珍重难得之岁月，纵读[44]难得之诗书，快对难得之山水乎？

我视汝曹所作诗文，皆有才情、有思致[45]、有性情，非梦梦[46]全无所得于中者，故以此谆谆告之。欲令汝曹安分省事，则心神宁谧[47]而无纷扰之害；寡交择友，则应酬简而精神有馀；不闻非僻之言，不致陷于不义；一味谦和谨饬，则人情服而名誉日起。

制义[48]者，秀才立身之本。根本固，则人不敢轻。自宜专力攻之，馀力及诗、字，亦可怡情。良时佳辰，与兄弟姊夫辈，一料理山庄，抚问松竹，以成余志。是皆于汝曹有益无损、有乐无苦之事，其味聪听之义[49]。

座右箴[50]：

立品、读书、养身、择友。右[51]四纲。

戒嬉戏，慎威仪[52]；谨言语，温经书；精举业，学楷字；谨起居，慎寒暑；节用度，谢酬应；省宴集，寡交游。右十二目[53]。

【注释】①“仕宦之家”三句：语出《文子·符言》：“再实之木，其根必伤；多藏之家，其后必殃。”意思是说世代都有人出来做官的官宦之家，就像果树一年两次结实，根部必定损伤。②旨哉斯言：这话说得太好了。旨：美，美好。③深鉴：深以为鉴，细加体察。④古道：指源于古代的信实淳厚的道德风尚。⑤失检：失于检点，言行疏于约束。⑥优容：宽待，宽容。⑦利交而谄（tāo）：为了利益关系交往而相互隐瞒过错。谄：隐瞒。⑧势交而谀：为了攀权附势交往而谄媚奉承。谀：谄媚，奉承。⑨作慝（tè）：作恶。慝：邪恶，罪恶。⑩直道：说话做事直爽，不绕弯子，有确当的准则。⑪吹毛索瘢：吹开皮上的毛，寻找里面的疤痕，比喻故意挑剔他人的毛病、缺点，寻找差错。瘢：疤痕。⑫批枝伤根：剖削枝叶，损伤根干，比喻攻击对方的同时，还要伤害其先人。批：剖、削。⑬有无：有余和不足，这里指富裕和贫穷。⑭荣悴：荣枯，这里指权势的盛衰。⑮谨饬：谨慎小心。⑯俭素：俭省朴素。⑰谦冲：谦虚。⑱见称：受到人们的称赞。⑲世道不古：社会风气已经不像以前一样淳朴了，形容社会风气浮薄，不淳朴。⑳席丰履盛：生活优裕，福禄盛多。席丰：饮食丰盛，生活阔绰。履：福禄。㉑终身让路，不失尺寸：语出《新唐书·朱仁轨传》："终身让路，不枉百步。"意思是说一辈子给人让路，自己也不损失丝毫。㉒老氏：即老子。㉓让，德之本也：谦让是德行的根本。语出《左传·昭公十年》："让，德之主也，让之谓懿德。"㉔里闬（hàn）：里巷的门，代指乡里。㉕渐不可长：不可让刚萌芽的坏事蔓延滋长。渐：开端，起始。㉖揆（kuí）之天道：以天理推测。揆：度量，推测。㉗满损谦益：自满招来损失，谦虚得到益处。语出《尚书》："满招损，谦受益。"㉘亏盈福谦：损害盈满者，福佑谦虚者。语出《易·谦》："鬼神害盈而福谦，天道恶盈而好谦。"㉙灾悔：灾难，悔恨。㉚署：暂时代理。㉛"放于利而行"二句：只依据自己的利益行事，就会招致很多的怨恨。语出《论语·里仁》。放：依据。㉜萃：聚集。㉝席：享有，凭借。㉞臧（zāng）获：奴婢。㉟精舍：精致的房舍。㊱非僻：邪恶。㊲浩叹：长叹。㊳醇谨：淳厚谨慎。㊴令器：优秀的人才。㊵鹡鸰：见本书卷二《言行有益，便是善人》注释④。㊶声色货利：歌舞、女色、钱财、私利，泛指寻欢作乐或放纵的物质享受。㊷狎：亲近。

㊸曷若：何如，不如。㊹纵读：广泛地阅读。㊺思致：意趣，意境。㊻梦梦：昏乱，不明。《诗经·大雅》："视尔梦梦。"㊼宁谧（mì）：安宁，平静。㊽制义：指八股文，明清时科举考试的文体。㊾味聪听之义：体会这些应该明白辨察的道理。味：体味，体会。聪听：明白听取，明白辨察。㊿座右箴：即座右铭。箴：具有劝告、规诫性的文字。(51)右：古人习惯于竖着从上到下、从右到左书写，在文字横排的今天，"右"可理解"上面的，前面的"。(52)威仪：庄重威严的容貌和举止。仪：外表，容态。(53)目：条目。

【译文】古人说："几代都有人出来做官的官宦之家，就像一年结两次果实的树木一样，其根本必然有所损伤。"这话说得很好，应该深以为鉴。世家大族的子弟，在修养品行、树立名声方面，比贫寒的读书人要困难百倍。什么缘故呢？人们面对世家大族的子弟时，对待他们不能像对待贫寒的读书人那样以古礼古道来严格要求：即使世家子弟小有放纵的行为，谁肯当面指责他们的错误？即使他们略有骄傲自满的行为，谁肯规劝他们改过自新？世家子弟幼年时娇生惯养，被亲戚家人纵容溺爱；长大后习惯养成，却又被朋友们原谅宽恕。至于世家子弟为了利益关系而相互隐瞒过错，相互引诱为非作歹的情况；为了攀附权贵而谄媚奉承，相互狼狈为奸共同作恶等诸多弊病，就更不用多说了。

人们即使是在背后议论世家子弟，也万万不能像议论贫寒之士那样直接了当：有人偶尔称赞一下世家子弟的人才品德，却担心被别人嘲笑这是故意迎合奉承；有人心中赞赏他们的文章，却疑虑被别人鄙视自己这是势利的行为。甚至有些人故意挑剔，借批评世家子弟的过失以增加自己的名声；还有些人嫌批评世家子弟不够过瘾，还要触及对方的祖辈，讥笑对方的先人，借此以求一时痛快。至于在钱财方面，对方得不到你的帮助时，富裕和贫穷的人之间就容易产生猜忌隔阂；在权势方面，对方无法与你结交攀附时，有权势地位的一方和没权势的一方，彼此之间就会出现怨恨不满，这些也不多说了。所以，富贵人家的子弟，人们当面对待他的时候，会表现得很宽恕，而背后指责他的时候，往往更加严厉，这样又从哪里知道自己的过错，显扬自己的名誉呢？

因此，世家大族的子弟，即使像贫寒的读书人一样谨慎、节俭、谦虚细心，即使像贫寒的读书人一样读书勤苦，乐听劝诫，做到这种程度，世家子弟觉得自己已经很不错了，却不知道人们对他的评价，还是不如贫寒的读书人。与贫寒之士相比较，世家子弟需要加倍地谨慎、节俭、谦虚细心，加倍地读书勤苦，乐听劝诫，然后人们才会把他与贫寒之士同等看待。现在的世家子弟稍微有些谨慎、节俭、谦恭、勤苦的表现，如果得不到别人的夸赞，就说“世道没有从前淳朴了”，“世家大族的子弟不好做人”。这都是没有深刻理解人情事理的缘故。

我希望你们时常能把优裕的生活看做是处在危险、值得忧虑、难以长久、难以保全的境地之中，不要把它当作是值得欢喜、值得庆幸、可以贪图安乐、可以骄奢放纵的地方。有的人非议、指责我们，对我们没有礼貌，我们要心平气和地考虑一下当时所处的情况，然后就能明白别人这样对待我们，是应该的事，并不是不合理。即使我们的行事十分正确，没有丝毫不合理的地方，面对他们的批评指责，仍然要宽恕他们，更何况我们怎能真的做到十全十美呢？

其实古人说："一辈子给人让路，自己也不会损失丝毫。"老子把"谦让"当作宝物。左丘明说："谦让，是德行的根本。"身处乡里民众之间，听信世俗言论，无非是说"忍让会使坏事蔓延滋长"，"如果忍让，对坏人不加惩处将来后果更加严重"，这样的说法其实是非常错误的。谁没有天理良心，谁不懂是非公道？从天意方面揣测，有"自满招来损失，谦虚得到益处"的法则；从鬼神方面揣测，有"盈满者受损害，谦虚者受福佑"的规律。自古只听说"忍"与"让"，能够消除无穷的灾祸，从未听说"忍"与"让"以后，反而会酿成祸患的。要奉行忍让的道理，必须先从小事做起。我曾经在刑部暂时代理事务五十天，看见天下重大的诉讼案件，多是由极小的事件引起的。君子谨小慎微，所有事情都应该在其尚处于萌芽时就妥善处理。我已经五十多岁了，一生基本没有受到小人的侮辱，能做到这一点凭借的是一个好的办法--能及早调整自己的心态。我常思考天下事情的得失，如果能承受得了小委屈，就不至于承受大委屈；吃得小亏，就不至于吃大亏。这是我平生受益最多的经验之谈。一切事情最不可想着去占便宜。孔子说："只依据自己的利益行事，就会招致很多的怨恨。"有便宜的事，天下所有的人都争着想占有，如果我一个人占有了，怨恨便集聚在我一个人身上；如果我放弃占便宜的机会，众人对我的怨恨就会消散。因此，终身不占便宜，就是终身占了便宜。

你们享有先辈的资产，不必担忧饥寒，有房子居住，有奴婢使唤，有田地供养，有精致的房舍读书，这些条件实在是得来不易。周围有的人游手好闲、放荡邪僻，与为非作歹的人交朋友，以致倾败家业，被外人当作笑谈，让亲戚为他长叹，这种人你们看到过，也听到过，就不用我多说了。也有的人立身处世淳厚谨慎，老成持重，俭省朴素，择友交往，闭门读书，名声日益高美，事业渐渐有成，乡里人把他当作优秀的人才，父亲兄弟希望他前途更加远大，这类人你们也见到过，听到过，也不必我多说了。这两类人之间何去何从，谁得谁失；哪一类芳香如芝兰，哪一类恶臭如腐草；哪一类像麒麟凤凰般祥瑞，哪一类像鸺鹠一样妖邪，又何须我多说呢！

你们现在都年富力强，丰衣足食，德行气质还未稳定，怎么会没有嗜好呢？古人说：凡是饮酒、下棋等一切玩乐的事情，都要找一个同伴共同去做，唯独阅读令人愉悦的好书、欣赏美丽的山水，可以一个人快乐享受。凡是歌舞、女色、宝物、钱财等一切满足感官欲望的物质享受，能带来快乐但也必然会带来愁苦，唯独读书和欣赏美丽的山水，只有快乐而没有愁苦。现今我们家的书架上有藏书，离城数里远的地方有美丽的山水，你们与其亲近无益的朋友，听无益的闲谈，忙无益的应酬，何如珍惜宝贵的光阴，博览难得的诗书，快乐地面对美丽的山水呢？

我见你们所写的诗文，都是有才情、有意境，有性情，并非胡言论语，无感而发的作品，所以在此耐心恳切地告诫你们。想让你们安守本分、少惹事端，这样就会心神宁静而杜绝外来纷扰所带来的危害；交朋友要有选择，不要贪多，应酬就会减少而精神充足；不听邪僻的言谈，不至于陷入不义的境地。一直保持谦和谨慎，就会受到人们的尊敬，声誉渐渐增高。

八股文章，是秀才立身的根本。根本牢固，人们便不敢轻视此人。你们应该专心攻读八股文，如果还有多余的精力，可以涉猎一下诗歌和书法，它们也可以愉悦性情。良辰吉日、天气美好的时候，与兄弟姊夫们，一起处理一下山庄的事务，同时欣赏一下松竹美景，能够这样做也算是秉承了我的教导。我说的这些都是对你们有益无害、有乐无苦的事情，你们要用心体会这些应该明白辨察的道理。

座右铭：

立品、读书、养身、择友。前四纲。

戒嬉戏，慎威仪；谨言语，温经书；精举业，学楷字；谨起居，慎寒暑；节用度，谢酬应；省宴集，寡交游。前十二目。

年少修业，倍加谨慎

子弟自十七八以至廿三四，实为学业成废之关。盖自初入学至十五六，父师以童子视之，稍知训子者，断不忍听其废业[①]。惟自十七八以后，年渐长，气渐骄，渐有朋友，渐有室家[②]，嗜欲渐开，人事[③]渐广，父母见其长成，师傅视为侪辈[④]，德性未坚，转移最易，学业未就，蒙昧非难[⑤]。幼年所习经书，此时皆束高阁。酬应交游，侈然大雅[⑥]；博弈高会，自诩[⑦]名流。转盼[⑧]廿五六岁，儿女累多，生计迫蹙[⑨]，蹉跎潦倒[⑩]，学殖荒落[⑪]。予见人家子弟半途而废者，多在此五六年中。弃幼学之功，贻终身之累，盖覆辙相踵[⑫]也。汝正当此时，离父母之侧，前言诸弊，事事可虑。为龙为蛇，为虎为鼠，分于一念[⑬]，介在两歧[⑭]，可不慎哉！可不畏哉！

【注释】①听其废业：任凭他荒废学业。听：听凭，任凭。②室家：妻子儿女。③人事：人情交往等事。④侪辈：朋辈，同辈。⑤蒙昧非难：容易受蒙蔽。蒙昧：昏昧无知。⑥侈然大雅：自命风雅。侈然：骄纵自大的样子。⑦自诩：自夸。诩：夸耀，说大话。⑧转盼：转眼，比喻时间短促。⑨生计迫蹙：生活艰难。迫蹙：困窘，穷困。⑩蹉跎潦倒：无所作为，失意颓丧。⑪学殖荒落：学业荒疏。学殖：学业，学问。⑫覆辙相踵：失败的先例相继发生。覆辙：翻过车的道路，比喻过去失败的做法。相踵：足踵相接，相继。⑬分于一念：因一念造成差异。分：分别，差别。⑭介在两歧：处在两个分岔处。介：在两者中间。两歧：两个分岔，比喻人或事物向不同的方向发展。

【译文】年青人从十七八岁到二十三四岁，实在是学业成败的关键期。因为从刚入学到十五六岁，家长老师把他们当孩童看待，略微知道些教育子女方法的家长，一定不会听凭自己的子女荒废学业，所以会对子女严加督促。只有从十七八岁以后，年青人的年龄逐渐增长，心气逐渐变的傲慢，逐渐的有了朋友、家室，嗜好和交际范围也逐渐增多和扩大，此时，父母将他们当成大人，老师将他们视为朋友，但实际上这时他们的德性还未定型，最容易发生变化，学业尚未有成，最容易受到蒙蔽。幼年学习的经书，这时都被年青人束之高阁，抛弃不读。每有交际应酬，年青人便自命高雅；每逢有棋酒聚会，就自认为是上层名流。转眼到了二十五六岁，年青人的儿女渐多，生活困窘，自己仍一事无成，失意颓丧，学业荒废。我见到别人家出现这种半途而废的子弟，多数是在这五六年当中。废弃幼年勤学的业绩，从而酿成终身的祸害，这种失败的先例屡见不鲜。你们正处在这个年纪，又不在父母身边，我前面谈到的各种弊病，件件都让人担忧。成为龙还是成为蛇，成为虎还是成为鼠，差别只在一念之间，你们现在正处于人生的岔路口上，不能不谨慎啊！不能不畏戒啊！

精读文章，勤用才思

读书须明窗净几，案头不可多置书。读文作文，皆须凝神静气，目光炯然[1]。出文与题之上，最忌坠入云雾中，迷失出路。多读文而不熟，如将[2]不练之兵，临时全不得用，徒疲精劳神，与操空拳者无异。

作文以握管[3]之人为大将，以精熟墨卷百篇为练兵，以杂读时艺[4]为散卒，以题为坚垒。若神明[5]不爽朗，是大将先坠云雾中，安能制胜？人人各有一种英华光气，但须磨练始出。譬如一草一卉，苟深培厚壅[6]，尽其分量，其花亦有可观。而况于人乎？况于俊特[7]之人乎？

天下有形之物，用则易匮[8]。惟人之才思气力，不用则日减，用则日增。但做出自己声光[9]，如树将发花时，神壮气溢，觉与平时不同，则自然之机候[10]也。

读书人独宿，是第一义，试自己省察。馆中独宿时，漏下二鼓[11]，灭烛就枕。待日出早起，梦境清明，神酣气畅。以之读书则有益，以之作文必不潦草枯涩。真所谓一日胜两日也。

【注释】①炯然：明亮的样子。②将：率领，统领。③握管：握笔，执笔。④时艺：即时文、制艺、八股文。⑤神明：人的精神、心思。⑥壅：把土或肥料培在植物的根部。⑦俊特：杰出，优异。⑧匮：缺乏。⑨声光：音容光彩，这里指文章的风采。⑩机候：适宜的时机。⑪漏下二鼓：时间到了二更天。漏：古代计时器漏壶的简称，借指时间、时刻。二鼓：二更，古代夜晚用鼓打更，故称，约为21-23点。

【译文】读书一定要明窗净几，桌上不可放太多的书。读文章写文章，都必须聚精会神，平心静气，眼神明亮，写出的文章一定要紧扣题目的要求，最忌讳像掉进云雾中一样，迷失方向。文章读得多但不熟练，就像统率着一支未经训练的军队，到了战时全无用处，白白地耗费精神，与空手上阵的人没什么区别。

写文章时执笔之人犹如统帅军队的大将，平日熟练掌握的百篇文章犹如严加训练的正规士兵，泛读的八股文选集犹如辅助攻敌的散兵，文章题目犹如坚固的堡垒。如果心神昏乱，就相当于大将先掉进了云雾之中，怎么能够取胜？每个人与生俱来都有一种光华英灵之气，但必须经过磨练才能显现出来。比如一花一木，如果能尽心培育养护，功夫下到，它所开的花也必定不错，有值得观赏之处。何况对于我们人呢？更何况对于我们之中那些才能卓绝的人呢？

天下凡是有形的物体，频繁使用就容易造成损耗。只有人的才思才气，越不使用越减少，越使用反而越增加。只要文章能做出自己的风采，就像树木将要开花的时候，神气充沛洋溢，分外与平时不同，这也是到了自然而发的时机了。

读书人要尽量独自一个人起居就寝，这是最为重要的，自己可以试着体验一下。在房中独睡之时，到了二更天的时候，就要灭烛休息。等到第二天日出早起，头脑清醒，神气酣畅。在这种状态下，读书才会受益多多，作文必不至于混乱迟钝。这样的状态，才真正称得上一日胜过两日。

谦以保身

《易经》一书言“谦道”①最为详备：“天道亏盈而益谦，地道变盈而流谦，鬼神祸盈而福谦，人（情）［道］恶盈而好谦。”②又曰：“日中则昃，月满则亏。”③天地不能常盈，而况于人乎？况于鬼神乎？于此理不啻④反覆再三，极譬罕喻⑤。《书》曰“满招损，谦受益”，古昔贤圣，殆无异辞⑥。尧舜大圣人，而史称之曰“允恭克让”⑦；孔子甚圣德，及门称之曰“恭俭让”⑧。况乎中人之才，安能越斯义？古云“终身让路，不失尺寸”，言“让”之有益无损也。世俗瞽谈⑨，妄谓“让人则人欺之”，甚至有尊长教其卑幼无多让。此极为乱道。

以世俗论，富贵家子弟，理不当为人所侮。稍有拂意⑩，便自谓：“我何如人，而彼敢如是以加我？”从傍人亦不知义理，用一二言挑逗之，遂尔气填胸臆，奋不顾身，全不思富贵者，众射之的⑪也，群妒之媒⑫也。谚曰：“一家温饱，千家怨忿。”惟当抚躬自返⑬：我所得于天者已多，彼同生天壤⑭，或系⑮亲戚，或同里闬⑯，而失意如此，我不让彼而彼顾⑰肯让我乎？常持此心，深明此理，自然心平气和。即有拂意之事、逆耳之言，如浮云行空，与吾无涉。姚端恪公有言："此乃成就我福德相，愈加恭谨以逊谢[18]之，则横逆[19]之来，盖亦少矣！"愿以此为热火世界[20]一帖清凉散也。

【注释】①谦道：谦逊之道。②"天道亏盈而益谦"四句：语出《易·谦卦》。意谓天道使盈满的事物亏损而使谦虚的事物受益，地道使盈满的事物坏损而使谦虚的事物增加；鬼神损害盈满的事物而福佑谦虚的事物，人道憎恶骄满的人而喜爱谦虚的人。地道：大地的特征和规律。福：福佑，加福。③"日中"二句：语出《易·丰卦》。意谓太阳到正午之后就会偏斜，月亮圆满之后就要亏缺。昃(zè)：太阳偏西。④不啻：不只，何止。⑤极譬罕喻：用极少的比喻就能解释清楚，形容讲话非常明白透彻。⑥书：指《尚书》。殆无异辞：几乎没有不同的言词。殆：大概，几乎。⑦允恭克让：诚实恭敬，能够谦让。语出《尚书·尧典》："允恭克让，光被四表，格于上下。"允：诚信，诚实。克：能够。⑧及门称之曰"恭俭让"：孔子的学生们称赞孔子"庄重、节俭、谦逊"。《论语·学而》：子贡曰："夫子温、良、恭、俭、让以得之。"及门：受业弟子。⑨瞽(gǔ)谈：无见识的话，瞎说。瞽：眼瞎，引申为没有识别能力。⑩拂意：不合心意，不如意。⑪众射之的：众人攻击的目标。的：箭靶的中心，引申为目标。⑫群妒之媒：众人嫉妒的对象。媒：媒介。⑬抚躬自返：反躬自问，自我反省。躬：自身，亲自。⑭天壤；天地之间。⑮系：是。⑯里闬：乡里。闬：里巷的门。⑰顾：难道。⑱逊谢：谦让辞谢。⑲横逆：横祸，厄运。⑳热火世界：躁动纷扰的世界。

【译文】《易经》一书谈"谦虚之道"最为详细："天道减少

盈满而增益谦卑，地道使盈满溢出而流向谦卑，鬼神损害盈满而福佑谦卑，人道厌恶盈满而喜好谦卑。”又说：“太阳到了中天就要向西偏斜，月亮圆满之后就会亏损。”天地尚且不能长久保持盈满，何况人事呢？何况鬼神呢？对于这个道理，《易经》不惜反复说明，再三论述，讲得非常明白透彻。《尚书》说“盈满招致损毁，谦虚有所受益”，古代圣贤，对于“谦虚之道”的论述，大致相同。尧舜是大圣人，历史上说他“诚实恭敬，能够谦让”；孔子具有至高无上的道德，他的学生们称他“庄重、俭约、谦让”。更何况是中等才智的人，怎能违背这个道理？古人言“终身让路，不失尺寸”，是说“谦让”有益无损。世俗之人瞎说乱谈，胡言什么“让人则人欺之”，甚至有的长辈教育后人不要谦让，这是极其败坏世风道德的行为。

以世俗的观点来看，富贵人家的子弟，按理不会被人欺侮。可富家子弟稍微遇到一些不如意的事情，就自夸说“我是什么人，他竟敢这样对待我”，如果身边的人也不通情理，用一两句话来挑唆他，他便会气愤填膺，奋不顾身地要找人家拼命，全然考虑不到富贵之人原本就是众人针对的目标和嫉妒的对象。谚语说：“一家温饱，千家怨忿。”遇到不如意的事，应当自我反省：我从上天那里获得的恩惠已经够多了，另外那些人与我同在天地之间，或是亲戚，或是邻居，却这样失意贫困，我不宽容他们难道反而让他们宽容我吗？经常保持这种心态，深深领会这个道理，自然就会心平气和。即使有不如意的事，不好听的话，也要把它们看作像天边的浮云飘过一样，与我毫无关系。姚端恪公曾说：“谦卑能够成就我有福德的命相，要更加的恭敬谨慎，谦逊礼让，这样横祸厄运来临的次数就会减少！”希望我的这些话能成为这纷扰浮躁世界的一副清凉散。

节俭与择友

《谭子化书》[①]训“俭”字最详。其言曰：“天子知俭，则天下足；一人知俭，则一家足。且俭非止节啬[②]财用而已也。俭于嗜欲，则德日修，体日固；俭于饮食，则脾胃宽；俭于衣服，则肢体适；俭于言语，则元气[③]藏而怨尤寡；俭于思虑，则心神安；俭于交游，则匪类远；俭于酬酢[④]，则岁月宽而本业[⑤]修；俭于书札，则后患寡；俭于干请[⑥]，则品望[⑦]尊；俭于僮仆，则防闲[⑧]省；俭于嬉游，则学业进。”其中义蕴[⑨]甚广，大约不外于葆啬[⑩]之道。

东坡千古才人，以百五十钱为一块，每日只用画杈[⑪]挑取一块，尽此钱为度，决不用明日之钱。汝辈中人，可无限制？陆梭山训居家之法最妙[⑫]：以一岁所入，除完官粮外，分为三份。存一份以为水旱及意外之费，其馀二份析为十二份，每月用一份，但许存馀，不许过界。能从每日饮食杂用加意节省，使一月之用常有馀，别置一处，不入经费，留以为亲戚友朋小小周济[⑬]缓急之用，亦远怨积德之道，可恃以长久者也。

居家治生[⑭]之理，《恒产琐言》备之矣！虽不敢谓“圣人复起，不易吾言”[⑮]，其于谋生，不啻左券[⑯]。总之，饥寒由于鬻产[⑰]，鬻产由于债负[18]，债负由于不经[19]，相因[20]之理，一定不易。予视之洞若观火[21]。仕宦之日，虽极清苦，毕竟略有交际，子弟习见习闻，由之不察[22]。若以此作田舍度日之计[23]，则立见其仆蹶[24]，不可不深长思者也。人生俭啬之名，可受而不必避。世俗每以为耻，不知此名一噪[25]，则人绝觊觎[26]之想。偶有所用，人即德之，所谓以虚名而受实益，何利如之？

人生髫稚[27]，不离父母，入塾则有严师傅督课[28]，颇觉拘束。逮[29]十六七岁时，父母渐视为成人，师傅亦渐不严惮[30]。此时，知识初开，嬉游渐习，则必视朋为性命。虽父母师保之训，与妻孥之言，皆可不听。而朋友之言，则投若胶漆，契若芳兰[31]。所与正，则随之而正；所与邪，则随之而邪。此必然之理，身验之事也。

余镌[32]一图章，以示子弟，曰："保家莫如择友。"盖有所叹息、痛恨、惩艾[33]于其间也。古人重朋友，而列之五伦，谓其"志同道合"，有善相勉，有过相规，有患难相救。今之朋友，止可谓相识耳，往来耳，同官同事耳，三党[34]姻戚耳，朋友云乎哉？

汝等莫若就亲戚兄弟中，择其谨厚老成，可以相砥砺[35]者，多则二人，少则一人。断无目前良友，遂可得十数人之理！平时既简于应酬，有事可以请教。若不如己之人，既易于临深为高，又日闻鄙猥[36]之言，污贱[37]之行，浅劣之学，不知义理，不习诗书。久久与之相化，不能却[38]而远矣！此《论语》所以首诫之也[39]。

【注释】①《谭子化书》：又名《化书》，道家著作，唐末五代谭峭著。共六卷，一百一十篇，主要阐述了一切皆化的自然观和均食节俭的社会观。谭峭，字景升，福建泉州人，酷爱黄老、诸子、《穆天子传》等书，后立志修仙学道，游嵩山、衡山等名山而不返。②节啬：节省，节俭。③元气：人的精神、精气。④酬酢：应酬交往。⑤本业：根本事业，本身的行业。⑥干请：请托，走门路，拉关系。⑦品望：人品声望。⑧防闲：防备禁阻。闲：防止，约束。⑨义蕴：精深的含义。⑩葆啬：宝爱，珍爱。葆：同"宝"。⑪画杈（chā）：雕有图案的木制叉状用具，Y状或类似Y状，可用以挑取或悬挂物品。⑫陆梭山及其居家之法：见本书卷一《节俭以利人》注释⑥。⑬周济：接济，救助。⑭治生：经营家业。⑮圣人复起，不易吾言：语出《孟子·滕文公下》，意为圣人再生，也不会反对我的这番话。⑯不啻左券：无异于是最好的依据。不啻：无异于，如同。左券：古代契约分为左右两片，左片称左券，由债权人收执，用作索偿的凭证。这里代指凭证、依凭。⑰鬻（yù）产：出卖家产。鬻：卖。⑱债负：即负债，欠债。⑲不经：不经营筹划。⑳相因：相关，相承。㉑洞若观火：形容观察事物非常清楚，好像看火一样。洞：透彻。㉒由之不察：照着做而觉察不到问题的存在。㉓田舍度日之计：指普通百姓家庭对买田建屋等日常生活收支的筹划。㉔仆蹶（jué）：跌倒，颓败。㉕噪：本指虫鸟群鸣，引申为名声广泛传扬。㉖觊觎（jì yú）：非分的希望或企图。㉗髫（tiáo）稚：幼年。髫：小孩额前下垂的头发。㉘督课：督察考核。㉙逮：及，到。㉚严惮（dàn）：害怕，畏惧。㉛投若胶漆，契若芳兰：意为两人情投意合，如胶似漆，视对方为芳香的兰花。胶漆：胶和漆，是两种最具黏性的东西。比喻情谊极深，亲密无间。契：相合，相投。芳兰：兰花。

㉜镌（juān）：雕刻。㉝惩艾（yì）：吸取教训，以作警戒。艾：止，绝。㉞三党：指父族、母族、妻族。㉟砥砺（dǐ lì）：激励，勉励。㊱鄙猥：卑鄙猥琐，粗俗下流。㊲污贱：卑微低贱，卑污下贱。㊳却：拒绝。㊴此《论语》所以首诫之也：《学而》是《论语》第一篇的篇名，《学而》第八小节有孔子"无友不如己者"的告诫，故曰"《论语》首诫"。

【译文】《谭子化书》讲解"俭"字最是详备。其中说："天子懂得节俭，天下便可富足；一个人懂得节俭，一家便可富足。俭，还有节制的意思，不只是节俭财物而已。一个人在嗜好欲望方面有节制，品德便会日益提高，身体便会日益强壮；在饮食方面有节制，脾胃便会宽舒；在服饰方面有节制，肢体便会舒适；在言语方面有节制，便能保养精神元气，减少责怪埋怨；在思虑方面有节制，便会获得心神安宁；在交游方面有节制，便会远离坏人；在应酬方面有节制，便能使时间宽裕，从而致力于完善自己的本行；在书信来往方面有节制，便能减少语句上的过失，从而减少后患；在请人帮忙办事方面有节制，人品声望便会日渐尊贵；在雇佣僮仆方面有节制，便不用刻意提防家里家外应当禁止和避免的事情；在游戏玩乐方面有节制，学业便会得到精进和提高。"这里面的蕴意极其深刻，大体来说不外乎教人珍爱自身。

苏东坡是千年以来难得一见的人才，他把一百五十钱作为一份，每天用画杈挑取其中的一份作为家用，每日家用，最多以用完此钱为限度，今日决不用明日的钱。你们年轻一辈，用钱难道不该有所限制吗？南宋陆梭山教诲家人，居家过日子的方法最为精妙：把一年的收入，除去应缴纳的官粮外，分为三份。存储其中一份作为旱涝及意外事件的费用，其余两份细划为十二份，每月用一份，只许剩余，不许超出。能够从每天的饮食杂用中留心节省，使每个月的花费经常剩余，然后把剩余的这些钱另外存放，不归入计划的费用之中，用来接济亲戚朋友间的不时之需，这也是远离怨恨，积累善德的方法，凭此可以保持家道的长久。

居家生活和经营家业的方法，我在《恒产琐言》里有详备的论述。虽然不敢说“即使圣人再生，也不会反对我的这番话”，但对于谋生，无异于是最好的依据。总而言之，一户人家有饥寒之苦是因为这家人变卖了家产，没有了谋生手段的缘故，而变卖家产是因为负债而无法偿还，负债而无法偿还则是因为不善于经营，这是相互关联的道理，绝难改变。我对此看得非常清楚明白。做官的时候，俸禄所得有限，虽然日子过得清苦一点，但毕竟还有一些其它的收入，日常生活也还不至于困顿，家中子弟也习以为常，照着来做丝毫察觉不出居家过日子的艰难。但是如果以这种方式，作为普通百姓家庭买田筑房等日常生活收支的方法，不久就会看到其家庭的衰败，对此不可不深思远虑。人生有节俭的名声，应该坦然接受而无需刻意逃避。世俗之人，常把被人称作节俭视为羞耻，不知道节俭的名声一旦传扬出去，周围的人们便会断绝对我们财物的非分之想。我们偶尔救助一下别人，别人便赞美我们有德行，所谓凭借节俭的虚名而实际获得被人赞美的好处，还有什么其它的好事能比得上这个呢？

人生幼年时期，要么待在父母身边，要么入学后有严格的老师督察考核，感觉十分受束缚。到十六七岁时，父母渐渐把他们看作成年人，他们对老师也渐渐不再惧怕。这时，他们初步具备了认知事物的能力，也渐渐学会了游乐，甚至会把朋友当做自己的性命般看重。即使有父母老师的训诫和妻子儿女的规劝，却都听不进去。但对朋友说的话，却能听进去，与朋友趣味相投，彼此形影不离，视对方为芳香如兰花般的挚友。如果朋友的品行端正，他的品行便随之端正；如果朋友的品行邪恶，他的品行也随之邪恶。这是必然的道理，也是我亲身经历验证过的事情。

我曾雕刻过一枚印章，以警示家中子弟，说“若想保住家业，各项事情都不如择友重要。”这是我由衷地叹息、痛心并借此作为警戒。古人重视朋友，把朋友列入五伦，说朋友之间应该“志同道合”，有善行就相互勉励，有过失就相互规劝，有困难就相互帮助。如今所谓的朋友，只可以说是相识罢了，有所来往应酬罢了，一起做官共事罢了，三族中的亲戚罢了，又怎么能称得上是朋友呢?

你们不如从亲戚兄弟之中，选择谨慎敦厚、老成持重，可以互相勉励的人，多则二人，少则一人作为自己的良朋益友。绝对没有一下子可以结交十多个好朋友的道理。这样交朋友的方式，平时既减少了不必要的应酬，遇到事情时又能够有所请教。如果结交德行不如自己的人，既容易养成居高临下，自视甚高的毛病，又会每天听到一些粗俗猥琐的言语，看到一些卑污低贱的行为，接触到一些浅薄低下的学问，逐渐自己也会变得不明事理，不习诗书。久而久之，受其影响越来越深，就无法拒绝而远离他了。这就是《论语》在开篇《学而》就发出告诫的原因。

人生要事，莫如安分

人生第一件事，莫如安分。“分”者，我所得于天多寡之数也。古人以得天少者，谓之“数奇”①，谓之“不偶”，可以识其义矣。董子②曰：“予之齿者，去其角，傅之翼者，两其足。”③啬④于此则丰于彼，理有乘除⑤，事无兼美⑥。予阅历颇深，每从旁冷观，未有能越此范围者。功名非难非易，只在争命中之有无。尝譬之温室养牡丹，必花头中原结蕊，火焙⑦则正月早开，然虽开而元气索然⑧，花既不满足，根亦旋萎矣。若本来不结花，即火焙无益。既有花矣，何如培以沃壤，灌以甘泉，待其时至敷华⑨，根本既不亏，而花亦肥大经久。此予所深洞于天时物理，而非矫为迂阔之谈也⑩。曩时⑪，姚端恪公每为予言，当细玩“不知命无以为君子”章。朱注⑫最透，言“不知命，则见利必趋，见害必避，而无以为君子矣”，“为”字甚有力！“知命”是一事，“为君子”是一事。既知命不能违，则尽有不必趋之利，尽有不必避之害，而为忠为孝，为廉⑬为让，绰有馀地⑭矣！小人固不当取怨于他，至于大节目⑮，亦不可诡随⑯。得失荣辱，不必太认真，是亦知命之大端⑰也。

【注释】①数奇（jī）：古代占卜法以偶数为吉，奇数为凶。这里的“数奇”与下面的“不偶”都是指命运不好，遇事多不吉利。②董子：即董仲舒，西汉思想家，广川（今属河北）人，提出“天人感应”“大一统”“罢黜百家，独尊儒术”等主张，被汉武帝采纳，从而使儒学成为中国封建社会的正统思想，影响长达两千多年。著有《春秋繁露》《董子文集》。③“予之齿者”四句：见本书卷二《厚重沉静以载福》注释⑭。④啬：欠缺，缺少。⑤乘除：指世事的消长盛衰。⑥兼美：完善，样样擅长。⑦火焙：以火烘烤，使室中升温。焙：用微火烘。⑧索然：乏弱不充沛的样子。⑨敷华：开花。⑩“此予”二句：这是我深切了解自然规律、事物道理后所发的言论，而不是强词夺理不切实际的话。深洞：深切了解。矫：把弯曲的弄直，引申为强迫纠正。迂阔：不切合实际。⑪曩（nǎng）时：往时，以前。⑫朱注：朱熹的注解。⑬廉：清白，正直。⑭绰有馀地：宽裕，富馀，形容态度从容、不慌不忙。绰：宽裕，舒缓。⑮节目：树木枝干交接的地方称为“节”，树木纹理纠结不顺的地方称为“目”，这里比喻事物的关键处。⑯诡随：不顾是非而妄随人意。⑰大端：主要部分，重要方面。

【译文】人生第一重要的事，就是安守本分。“分”指的是我从上天那里得到运气的多少。古人把从上天那里所得运气少的情况，叫做“数奇”，也叫“不偶”，从这两个词的名称我们就可理解“分”的意义。董仲舒说：“上天给了某些动物锋利的牙齿，就不会让它头上再生角；给了它飞翔的翅膀，就只让它长两只脚。”任何事物如果在某方面有所缺陷，上天必定会在其他方面给以弥补，消长盛衰是事物变化的规律，世间没有十全十美的事物。我的人生阅历比较多，因此常能用冷静的态度，旁观事物发展的规律，发现万事万物没有能超越这个规律范围的。譬如获得功名这件事，不是很难但也不是很容易，只看自己的命运中有没有这样的安排。我曾经把这件事比喻成在温室中养牡丹，要想让牡丹开花，必须是牡丹花朵中原本结有芯蕊，再用火增温才能使它在正月提前开花，然而即使开花，由于花朵元气不足，开的花既不饱满，花的根部也会很快枯萎。如果牡丹花的花朵中原本就没有花蕊，即使用火增温也不会起作用。从另一个角度讲，既然花朵中已经结有花蕊了，不如用肥沃的土壤培植它，用甘美的泉水浇灌它，然后等待它自然开花，根本既不会损伤，开的花也硕大长久。这是我深切了解自然规律、事物道理后所发的言论，而非强词夺理不切实际的空谈。以前，姚端恪公常对我说，一定要细心体会《论语》中“不知命无以为君子”这一章。关于这一章，朱熹在《〈论语〉集注》里讲得最透彻，说“不理解命运，则见到利益必会追求，见到危害必然会躲避，这样就无法成为君子了。”“为”字用的很有力量！“理解命运”是一件事，“为君子”是一件事。既然已经理解命运是不能违抗的，那么也就应该知道世上一定有不必去追逐的利益，也一定有无须去躲避的灾祸，这样自己在忠、孝、廉、让等方面做起来就能从容不迫、游刃有余了。对于小人，固然不应该去招惹他们的怨恨，但在大是大非面前，也不能不顾是非一味顺从。得失荣辱，不必看得过于认真，这也是理解命运的一个重要方面。

知命之义

冢宰库公[①]，曩[②]与予同事，谈及知命之义：时有山左[③]鹿御史，以偶尔公函发遣[④]。彼方在言路[⑤]时，果能拚得[⑥]一个流徒[⑦]，甚么本上不得？彼在位碌碌耳，究竟不能违一定之数。非谓人当冒险寻事[⑧]，但素明此义，一旦遇大节[⑨]所关，亦不至专计利害犯名义矣。库然之。

【注释】①冢宰库公：即库勒纳，因其曾任官吏部尚书，故称“冢宰库公”。冢宰：又称太宰，掌管朝廷财务及宫内事务，后称吏部尚书为冢宰。②曩：从前，以往。③山左：今山东省的旧称。④发遣：遣送，流放。⑤言路：言官。明清时期的言官主要由都察院御史和六科给事中组成。⑥拚（pàn）得：舍得，不顾惜。⑦流徒：被流放的囚徒。⑧寻事：生事，故意引起争端。⑨大节：关系存亡安危的大事。

【译文】吏部尚书库公，以前和我是同事，他和我谈论过顺天安命的道理：当时有个鹿御史是山东人，因为偶尔公函出错被判处流放。他刚担任言官的时候，怕得罪人，不敢上本奏事，要是真能豁出去，拼着被流放的风险，什么奏本不能呈上呢？他在位时碌碌无为，最终还是不能违背定数遭到了流放，没能保全自己。不是说人应该冒险行事，只是平时应该明白顺从天命的道理，一旦遇到关系大是大非的事情，也不至于一心只计较利害得失而做出违反大义的事情了。库公同意我的说法。

澄怀园语

自 序

先公[①]诗文集外，杂著内有《聪训斋语》二卷以示子孙，廷玉终身诵之。雍正戊申、己酉[②]间，扈从[③]西郊，蒙恩赐居“澄怀园”[④]，五侄筠[⑤]随往，课两儿读书。予退直[⑥]之暇，谈论所及，侄逐日纪录，得数十条，曰：“此可继《聪训斋语》，曰《澄怀园语》也。”予闻之，惭恧[⑦]不胜，而又不欲违其请，第裒集[⑧]有限，未为完书。

【注释】①先公：指张廷玉的父亲张英。②雍正戊申、己酉：雍正六年、七年，即1728年、1729年。③扈（hù）从：扈，随从，侍从。扈从指随驾护从。④澄怀园：康熙五十二年（1713）五月，张廷玉等人扈从塞外，康熙帝御书“澄怀”二字赐予张廷玉。雍正六年（1729），张廷玉以“澄怀”二字为住所命名，以“佩圣诲志景光两朝圣主知遇之恩”。自此，张廷玉将雍正帝所赐的戚畹旧园正式命名为“澄怀园”，既符合园中“碧水潆回，不染尘滓”的实际样貌，也表达了自己铭志两朝圣主之恩，又“示子孙于不忘”。⑤五侄筠：即张筠（1693-1766），张廷玉的侄子，字渭南，号瓯舫，雍正十年（1732）中举人。乾隆二年(1737),授内阁中书,后升内阁典籍。工诗歌,曾于告归后与人联吟社,著有《瓯舫诗钞》3卷。⑥退直:亦作“退值”。这里指退朝。⑦惭恧(nǜ):惭愧。⑧第:仅,只,只是。裒(póu)集:聚集,辑集。

【译文】先父除了著有诗文集之外,还著有《聪训斋语》两卷用来对儿孙进行训诫,我对先父这两卷著作终身诵读不倦。雍正戊申、己酉年间,我作为随驾扈从跟随陛下到京城西郊,承蒙恩赐得以进入“澄怀园”居住,我的五侄张筠随同前往,在此处教育两个儿子读书。我退朝后空闲之时,所谈论的内容,被侄子每天记录下来,积攒了数十条之多,他说:“这个可以作为《聪训斋语》的后继,就叫《澄怀园语》。”听得此言,我惭愧不已,但又不想拒绝他的这个请求,只是内容收集有限,并没有成书。

自是厥[①]后,凡意念之所及、耳目之所经与典籍之所载,可以裨益问学[②],扩充识见者,辄取片纸书之,纳敝箧[③]中。而日用纤细之事亦附及焉。十数年,日积月累,合之遂得二百五十余条,因[④]厘为四卷。不分门类,但就日月之先后以为次序,命曰《澄怀园语》,从侄筠之请也。

窃念通籍而后牵于官守[⑤],职务繁多,比年精力惫顿[⑥],常有意所欲书而倏忽遗忘者,不可胜数。且自知学识短浅,文辞拙陋,较之《聪训斋语》,不啻霄壤[⑦]。又随手掇拾,本无所爱惜,不过藏之家塾[⑧],俾[⑨]子孙辈读之,知我立身行己、处心积虑之大端云尔。

【注释】①厥：助词，之。②裨（bì）益：补益，帮助。问学：学习。③箧（qiè）：小箱子，藏物之具。大曰箱，小曰箧。④因：顺着。厘：整理。⑤通籍：籍，二尺长竹片，上写姓名、年龄、身份等内容，挂在宫门之外，以备出入查对。通籍就是记名于门籍，可以进出宫门。后来便称做官为“通籍”。牵于官守：牵，牵累。官守，官吏职责，官位职守。⑥比年：近年。惫顿：疲乏劳累困顿。⑦不啻：无异于，如同。霄壤：天与地。这里指相去甚远，差别极大。⑧家塾：旧时请老师到家里来教授自己子弟的私塾。⑨俾（bǐ）：使，把。

【译文】从那以后，只要是头脑中想到的，耳闻目睹的，古今图书中记载的，凡是可以增补学问、扩充见识的内容，我都会取纸记录下来，收纳进小箱子里。即便是日常琐碎的小事，也一并收纳进来。十几年间的日积月累，也合并出二百五十多条内容，顺势整理成四卷。并没有按照门类区分，只是依据时间先后次序，命名为《澄怀园语》，也算顺从侄子张筠的请求。

我考虑到，自从入朝为官以来，被公务职责所牵绊，而且担任的职务繁多，近年来越发感到精力疲乏，时常有想写些什么东西但又一下子遗忘的情况出现，而且这种情况越来越多。并且，我自知才疏学浅，文章的辞藻和内容都很浅陋，与《聪训斋语》比起来，不次于天壤之别。再加之是我随手搜集整理的，原本也不曾重视，只不过是想将之收藏于自家的私塾之中，使子孙后辈读过之后，能知晓我如何修身立德以及如何处心积虑地立身行事的大概而已。

然有能观感兴起[①]者，是则是效[②]，不视为纸上空谈，未必无所裨补[③]，或不负老人[④]承先启后之意也夫！

乾隆丙寅[⑤]冬十月澄怀居士张廷玉譔。

【注释】①观感：观看而引起感动。兴起：因感动而奋起。②是则是效：则，准则。效，仿效。以此为行动准则，以此为仿效对象。③裨补：补益，好处；弥补缺点和不足。④老人：年老长辈的自称，这里指张廷玉的自称。⑤乾隆丙寅：乾隆十一年，即1746年。澄怀居士：张廷玉号“澄怀居士”。譔（zhuàn）：同“撰”，撰录，撰述。

【译文】若是有人看完拙作后有所感触，能有奋起之心，并能效法，付诸实践，而不是将其当成是纸上空谈，对其人未必不能有所裨益。这也就不辜负我继承先贤学说，启发后辈奋进的意愿了。

乾隆丙寅冬十月，澄怀居士张廷玉撰述。

卷 一

心系祸福

凡人得一爱重之物，必思置之善地以保护之。至于[①]心，乃吾身之至宝[②]也。一念[③]善，是即置之安处[④]矣；一念恶，是即置之危地矣。奈何以吾身之至宝，使之舍安而就危乎？亦弗思之甚[⑤]矣！

一语而干[⑥]天地之和，一事而折[⑦]生平之福。当时时留心体察，不可于细微处忽之。

【注释】①至于：讲到，提起。为转换话题，谈到有关或附带事项时所使用的连接词。②至宝：最珍贵的宝物。③念：念头。④安处：平安的地方。⑤弗思之甚：考虑问题非常欠妥当。⑥干：冲犯。⑦折：减少，减损。

【译文】世人凡是得到一件值得珍惜的贵重之物，肯定会考虑将它放置在一个妥善的地方保护起来。说到自己的心灵，这是我身上最重要的宝物。出一善念，就是将它放在了安全的地方；出一恶念，便是将它置于危险的境地。我怎么能将我身上如此重要的宝物，舍弃平安之地不用而放置在危险之地呢？若是这样的话便是太欠考虑了！

一句话说的不恰当就可能冲犯天地间的和顺之气，一件事做的不恰当就可能折损人一生的福运。因此，为人处事应该时时留心、处处观察，任何细节都不能被忽视。

知命不违

昔我文端公[①]，时时以“知命”之学，训子孙。晏闲[②]之时，则诵《论语》，曰：“不知命，无以为君子也。[③]”盖穷通[④]得失，天命既定，人岂能违？彼营营扰扰[⑤]，趋利避害者，徒劳心力，坏品行耳，究何能增减毫末哉！先兄宫詹公[⑥]，习闻庭训[⑦]，是以主试山左[⑧]，即以“不知命”一节为题。惜乎！能觉悟之人少也。

【注释】①文端公：即张廷玉之父张英。张英谥号“文端”。②晏闲：晏，同“宴”，安定，安乐。晏闲即安闲，引申为闲居。③“不知命”一句：出自《论语·尧曰》，“知命”，即懂得事物的生灭变化皆由天命的道理。④穷通：穷困与显达。⑤营营扰扰：营营，往来不绝的样子。扰扰，纷乱的样子。指人整天为了趋利避害而不断奔波。⑥先兄：已逝的兄长。宫詹公：宫詹，即太子詹事。属东宫詹事府。宫詹公指张英长子、张廷玉的兄长张廷瓒。张廷瓒，字卣臣，号随斋，清代名臣、文学家，康熙十七年举人，官至詹事府詹事、翰林、侍读学士。⑦庭训：

父亲的教诲，泛指家教。⑧主试山左：山左，特指山东省，因其位于太行山之左，即东边，故称。主试山左意为担任山东省科举考试主考官。

【译文】过去我的父亲张文端大学士，经常以“知命”的学问及理念来训诫教导子孙后辈。他老人家安闲之时，也时时引述《论语》中的章句，“不知命，无以为君子也”，意为不懂得天命，便做不得君子。我想，人生的穷困显达，成功失败，都是天命注定，人又如何能违背呢？那些投机钻营、为趋利避害疲于奔命的人，只不过是在白费力气、败坏自己的品行而已，于自己的命运并不能改变分毫。我那已经逝去的兄长张廷瓒，由于经常听从父亲的教诲，便在担任山东科举主考官的时候，以《论语》“不知命”这一节为考题。只是可惜呀！能够对圣贤关于人生命运的教诲，有深刻认识的人真是太少啦！

审案断狱，罪疑惟轻

康熙庚子[①]冬，山东贩盐奸民，聚众劫掠村庄。渠魁[②]六七人，各率匪类数百人，昼夜横行，南北道路，几至阻隔。又有青州生员[③]鞠士林者，倡率[④]邪教，招集亡命，肆行不法。巡抚总兵[⑤]官竭力捕治，擒获一百五十余人。

【注释】①康熙庚子：即康熙五十九年，1720年。②渠魁：首领，头领，指盗寇中的首脑。③生员：科举时代，在太学等处学习的人统称生员，唐代指在太学学习的监生，明清时代指通过最低一级考试，取入府、县学的人，俗称秀才。④倡率：率先从事，引导。⑤巡抚：官名，以“巡行天下，抚军安民”而名。中国明清时地方军政大员之一，又称抚台。巡视各地的军政、民政大臣。明代始设，清代巡抚总揽一省军事、吏治、刑狱、民政等事务。总兵：官名。明代设置，指统帅军队出征的将领，后成为镇守一方的将领的职称。清代总兵为地方驻防军队的高级武官，也叫“总镇”。

【译文】康熙五十九年冬天，山东省有贩私盐的奸民聚众抢劫村落。盗寇的首领有六、七个人，他们各自带领几百名匪徒，毫无顾忌地做着坏事，日夜不休，以至于南北道路几乎被阻隔，无法通行。同时又有一名叫鞠士林的青州秀才，四处传播邪教，召集诸多亡命之徒，同样横行霸道，行非法之事。山东巡抚与总兵竭尽全力将这群奸民逮捕治罪，擒获了一百五十多人。

时余为刑部侍郎①，圣祖仁皇帝命同都统②陶赖、学士③登德前往济南，会同该抚镇④严行审讯。并谕曰：“伊等俱系妄称伪将军名号，谋为不轨之人，若照例由部科覆奏⑤请旨，则致迟误，又恐别生事端。尔等可审讯明确，其应正法者，即在济宁正法；应发遣⑥者，带至京师发遣⑦。”

【注释】①侍郎：古代官名，明清时代为政府各部的副部长，地位仅次于尚书。②圣祖仁皇帝：即清圣祖爱新觉罗·玄烨（1654-1722），清朝第四位皇帝（1661-1722），是中国历史上在位时间最长的皇帝。年号康熙，庙号圣祖，谥号合天弘运文武睿哲恭俭宽裕孝敬诚信功德大成仁皇帝。都统：清代八旗组织中每旗的最高长官，职掌一旗的户口、生产、教养、训练等内容。③学士：官职名。最早是在学校读书的人，魏晋后，成为以文字技艺供奉朝廷的管理，掌管典礼、编撰诸事的官职。唐代之后指翰林学士，成为皇帝的秘书、顾问，参与机要，有“内相”之称。到了清代，内阁有学士，掌敷奏；大学士，掌钧国政，赞诏命，议大礼大政。④抚：官名，巡抚的简称。镇：清代总兵的别称。一万二千人为一镇，由总兵统辖，故称总兵为“镇”。⑤部科：清代中央机关有六部，以下根据工作性质不同设若干科。覆奏：查核上奏。⑥发遣：流放。⑦京师：始自《诗经·大雅·公刘》：“京师之野，于时处处。”后世泛指国都。

【译文】当时我担任刑部侍郎的官职，皇帝命我与都统陶赖、学士登德一起前往济南，会同当地的巡抚、总兵对这批犯人严加审讯。皇帝同时还吩咐我们：“这些人都是狂妄宣称自己有将军名号的人，并意欲图谋不轨，若按照常规处理流程，一级一级的向朝廷奏请，不仅于审案会有所延误，恐怕还会横生枝节。你们可以直接在当地审讯清楚，应当服罪正法的，就在济宁正法；应当戴罪发配的，就带至京城发配。”

余奉命惴惴[①]，深以不称任使[②]为惧，且同事二公，皆属初交，恐有意见参差、猜疑掣肘[③]之患。途中偕行，以诚信相与，颇无间言[④]。抵东之日，昼夜检阅卷案，廉[⑤]得其概，因于大庭广众，谓同事诸公曰：“此盗案，非叛案也！”诸公皆曰：“若何？”余曰：“伊等口供内有仁义王、无敌将军之称，又有义勇王、飞腿将军之称。观‘飞腿’二字，不过市井混名[⑥]耳！凡所谓伪号者，皆道路讹传，不足深究矣！”诸公皆曰：“然。”已而一一研诘[⑦]，作盗案归结。即时正法者七人，发遣者三十五人，割断脚筋者十八人，因残废疾病而免罪者七十二人，审系无干[⑧]，即行释放者二十五人。

【注释】①惴惴：忧惧戒慎的样子。②任使：差遣，委用。③掣（chè）肘：拉住胳膊，比喻阻挠别人做事。④间言：非议，异议。亦作“闲言”。⑤廉：考察。⑥混名：绰号。⑦研诘（jié）：仔细询问，盘问。⑧无干：不相干，没有关系，没有牵涉。

【译文】得到皇帝的命令之后，我内心有些忧虑不安，生怕自己不能尽职尽责地完成这项使命。而且与我同去的另外两位官员，也是和他们第一次打交道，担心我们彼此之间出现意见不统一、相互猜疑而不能齐心协力办差的局面。好在一路同行，我们彼此诚信相待，互相没有任何猜忌。到达山东之后，我便日夜翻阅案犯的卷宗，经过对案件的审查得到了一个大概的情况，便对同来的官员们说：“这是一桩盗匪案件，并不是一件谋反案件。”他们都问：“这是为何？”我说：“他们的口供中有仁义王、无敌将军的称号，又有义勇王、飞腿将军的称号。就看‘飞腿’这两个字，不过是市井中人起的绰号罢了。那些所谓的称号，都不过是道听途说，不值得深入追究。”他们听后都说：“对。”然后经过一一仔细盘问，便当做盗匪案件结了案。当时有七人被正法，三十五人被发配，十八人被处以割断脚筋的刑罚，因为残疾、疾病而免罪的则有七十二人，经过审问被认为与本案没有关系而被当堂释放的有二十五人。

先是[1]盗首供某名下有四百人，某名下有五百人，合讯之，已不下二千余人之众。因思罪在首恶，若将胁从附和之辈一概株连，非所以仰体[2]皇仁也。于是止就臬司[3]械送之一百五十余人审讯归结，外此，未曾拘拿一人。即到案众犯中，有供系某姓佃户者，有供系某姓家人者，有供系某乡绅富户家佣工，或赁居房屋者，亦概不究问。至于失察、疏纵[4]之罪，通[5]省文武官，自抚镇至典史[6]、千把总[7]，无一人得免者，因录[8]其捕贼之功，予以免议，亦体圣主宽大之盛心[9]也。

【注释】①先是：在此以前，多用于追述往事之词。②仰体：体察上情。③臬（niè）司：即提刑按察使司，设按察使，正三品，掌一省司法，主要负责一省的刑狱诉讼事务，同时对地方官有监察之责，也借称廉访使或按察使。④失察：在监督监察上有疏忽。清制，属吏有罪，上官没能及时发觉，按例当以失察之罪处分。疏纵：纵容，不加约束。⑤通：整个、全部。⑥典史：古代官名，设于州县，知县的佐杂官，但不入品阶、“未入流”。始于元代，明清沿置，职务均由吏部铨选、皇帝签批任命，为知县下掌管缉捕、监狱的属官。⑦千把总：千总、把总，明代驻守京师的京营兵分为三大营，设千总、把总等领兵管，职位低下。千总在清代为武职中的下级，位次于守备，为正六品武官。把总为七品武官，麾下约有士兵四百四十人。⑧录：采纳，采取。⑨圣主：对圣明君主的尊称。盛心：深厚美好的情意。

【译文】在此之前，匪首曾经供出某个人名下有余党四百人、某个人名下有余党五百人，如此合计该案余党已经有不下两千人了。我们考虑主要罪责在于匪首，如果株连那些被胁迫、被胁从的人，那并非是体察上情的做法，并不符合皇帝的仁德政策。所以仅是把臬司送来的一百五十多人审讯结案，除此之外并没有再多拘拿一个人。即便是已经到案的犯人之中，那些有供词能证明其本人是某地主的佃农的，或者是某家族的仆人的，或者是某乡绅家的佣工的，或者只是租住他人房屋的人，都一概不追究责任。至于说追究相关官员失察纵容的罪责，整个山东省的文武官员，从巡抚总兵到典史，再到千总、把总这样的官员没有一个能幸免的，但考虑到他们毕竟捉贼有功，便也给予宽大处理，这也体现了圣主明君的宽容之心。

此案谳狱[①]将定，本地文武官进而言曰："公等如此治狱，宽则宽矣！第若辈党羽甚众，未到案者，尚有数千人，若不加以严惩，使之畏惧，公等还朝后，仍复蠢动[②]，恐有经理[③]不善之咎，奈何？"余笑曰："我等但知宣布'皇上如天好生，罪疑惟轻'[④]之至德。若为地方有司思患豫防[⑤]，草菅民命，甚非鞫狱[⑥]初意。且以用法宽而得咎，恐无此天理，诸公不必为余过虑。"既而余回京，后访察山左情形，知匪党渐次解散，并无萑苻[⑦]之警，盖圣主德化之感人，而治狱之不宜刻核[⑧]也如此。大凡乌合之众，必有一二巨恶为之倡率，果能歼厥渠魁[⑨]，则胁从者，皆可使之革面革心，不必以多杀为防患之计也。此案爰书[⑩]定自余手，愿举以告天下之治狱者。

【注释】①谳（yàn）狱：审判定罪。②蠢动：意图扰乱而行动。③经理：经营治理。④罪疑惟轻：语出《尚书·大禹谟》："罪疑惟轻，功疑惟重。"意为罪行轻重有可疑之处，只应从轻判处。⑤有司：主管某部门的官吏。豫防：事先防范。⑥鞫（jū）狱：汉代诉讼用语，即进行审判和判决。⑦萑苻（huán fú）：指盗贼；草寇。⑧刻核：意为苛刻。⑨渠魁：首领，头目。⑩爰（yuán）书：起诉书与审讯情况记录。有些像如今定罪的判决书。

【译文】这案件将要结案的时候，本地的文武官员向我进言说："诸公这样处理罪犯，确实是非常宽大了，但是这些人党羽众多，还有未曾归案的也有好几千人，如果不严惩这些人，让他们心生畏惧，等到诸公返回了朝廷，他们又会蠢蠢欲动，生出事端，到那时，我们害怕朝廷会有处置不当的罪责处罚下来，又该怎么办呢？"我笑道："我们只管宣布'皇上如上天一般有好生之德，罪有可疑便从轻发落'，皇上具备这样的至德就好。若是出于为地方官员免责考虑，而防患于未然，草菅人命，这绝不是我等官吏断案审判的最初意图。而且，因为执法宽大反而受到了罪责，并无这样的道理，你们不必为我过于担心。"之后等我回到京城，再察访山东的情形，得知匪徒们已经逐渐散去，并没有再出现盗贼的迹象，圣主明君以德行感化人，所以下面官员执行刑罚也不宜过于苛刻。凡是临时凑在一起的乌合之众，其中一定有那么一两个最邪恶的人为其头领，如果能严惩这一两个人作为警示，那么就可以使那些跟随他们的人能够洗心革面，不需要借助大开杀戒来作为防患之计。这个案件的相关文书皆是我亲手裁定，列举出来希望能让天下执掌刑狱的人有所感悟。

吉人寡言

《周易》曰："吉人之辞寡。①"可见多言之人，即为不吉，不吉，则凶矣。趋吉避凶之道，只在矢口②间。朱子③云："祸从口出。"④此言与《周易》相表里⑤。黄山谷⑥曰："万言万当，不如一默。"⑦当终身诵之。

一言一动，常思有益于人，惟恐有损于人。不惟积德，亦是福相。

【注释】①"吉人之辞寡"：语出《周易·系辞下》。吉人，善良的人。②矢口：随口，信口。③朱子：即宋代理学家朱熹（1130-1200），字元晦，又字仲晦，号晦庵，晚称晦翁，谥文，世称朱文公，尊称朱子，儒学之集大成者。著有《四书章句集注》《太极图说解》《通书解说》《周易读本》《楚辞集注》等著作。④"祸从口出"：语出自晋朝傅玄《口铭》："病从口入，祸从口出。"意思是说话不谨慎，往往招致祸害。⑤表里：事理意义相辅相成。⑥黄山谷：即黄庭坚（1045-1105），字鲁直，号山谷道人，晚号涪翁，洪州分宁（今江西省九江市修水县）人，北宋著名文学家、书法家，江西诗派开山之祖。⑦"万言万当，不如一默"：语出自黄庭坚《赠送张叔和诗》："百战百胜不如一忍，万言万当不如一默。"意为即便所说所讲句句在理，也不如不争不辩沉默不言。

【译文】《周易》说："善良有福之人言辞寡少。"可见多言的人便是无福之人，既是无福，便是凶险之相了。若想要找到趋吉避凶的方法，就必须注意不能随口胡乱说话。朱熹说："说话不谨慎便易惹祸。"这话与《周易》中所讲的意思相辅相成。黄庭坚说："哪怕所说所讲句句在理，也不及不争不辩沉默不言。"这样的内容应当终身牢记。

一句言语，一个举动，要多想想是否对他人有益，唯恐对他人有所伤害，这不仅仅是积德，也是有福之相。

精选座右铭

文端公对联曰："万类相感①以诚，造物②最忌者巧。"又曰："保家莫如择友，求名莫如读书。"姚端恪公③对联曰："常觉胸中生意满，须知世上苦人多。"又《虚直斋日记》④曰："我心有不快，而以戾气加人⑤，可乎？我事有未暇，而以缓人之急⑥，可乎？"均当奉为座右铭。

【注释】①相感：相互感应。②造物：一种创造、主宰万物的力量。③姚端恪公：即姚文然（1620–1678），字弱侯，号龙怀。江南桐城（今安徽省桐城市）人，清初名臣、文学家。历任礼科给事中、刑部侍郎、刑部尚书等职，封光禄大夫。谥号端恪，故称为"端恪公"。姚文然著有《奏疏》8卷、《虚直轩文集》10卷、《诗集》12卷、《白云语录》6卷、《杂著》12卷行于世。④《虚直斋日记》：应为《虚直轩日记》。⑤戾气：乖戾、凶暴之气。根据《姚端恪公外集》卷十六《虚直轩日记摘抄》"加人"字作"迎人"字。⑥未暇：没有时间顾及。根据

《姚端恪公外集》卷十六《虚直轩日记摘抄》“缓人之”后，有“所”字。

【译文】我的父亲文端公有一副对联说：“万类相感以诚，造物最忌者巧。”意思是万事万物都以真诚相互感应交融，造物主最忌讳的就是投机取巧。又说：“保家莫如择友，求名莫如读书。”意思是说，想要保持家业兴旺，就要结交良师益友；想要追求功名显赫，就要读书明理。在《虚直轩日记》中他又说：“我自己心中烦恼不快，就将这暴戾怒气施加给他人，这样做可以吗？我自己有事情忙不过来，就耽误他人的急事，这样做可以吗？”这些内容都应该被我们奉为座右铭以时刻警醒自己。

宽容之道

向日[①]读书设小几，笔砚纵横，卷帙[②]堆积，不免跼蹐[③]之苦；及易一大几，则位置绰有余地，甚觉适意。可知天下之道：宽则能容，能容则物安，而己亦适。虽然，宽之道亦难言矣！天下岂无有用宽而养奸贻患[④]者乎？大抵内宽而外严，则庶几[⑤]矣！

【注释】①向日：往日，从前。②卷帙（zhì）：卷，可卷起的书画。帙，装书的套子。卷帙泛指书籍。③跼蹐（jú jí）：跼，腰背弯曲，屈曲。蹐，后脚紧跟前脚，用极小的步子走路。跼蹐指地方狭小而局限，受拘束。④养奸贻患：纵容奸邪以至于留下祸患。⑤庶几：相近，差不多。

【译文】往日里读书，摆一个小的桌子，笔墨砚台纵横乱放，书籍也堆叠拥挤，感觉书桌狭窄，很是局促；等到换了一个大一点的桌子，摆放东西的空间就绰绰有余，也觉得很是舒服惬意了。由此可知一个普遍的道理：宽广则能容纳，能够容纳则能使物品安放有序，同时自己也会感觉舒适。虽如此，但宽广容纳的道理并不是那么容易讲明白的！难道天下就没有因为一味姑息反而纵容奸邪、遗留祸患的事例吗？那些姑息养奸的事例差不多也就是因为对自己宽松、对外人严苛的缘故吧。

药可医病不医命

凡人病殁[①]之后，其子孙家人，往往以为庸医误投方药之所致，甚至有衔恨[②]终身者。余尝笑曰：“何其视我命太轻，而视医者之权太重若此耶！”庸医用药差误，不过使病体缠绵[③]，多延时日，不能速痊耳。若病至不起，是前数[④]已定，虽卢扁[⑤]岂能为功？乃归咎于庸医用药之不善，不亦冤哉！

【注释】①病殁（mò）：生病去世。②衔恨：含恨，心中怀着怨恨或悔恨。③缠绵：牢牢缠住，不能解脱，指久病。④前数：指前生命里注定。⑤卢扁：指古代名医扁鹊，因其家于卢国（位于今山东省济南市长清区一带），故又名“卢扁”。

【译文】凡是有人因病去世之后，其子孙家人总会认为这是请了庸医，开错了方子、用错了药物才导致的结果，甚至还会有人终身都对那医生怀恨在心。我曾笑道："怎么可以看待自己的生命如此轻率，反倒把医生的作用看得这么重要呢！"就算是庸医使用了错误的药物，顶多会让病人的身体久病不愈，病情有所拖延，不能很快病愈罢了。如果是已经到了久病不起的地步，那就是命中注定的了，即便是名医扁鹊来了又能有什么用呢？将这样一种情况归咎为庸医开方用药不合理上，那这医生岂不是很冤枉啊！

避祸之道，不以恶行

雍正八年[①]八月，京师地动，儿辈恐惧忧煎[②]，觉宇宙间无可置身处。余谓之曰："天变当惧，理所宜然。惟是北方陆居之地震与南方舟行之风涛，皆出于不及觉，何从预知而逃避之？尔等惟有慎持此心。若果终身不曾行一恶事，不曾存一恶念，可以对衾影[③]即可以对神明，断无有上天谴罚而加以奇殃者。方寸[④]之间，我可自主，以此为避灾免祸之道，最易为力。"

【注释】①雍正八年：即1730年。②忧煎：忧愁煎迫；忧心如煎，形容极度忧虑。③衾影：语出自北齐刘昼《新论·慎独》："独立不惭影，独寝不愧衾。"意思是没有做亏心事，不惭愧。④方寸：内心世界，心神。

【译文】雍正八年农历八月，京城发生地震，家中后生晚辈对地震感到恐惧不已，极度忧虑，感到这世上没有可以安身的地方了。我告诉他们：“害怕天灾，这是理所当然的事情。北方陆地居住而遇到地震与南方行船而遇到风浪的情况，都是来不及觉察的，哪里又能提前预知而躲开呢？你们只有保持谨慎恭敬的心态才行。如果能够做到终身不做一件坏事，没有一丝恶念，做到问心无愧，做到敬畏神明，就绝不会因为上天的谴责而受到惩罚。内心的善恶，自己完全可以做主，这就是避免灾祸的根本方法，只要努力最容易实现。”

精于算计，易遭怨恨

世之有心计[①]者，每行一事，必思算无遗策[②]。夫使犹有遗策，则多算何为？不过招刻核之名，致众人怨恨而已。若果算无遗策，则上犯造物之怒，其为不祥莫大焉！

【注释】①心计：计谋，心里的盘算。②算无遗策：语出自三国魏曹植《王仲宣诔》：“算无遗策，画无失理。”形容策划精密准确，从来没有失算。

【译文】这世上有善于谋略心计的人，每做一件事，都要反复算计、精密策划，以防失算。如果依旧有失策失算的情况发生，那之前的反复算计又有什么用呢？只不过为自己招来严苛刻薄的恶名，让众人对自己抱怨仇恨而已。如果真能做到周密算计而没有遗漏，那势必会触犯天地自然神灵的尊严，人算大过天算必然引起神灵的愤怒，由此而引来的灾祸才是更大的啊！

荣辱进退，皆有定数

凡事当极不好处，宜向好处想；当极好处，宜向不好处想。

人生荣辱进退，皆有一定之数，宜以义命[①]自安。余承乏纶扉[②]，兼掌铨部[③]，常见上所欲用之人，及至将用时，或罹[④]参罚，或病，或故，竟不果[⑤]用。又常见上所不欲用之人，或因一言荐举而用，或因一时乏材而用。其得失升沉，虽君上且不能主，况其下焉者乎？乃知君相造命[⑥]之说，大不其然。

【注释】①义命：泛指本分。（亦有版本解释为“天命”）②承乏：语出《左传·成公二年》：“敢告不敏，摄官承乏。”意为承继空缺职位，后多用作任官的谦辞。纶扉：犹内阁。明清时宰辅所在之处被称为“纶扉”。③铨部：主管选拔官吏的部门。历代吏部职掌甚重，因此常以“铨部”代称吏部。④罹（lí）：遭遇。⑤不果：不成，不能实现。⑥造命：主宰，创造命运。

【译文】事情处在极其不好的情况时，应当向好处想；处于极好的情况时，应当向不好的方面想。

人生的荣耀、耻辱、晋升、隐退，都有一定的命运安排，遵循本分、安于正道才最合时宜。我担任内阁职务的同时还掌管吏部，经常看到圣上原本想要任用某个人，待到马上就要任用的时候，要么遭到弹劾处罚，要么病重不能胜任，要么干脆离世，这些被圣上器重的人最终竟然得不到任用。我还经常看到，圣上原本并不想任用某人，却要么因为被推荐而得到任用，要么由于当时刚好缺乏人才而被任用。这其中的得失成败、升降进退，即便是贵为皇帝尚且不能做主，更何况是下面的各级官员呢？由此可知，所谓的君主高官可以决定士人命运的说法，完全不是真实的。

为善不懈怠

为善，所以端品行也。谓为善必获福，则亦尽有不获福者。譬如文字好则中式[①]，世亦岂无好文而不中者耶？但不可因好文不中，而遂不作好文耳！

制行[②]愈高，品望愈重，则人之伺[③]之益密，而论之亦愈深，防检[④]稍疏则身名俱损。昔闻人言：有一老僧，道力[⑤]甚坚，精勤不怠。上帝[⑥]使神人察之曰："其勤如初，则可度世[⑦]；苟不如前，则诈伪欺世之人，可击杀之。"神伺之久，不得间[⑧]。一日，僧如厕，就河水欲盥手。神曰："余得间矣。"将下击，僧忽念曰："此水人所饮食也，奈何以手污之。"因以口就水，吸而涤手。神于是出拜曰："子之心坚矣，吾无以伺子矣！"向使[⑨]不转念，则神鞭一击，不且前功尽弃耶！语虽不经[⑩]，亦可借以自警。

【注释】①中式：科举时代考试及格。②制行：规定道德和行为准则，此处指德行。③伺（sì）：观察，侦候。④防检：防范和检束。⑤道力：修养的功夫。⑥上帝：天帝，古时指天上主宰一切的神。⑦度世：超脱尘世而仙去。⑧间（jiàn）：空隙。⑨向使：连词，假使，假设。⑩不经：不见于经典，没有根据。

【译文】行善事，可以端正一个人的品行。如果说行善必然能得到福报，那怎么还有行善却未获得福报的人。这其中的道理，就好比写文章。文章写得好，科举便可能及第，但这世上不也有很多文章写得好，却不能科举及第的人吗？所以不能因为写了好文章而没有科举及第，就不去作好文章了。

一个人的品行越高，声望越重，那么别人对他的关注也就越是密切，议论评价也会越深刻，如果对自己的要求和约束稍有松懈，就会身败名裂。我曾经听人讲一个故事：有一位老僧，有很高深的修养，自身也勤奋努力，精益求精，不曾懈怠。天帝派遣一位神仙去考察他，并下令说："如果这位老僧能勤勉修道，一如当初并始终不变，那就可以度化他，令其超脱尘世而成仙；如果他表现得不如以前，那他就是一个虚伪狡诈、欺世盗名的人，可以击杀以除之。"这位神仙观察了很久，一直都没找到老僧的破绽。忽然有一天，老僧上完厕所后，想要直接用河水洗手。神仙一看便说："我终于得到机会了。"他刚想要击杀老僧，就听老僧自言自语地说："这条河是供人吃喝用的，怎能用肮脏的手来污染它。"于是便用嘴将水吸进嘴里，再喷出来洗手。神仙当下现身向老僧拜道："您有如此坚定的道心，我不能再监视您了。"假使老僧那时不曾转变观念，神仙就会以神鞭击杀他，那么老僧长久修道所积累的功德也就全都被毁了。这个故事虽然荒诞不经，但还是可以借助它所表达的内涵来警醒自己。

天下为公

余近来事务益繁，虽[①]眠餐俱不以时，何暇复问家务？乃知古人所称“公尔忘私，国尔忘家”者[②]，非有意忘之也，亦其势不得不忘耳！况受恩愈深，职任愈重，即本无私心，而识浅才疏，尚恐经理之未当。若再存私意于胸中，是乃有心之过，岂不得罪于鬼神哉！

【注释】①虽：原本。②“公尔忘私，国尔忘家”：语出自《汉书·贾谊传》：“则为人臣者主耳忘身，公耳忘私，利不苟就，害不苟去，唯义所在。”意思是一心为公，忘却私事；一心为国，忘却家事。

【译文】我最近一段时间事务越发繁忙，甚至连睡觉吃饭都不能按时进行，又哪里还有空暇的时间来过问家务事？这才知道古人所说的“一心为公，忘却私事；一心为国，忘却家事”，并不是故意忘记的，而是由于忙碌的原因导致自己无暇顾及。况且承受君恩越深，职责越重，原本虽然没有什么私心，但因为才疏学浅，唯恐不能妥善处理事务。如果再在心中藏有私心杂念，这可就是故意犯错了，岂不是要得罪鬼怪神明吗！

为上者应身为表率

大臣率属[①]之道：非但以我约束人，正须以人约束我。我有私意，人即从而效之，又加甚焉。如我方欲饮茶，则下属即欲饮酒；我方欲饮酒，则下属即欲肆筵设席矣[②]。惟有公正自矢[③]，方不为下人所窥[④]。一为所窥，则下僚无所忌惮，尚望其遵我法度哉？

【注释】①率属：率领下属，统领僚属。②肆筵：肆，设列，陈设。摆设筵席的意思。③自矢：立志不移。④窥：暗中察看。

【译文】朝中大臣统率下属的方法：不仅仅是以自己的言行来约束他人，也必须要参考他人的言行来约束自己。如果自己有自私自利之心，那么下属必定会跟随效仿，而且还会变本加厉。比如我只不过是想要喝茶，下属就会马上想要喝酒；我刚想要喝酒，下属已经想到要摆设筵席了。只有做到公正自持，立志不移，才不会为下属所窥探效仿。否则一旦被下属暗中效仿，那么他们就会上行下效而变得肆无忌惮，那时又怎能指望他们遵守国家的法律制度呢？

慎言国事

凡事贵慎密，而国家之事尤不当轻向人言。观古人不言“温室树”可见①。总之，真神仙必不说上界事，其轻言祸福者，皆师巫邪术，惑世欺人之辈耳!

【注释】①温室树：语出《汉书·孔光传》：“光周密谨慎，未尝有过。沐日归休，兄弟妻子燕语，终不及朝省政事。或问光：‘温室省中树何木也?’光嘿不应。”后以“温室树”泛指宫廷中的花木，借指宫禁中的事。“不言温室树”则形容做官谨慎，也形容保守国家秘密。

【译文】处事最重要的是要保持谨慎，要保守机密，对于国家大事，尤其不能轻易对他人言说。看看古人“不言温室树”的典故就知道了。总而言之，真正的神仙必定不会擅自泄露天上之事，那些随随便便就预言人间祸福的人，都是些摆弄邪术，迷惑欺骗大众的巫师一类罢了。

妒忌之人，薄福之相

“入宫见妒”，“入门见嫉”①，犹云同居共事则猜忌易生也。至于②与我不相干涉之人，闻其有如意之事，而中心怅怅③；闻有不如意之事，而喜谈乐道之，此皆忌心为之也。余观天下之人，坐[④]此病者甚多。时时省察防闲[⑤]，恐蹈[⑥]此薄福之相。惟我两先人[⑦]，忠厚仁慈出于天性。每闻人忧戚患难之事，即愀然[⑧]不快于心，只此一念，便为人情之所难，而贻子孙之福于无穷矣。

【注释】①“入宫见妒”，“入门见嫉”：语出自汉代邹阳《狱中上梁王书》（亦有版本为《狱中上书自明》）：“故女无美恶，入宫见妒；士无贤不肖，入朝见嫉。”意思是女子不论美貌丑陋，只要进宫就会被嫉妒；士人不论贤能愚钝，只要入朝就会被忌恨。指忌妒是人的普遍劣性。②至于：连词，表示提出另一话题，用在下文开头。③中心：心中，内心。怅怅（chàng）：失意的样子。④坐：形成。⑤防闲：防，堤也，用于制水；闲，圈栏也，用于制兽。引申为防备，禁阻，防范。⑥蹈：踩上，踏上，有冒险的意味。⑦两先人：指张廷玉的父母。⑧愀（qiǎo）然：忧愁的样子。

【译文】女子不论美貌丑陋，只要进到皇宫就会被人嫉妒；士人不论贤能愚钝，只要进入朝廷就会被人忌恨，这还是针对在一起共事工作的人，彼此之间容易出现猜忌之心而作出的描述。甚至对于那些和我没有任何利害关系的人，如果听到他有了称心如意的好事，有些人内心仍然会怅然若失；而听到他有了不如意的坏事，则喜欢谈论不止，这都是忌妒心在作怪。我看这天下的芸芸众生，有这样毛病的人还很多。人们理应时刻反省检查自身，多加防备约束，以免踏入这福德浅薄的歧途。我的父母天性忠厚仁慈。每当听到他人忧愁烦恼、陷入苦难的事情，他们都会替人忧愁，自己也显得闷闷不乐，只说这一点怜悯他人的念头，便是常人难以做到的，而这能给子孙后代带来无穷的福报。

“盛满”易倒

古人以“盛满”[①]为戒。《尚书》曰：“世禄之家，鲜克由礼。[②]”盖席丰履厚[③]，其心易于放逸[④]，而又无端人正士[⑤]、严师益友为之督责匡救[⑥]，无怪乎流而不返也。譬如一器贮水盈满，虽置之安稳之地，尚虑有倾溢之患；若置之欹侧[⑦]之地，又从而摇撼之，不但水至倾覆，即器亦不可保矣。处“盛满”而不知谨慎者，何以异是？

【注释】①盛满：富足，殷实；满盈，盛极。②“世禄之家，鲜克由礼”：语出自《尚书·毕命》，意为世代相袭、安享俸禄的人家，鲜少能遵循礼教，更多为所欲为。③席丰履厚：比喻家产丰厚，生活阔绰。④放逸：放纵逸乐。⑤端人正士：语出自《朱子语类·本朝四》：“他好放肆，见端人正士以礼自持，却恐他来检点。”意为端庄正直的人。⑥匡救：扶正挽救。⑦欹（qī）侧：倾斜歪斜。

【译文】古人将“满盈”当成应当戒备之事，《尚书·毕命》中讲：“世禄之家，鲜克由礼。”意为世代相袭、安享俸禄的人家，很少能遵循礼教，多数是为所欲为。但凡家资丰厚、生活阔绰的人，内心都容易放纵，习惯任性享乐，再加上没有端方正派的人士或者严师益友来督促扶正，自然也就任由放纵之心发展蔓延，致使其难以返回到正道上来。就好比一个装满水的容器，就算是放在一个平稳的地方，尚且可能会倾倒出来；如果将其放在倾斜不平稳的地方，再摇晃撼动一番，不但其中的水会因此倾倒出来，就连容器本身也不能保全安稳。身处满盈的环境与状态，却不知道要谨慎行事，与这容器贮水的情况又有什么不同呢？

进德修业，以静为宜

吾人进德修业，未有不静而能有成者。《太极图说》[①]曰："圣人定之以中正仁义而主静。"《大学》曰："静而后能安，安而后能虑。"且不独学问之道为然也。历观天下享遐龄[②]、膺[③]厚福之人，未有不静者，静之时义[④]大矣哉！

【注释】①《太极图说》：宋代哲学家周敦颐所作的哲学著作。据史书记载，道家陈抟曾经将《后天太极图》《八卦图》《河图》以及《洛书》传给其学生种放，种放又分别传给穆修、李溉等人，后来穆修将《太极图》传给哲学家周敦颐，《太极图说》就是周敦颐为《太极图》所写的一篇说明，全文249个字。周敦颐在文中阐释了自己的宇宙观，并突出了人的价值和作用。②遐龄：老年人高寿的敬语。③膺（yīng）：接受，承受。④时义：因时而生的作用与价值。

【译文】我们增进道德，研究学问，从来没有过不静心潜修，而能成功的例子。《太极图说》中提到："圣人定之，以中正仁义而主静。”意思是说，有贤德的人以中正、仁慈、道义为核心宗旨，主张保持安静的境界。《大学》也讲：“静而后能安，安而后能虑。”意思是人如果能不浮躁，能安静下来，然后才能做到心态安稳，心态安稳才能思虑周详。不仅研究学问的方法如此。纵观天下那些享受高寿、承接厚福的人，没有不静心的，“静”的时代意义着实不可小觑！

乐不外求

人生乐事，如宫室之美，妻妾之奉[①]，服饰之鲜华，饮馔之丰洁，声技[②]之靡丽，其为适意皆在外者也，而心之乐不乐不与焉[③]。惟有安分循理，不愧不怍[④]，梦魂[⑤]恬适，神气[⑥]安闲，斯为吾心之真乐。彼富贵之人，穷奢极欲，而心常戚戚[⑦]、日夕忧虞[⑧]者，吾不知其乐果何在也？

【注释】①宫室之美，妻妾之奉：语出自《孟子·告子上》：“为宫室之美，妻妾之奉，所识穷乏者得我与？”宫室之美就是住宅的华丽，妻妾之奉就是妻妾的侍奉。②声技：指歌舞等技艺。③不与焉：不在其中。④怍（zuò）：惭愧。⑤梦魂：古人认为人的灵魂在睡梦中会离开肉体，故称“梦魂”。⑥神气：神情，神态。⑦戚戚：忧惧；忧伤的样子。⑧忧虞：忧愁。

【译文】人生那些快乐的事，比如住宅的豪华漂亮，妻妾的恩爱侍奉，衣饰的鲜艳华美，饮食的丰盛洁净，歌舞音乐的奢靡动听，这些都会让人从外在感官产生舒适惬意的感觉，但内心到底是不是快乐，与这些并没有关系。为人只有安分守己，遵循世间规则道理，仰不愧于天、俯不愧于人，为人处世问心无愧，睡梦中的魂灵也能安静恬适，神情始终安乐悠闲，这才是我内心真正的快乐。那些富贵的人，极端奢侈，也极尽享乐，但是他们内心却常常忧伤恐惧，整日担惊受怕、忧愁焦虑，真不知道他们的快乐到底在哪里？

谨疾益力，忧心国事

余自幼体羸弱多疾，精神减少，步行里许，辄困惫不能支。两先人时以为忧。余因此谨疾[①]益力，慎起居，节饮食，时时儆惕[②]。至二十九岁通籍后，气体稍壮。三十二岁，蒙圣祖仁皇帝召入南书房[③]，辰入戌出[④]，岁无虚日。塞外扈从凡十一次，夏则避暑热河[⑤]，秋则随猎于边塞辽阔之地，乘马奔驰，饮食多不以时，而不觉其劳。犹记丁亥秋[⑥]，圣祖仁皇帝以外蕃诸君长望幸[⑦]心切，车驾远临，遍历蒙古诸部落。穷边绝漠，余皆珥笔[⑧]以从，计一百余日不离鞍马，而此身勉强支持，不至委顿[⑨]。

【注释】①谨疾：指慎重对待疾病。②儆（jǐng）惕：戒惧，慎戒。③南书房：清代皇帝文学侍从值班之所。④辰入戌出：辰、戌均为十二时辰之一，辰时为早上7时至9时，戌时为下午19时至21时。⑤热河：厅名，雍正元年（1723）设立热河厅。康熙四十二年（1703）于热河西岸建避暑山庄，此后皇帝经常于此避暑。治所位于今河北省承德市。乾隆四十三年（1778），改置承德府。⑥丁亥秋：即康熙四十六年（1707）秋天。⑦望幸：冀望帝王亲临。⑧珥（ěr）笔：把笔插在帽子上，以备随时记录、撰述。⑨委顿：疲倦乏力，没有精神。

【译文】我自幼身体就瘦弱多病，精神不济，走路不过一里左右，就会感到疲惫至极，体力不支。父母时常为此担忧。所以我平时格外谨慎，以防身体染上疾病，并且注意增强自己的体质，慎重地对待起居，有节制地饮食，时刻保持对这些方面的关注。从二十九岁开始做官之后，精神和体力才变得稍微强壮起来。三十二岁时，承蒙圣祖仁皇帝信任，我被召入南书房值守，每日辰时入宫，戌时出宫，一年到头天天如此，难得有休息时刻。我担任皇帝的扈从，跟随皇帝塞外巡游十一次。盛夏就随皇帝前往热河去避暑，秋天则跟随皇帝在边塞草原狩猎，经常需要骑马奔驰，很多情况下都没法按时饮食起居，但即便如此，也并没有感到劳累疲惫。还记得康熙四十六年秋天，因为顾念塞外藩镇诸多头领长老急切盼望皇帝巡幸的心情，皇帝不顾路途遥远，亲临巡视蒙古各个部落。不论是边疆塞外，还是荒漠戈壁，我都跟从皇帝身边，并随时随地用笔记录，总共一百多天没有离开过马鞍，而身体居然能够支撑得住，也没感到特别的疲倦乏力，精神不振。

及世宗宪皇帝[①]即位，叨荷殊恩[②]，委任綦[③]重。雍正五六年以后，以大学士兼管吏部、户部尚书，翰林院掌院学士，皆极繁要重大之职，兼以晨夕内直[④]，宣召不时，昼日三接，习以为常。而西北两路，军兴旁午[⑤]，遵奉密谕，筹划经理，羽书[⑥]四出，刻不容缓。每至朝房或公署听事[⑦]，则诸曹司[⑧]及书吏抱案牍于旁者，常百数十人，环立更进，以待裁决。坐肩舆中，仍披览文书。入紫禁城乘马[⑨]，吏人辄随行于后，即以应行应止者告之。

【注释】①世宗宪皇帝：即清世宗爱新觉罗·胤禛（1678-1735），也就是雍正皇帝。庙号世宗，谥号敬天昌运建中表正文武英明宽仁信毅睿圣大孝至诚宪皇帝。②叨（tāo）：承受。荷（hè）：承受，承蒙。殊恩：特别的恩宠，常指帝王的恩宠。③綦（qí）：文言副词，极。④内直：在宫中值勤。⑤军兴：军事行动的开始。旁（bàng）午：纵横交错，比喻事务繁杂。⑥羽书：古代军中紧急的文书。古时征兵、征召的文书，上插鸟羽以示紧急，必须迅速传递。⑦听事：官府治理政事的大堂，也作“厅事”。⑧曹司：吏目。⑨入紫禁城乘马：又称“赏朝马”，是一种很高的“政治待遇”。朝臣得赐在紫禁城内骑马，既是皇帝对大臣的恩遇，也是一种荣典。凡获恩准者，只许骑马而不许乘轿。

【译文】待到雍正皇帝登基，我承蒙帝王恩宠，被委以多个重要的职务。雍正五年、六年之后，我身为大学士，还兼管吏部、兼任户部尚书、翰林院掌院学士，这些都是事务繁杂而且责任重大的职位，再加上还要早晚在宫内值守，以备皇帝的不时宣召，一天内三次接到皇上召见命令的情况，也是很常见的事。而且当时国家有西部、北部两路军队在作战，军事事务繁杂，按照皇帝的机密上谕，筹备谋划，部署安排，紧急军事文书连续发往四面八方，一刻也不停歇。每天一到朝房或官署，就有各个部门的属官、文书小吏，抱着一堆公事文书站立一旁等候，经常有上百人，围成一圈，轮流上前进见，等待我对各项事务予以裁决。就算是坐在轿子中，我也依然在翻阅披览文书。进入紫禁城骑马时，官署的小吏也总是随行在后，以便于我随时告知他们事务的可行与否。

总裁[①]史馆书局，凡十有余处，纂修诸公，时以所疑相质问，亦大费斟酌，不敢草率。每薄暮[②]抵寓，燃双烛以完本日未竟之事，并办次日应奏之事。盛暑之夜，亦必至二鼓[③]始就寝，或从枕上思及某事某稿未妥，即披衣起，亲自改正，于黎明时，付书记[④]缮录以进。每蒙圣慈[⑤]洞察，垂悯再三，因谕曰："尔事务繁多至此，一日所办竟至成帙，在他人十日尚未能也。恐尔眠食之时俱少矣！嗣后[⑥]切宜爱惜，精神勿过劳，以负朕念。"圣恩如此，益不敢不努力图报于万一。窃思五十岁以后之情形，与三十岁以前迥乎不同。此皆仰赖天地祖宗之默佑，而戒谨恐惧、时时慎疾之一念，亦未尝无功焉！

【注释】①总裁：清代称中央编纂机构的主管官员和主持会试的大臣为"总裁"。②薄暮：傍晚，太阳将落的时候。③二鼓：即二更的意思，古代夜晚用鼓打更，因此二更天也称为二鼓，按现代时间计算为21-23点。④书记：古称掌管书牍记录的人。缮录：誊写。⑤圣慈：圣明慈祥。旧时对皇帝或皇太后的谀称。⑥嗣后：从此以后。

【译文】我担任史馆书局总裁的时候，各级下属办公的地方分布在十几个地方，担任编辑修撰的人，时常要向我来请示疑问之处，这也是很费脑筋的事，需要反复斟酌，绝不敢草率马虎。每天傍晚回到寓所家中，我都会点燃两支火烛，继续将当天没有办结的公事完成，并把第二天需要奏请禀告的事项也一并安排处理得当。盛夏酷暑的夜晚，总要忙到二更天才去睡觉，有时虽然已经躺下了，但突然想到某件事、某篇文稿尚未处理妥当，会立即披衣起床，亲自修改订正过来。等到黎明时分，交给负责文书的官员誊写抄录，之后再进献给皇帝。皇帝圣明慈祥，总能观察到我的操劳，对于我便颇为关心怜悯，并发谕旨说："你的公事杂务繁忙到这种程度，一天之内处理的公文竟然能累积成堆，若是换做其他人，就是十天也不一定能够完成。恐怕你吃饭睡觉的时间都很少吧。以后切记要爱惜身体，精神上不要太过操劳，务必不要辜负了我的惦念。"皇上如此恩情深重，我怎敢不更加努力以回报圣恩，哪怕只能回报极少一点。我思考了自己五十岁之后的情形，与三十年前已经迥然不同。这都是仰仗天地神灵、祖宗先辈的默默庇佑，而当初谨慎小心、虔诚敬畏，对疾病时时注意的观念，也并非没有功劳呀！

耳目之用，与日渐衰

凡人耳目听睹，大率[1]相同。若能神闲气静，则觉有异人处。雍正癸卯、甲辰间[2]，予与高安朱文端公[3]两主会试，每坐衡鉴堂[4]阅文，予伏案握管[5]，未尝停批，而四座同考官[6]彼此互相谈论，或开龙门⑦时，外场御史向内帘⑧御史通问讯，予皆闻之，向朱公一一叙述。朱公曰：“古称有五官并用者，予未遇其人，今于君见之矣！”予曰：“公言太过，予何敢当，此不过偶然耳。”今年逾六十，迥不如前，可知耳目之用，亦随血气为盛衰也！

【注释】①大率（shuài）：大概，大致。②雍正癸卯、甲辰：即雍正元年、二年，1723、1724年。③朱文端公：即朱轼（1665-1736），清高安（今江西省高安市）人。字若瞻，又字伯苏，号可亭，谥文端。前清名臣，历仕康熙、雍正、乾隆三朝，官至太子太傅文华殿大学士，兼吏兵二部尚书。④衡鉴堂：科举考试考官所居厅堂名为“衡鉴堂”，取公平清明的意义。⑤握管：执笔。⑥同考官：明、清乡试、会试中协同主考或总裁阅卷之官。⑦龙门：科举试场正门。⑧外场：清制武举会试分为内场、外场。外场试武艺，内场试武经。内帘：古代科举考试，在乡试和会试时，试官在帘内阅卷以防止有人舞弊，阅卷完毕才允许撤帘回家，所以称试官为“内帘”。

【译文】一般人以耳听音，以眼视物，这种感觉大致没有差别。如果能做到气定神闲，就可能有超过普通人的感官能力。雍正元年、二年，我与江西高安的朱文端公一起，两次主持科举会试，每次坐在衡鉴堂批阅考生文卷时，我虽伏案握笔，不停批改，但周围的同考官彼此之间谈论的话语，或考场正门打开时，外场御史与内帘御史之间的沟通传达，往来问询的话语，我都能听得清楚明白，并能向朱文端公一一叙述。朱文端公说：“古时说有人能五官并用，我从来没有遇见过，今天在您这里算是见识到了。”我回答说：“您过奖了，我不敢当，这不过是偶然碰巧罢了。”现在我已经年过六旬，身体情况远不如以前，可见耳力与目力，也随着身体血气的盈亏而发生相应的变化。

为官不敢求长远计

余近蒙圣恩，赐以广厦名园[①]，深愧过分。昔文端公官宗伯时[②]，屋止数楹[③]，其后洊登[④]台辅，数十年不易一椽，不增一瓦。曰：“安敢为久远计耶！”其谨如此，其俭如此，其刻刻求退如此。我后人岂可不知此意，而犹存见少[⑤]之思耶！

【注释】①广厦名园：雍正三年（1725），雍正帝将西安门外宅第赐予张廷玉，之后张廷玉以康熙五十二年（1713）康熙帝所赐御书“澄怀”二字作为园名。②宗伯：官名，周代六卿之一。掌宗庙祭祀之事，即后世礼部之职，故称礼部尚书为大宗伯或宗伯，礼部侍郎为少宗伯。③楹：量词，古代计算房屋的单位，一说一列为一楹，一说一间为一楹。④洊（jiàn）登：举拔。⑤见少：自以为少，觉得少。

【译文】我承蒙皇帝恩典，被赏赐广厦名园，内心实在倍感惭愧。过去我父亲担任礼部尚书时，家里房屋只有几间而已，之后他被提升到三公宰辅的职位，但家里数十年也没有更换过一根椽子，不曾增加一片房瓦。父亲说：“为官之人，怎么敢为私利做那么长远的打算呢？”先父就是这样小心谨慎，就是这样节俭朴素，就是这样时时刻刻准备隐退。作为后人，我又怎么能不深刻体会他的心意，反而还存有嫌房屋狭小的思想呢？

困心衡虑长见识

大聪明人当困心衡虑[①]之后，自然识见倍增，谨之又谨，慎之又慎。与其于放言高论中求乐境，何如于谨言慎行中求乐境耶？

【注释】①困心衡虑：语出自《孟子·告子下》：“困于心，衡于虑，而后作。”衡，阻塞之意。指心意困苦，思虑阻塞，比喻处心积虑，费尽心思。

【译文】有大智慧的人，在经历心意困苦、思虑阻塞阶段的磨练之后，其眼光见识自然会成倍增长，为人处世也会变得更为小心谨慎。与其在高谈阔论、肆意议论中去寻求快乐，何不在谨慎言行中去追寻快乐呢？

不循人私，宁受人毁

人臣奉职[①]，惟以公正自守，毁誉在所不计。盖毁誉皆出于私心，我不肯徇人[②]之私，则宁受人毁，不可受人誉矣！

【注释】①奉职：奉行职事。②徇（xùn）人：依从他人，曲从他人。

【译文】作为君主的臣下，自当履行自己的职责，要保持公平正直，并坚持自身原则操守，并不过分计较个人声誉。因为不管是诋毁还是赞誉都是出于当事人的私心，我不肯顺从他人的私心私欲，那就宁愿受人诋毁，也不可接受他人的赞誉。

淡可解浓

他山石①曰："万病之毒，皆生于浓。浓于声色，生虚怯病②；浓于货利③，生贪饕④病；浓于功业，生造作病；浓于名誉，生矫激⑤病。吾一味药解之，曰：'淡。'"吁⑥，斯言诚药石哉！

【注释】①他山石：比喻别人微不足道的经验自己可以吸收过来并得到很大帮助。②虚怯：身体虚弱。③货利：货物财利。④贪饕（tāo）：贪得无厌。⑤矫激：犹诡激。奇异偏激，违逆常情。⑥吁（xū）：叹词，表惊疑。

【译文】有经验的人说："所有疾病的毒害，都来自于浓，也就是沉迷。沉迷于淫声女色，便生虚弱无力病；沉迷于货物财利，便生贪得无厌病；沉迷于功勋事业，便生虚伪做作病；沉迷于声名显赫，便生矫情偏激病。我有一味药就可以解决所有这些病，那就是'淡'，即寡淡，淡泊。"哎呀，这段话真是治病的良方啊！

断人妄念，亦是为善

人以必不可行之事来求我，我直指其不可而谢绝之，彼必怫然[①]不乐。然早断其妄念，亦一大阴德也。若犹豫含糊，使彼妄生觊觎[②]，或更以此得罪，此最造孽。

人之精神力量，必使有馀于事而后不为事所苦。如饮酒者，能饮十杯，只饮八杯，则其量宽然有馀；若饮十五杯，则不能胜矣。

【注释】①怫（fú）然：忿怒、生气的样子。②觊觎（jì yú）：希望得到不该拥有的东西。

【译文】如果有人向我求助的事情，是我绝对不能做的，那我就会明确地告诉他其中不合理的地方，并谢绝他的请求，他肯定会感到愤怒和不高兴。但是这种做法能早早断绝他不切实际的想法，也是积大德的事。如果我的态度犹豫，表态含糊，那就会让他心生希望，希望得到那不可能得到的帮助，或者因为让其不切实际的希望再度落空，而使得对方更加怀恨在心，这才是最坏的一件事。

人所具备的精神力量，其实是有限的，因此在做事时必须要留有余地，然后才不会因为这件事情耗费自己太多的精力而感到劳累和苦恼。就好像喝酒，可以喝十杯，但只喝八杯，就没有超出其酒量范围，也不会有问题；如果喝了十五杯，那可就超量了，必然不胜酒力。

命之修短，非药石能挽

天下万事，莫逃乎命，命有修短①，非药石所能挽。文端公常言仁和顾山庸先生②，曾患疽发背③，医药数百金而愈。同时有邻居贫人，亦患此病，无医药，日饮薄粥，亦愈。其愈之月日与公同。以此知命有一定，不系乎疗治也。

【注释】①修短：长与短，指物的长度或人的年岁。②常：通“尝”，曾经。仁和：旧县名，治所于今浙江省杭州市。顾山庸：人名，不详。③发背：痈疽之生于脊背部位的，统称“发背”。

【译文】人世间万事万物，都不能逃脱命运的安排，人的生命有长有短，也并非借助药物和诊疗就能改变。我的父亲文端公曾经说过杭州仁和一位名叫顾山庸先生的事情，顾先生脊背上长了毒疮，花费数百两银子的医药费才得以治愈。他有一位邻居，是个穷人，也在同一时间患上了同样的病，但没钱请医买药，每天只能喝点稀粥充饥，后来竟然也痊愈了。而且这位穷邻居痊愈的时间，和顾先生痊愈的时间是完全一样的。从这一事例就能知道，人的寿命是有定数的，与医疗诊治没有必然的联系。

择日之说不足凭

余迁居不择日。或问之，余曰：“天下人无论贫富贵贱，莫不择吉日者，莫如婚娶。然其间寿夭[①]穷通不齐者甚多，可知日辰之不足凭[②]，而吾生自有定命也，择日何为乎？”

【注释】①寿夭：长寿与夭折。②凭：依托，仰仗；根据。

【译文】我乔迁新居从来不选择什么良辰吉日。有人问我为什么，我认为：“天下人不论贫穷富贵，没有不选择良辰吉日的，尤其在婚嫁这件大事上。但是婚姻期间人与人的情况又各不相同，有的长寿，有的早夭，有的穷困，有的发达，由此可知良辰吉日并不足以作为人生命运好坏的依据，我的人生早就有天命定数，又何必非要选择良辰吉日呢？”

过饱致病

余生来体弱，每食不过一瓯[①]，肥甘[②]之味，略尝即止。然生平未尝患疟痢[③]，亦由不多饮食之故。世之以快然[④]一饱而致病者，岂少哉！

【注释】①瓯（ōu）：古代酒器，饮茶或饮酒用，为敞口小碗样式。这里形容吃得少。②肥甘：美味的食物。③疟痢(nüe lì)：疟，即疟疾，为一种周期性发冷发热多汗的急性传染病。痢，即痢疾，病灶在肠，与脾胃有密切关系。④快然：痛快喜悦的样子。

【译文】我生来就体质虚弱，每餐吃饭都不过一小碗而已，那些美味的食物也都是稍微尝尝便不再多吃。但是我有生以来从来没有患过疟疾、痢疾这样的疾病，也是因为饮食量少的缘故。那些因为痛快地饱餐一顿而生病的人，这世上还少吗？

处顺处逆，实有妙诀

处顺境则退一步想，处逆境则进一步想，最是妙诀。余每当事务丛集①、繁冗难耐时，辄自解曰："事更有繁于此者，此犹未足为繁也。"则心平而事亦就理。即祁寒溽暑②，皆作如是想，而畏冷畏热之念，不觉潜消③。

【注释】①丛集：汇集，聚集，很多事物聚集到一起。②祁寒溽(rù)暑：祁寒，大寒。溽暑，湿热。冬季大寒，夏季湿热。比喻过艰苦的生活。③潜消：暗中消除。

【译文】人处于顺境之时，需要有退后一步的思考，不要过于无所顾忌；人处于逆境之时，则需要有进取一步的思考，不要过于悲观失望，这是调节自己心态的诀窍。我每当遇到事务堆积在一起、感到繁琐庞杂难以忍受的时候，就会自我开解："还有比这更繁琐的事情呢，这点事还算不了什么。"这样一想，心绪就会慢慢平静下来，事情也会逐渐理顺。对待严寒酷暑也可以这样来思考，那么不管是怕冷还是怕热的想法，都在不知不觉中消失了。

养廉之道，莫如能忍

为官第一要“廉”。养廉之道，莫如能忍。尝记姚和修之言，曰：“有钱用钱，无钱用命。”人能拼命强忍不受非分之财，则于为官之道，思过半矣[①]！

【注释】①思过半：语出自《周易·系辞下》：“知者观其彖辞，则思过半矣。”谓已领悟大半。

【译文】做官首先要做到的就是“廉洁”。保持廉洁的美德，没有比“忍耐”更有效的方法了。曾经记得姚和修说过：“有钱的时候就用钱，没钱的时候就听天由命。”一个人能够忍受得住非分之财的诱惑，那么做官的要领，他也算是已经领悟了大半了。

奉身而退亦报国

臣子事君，能供职[①]者，以供职为报恩；不能供职者，即以退休为报恩。盖奉身[②]而退，使国家无素餐[③]之人，贤才有登进之路，亦报恩之道也。

【注释】①供职：担任职务。②奉身：献身，尽职。③素餐：不劳而食，无功劳而空享俸禄。

【译文】做臣子的，侍奉君主、报效国家，可以胜任职务的，就应该尽职尽责来报答君主的知遇之恩；不能胜任职务的，就应该退休致仕来报答君恩。采用退休致仕的方式，目的在于：官员在朝廷尽职奉献之后，选择全身而退，这样一方面可以保证国家没有空占职位、白领俸禄的官员存在，另一方面使贤能的人，可以有升迁进阶的机会，所以这也是报答君主恩情的方式。

悖入必悖出

人之葬坟，所以安先人也。葬后子孙昌盛，可以卜先人坟地之吉祥。若先存发福之心[①]以求吉地，则不可。

"货悖而入者，亦悖而出。"[②]平生锱铢必较[③]，用尽心计，以求赢馀，造物忌之，必使之用若泥沙，以自罄[④]其所有。夫劳苦而积之于平时，欢忻[⑤]鼓舞而散之于一旦，则贪财果何所为耶？所以古人非道非义，一介不取[⑥]。

【注释】①发福之心：想着为当前之人谋求福禄，发家求福之心。②"货悖而入者，亦悖而出"：语出自《礼记·大学》，意为不经过谨慎努力所得到的东西，也会轻易失去。③锱铢（zī zhū）必较：锱，古代质量单位，一两的四分之一；铢，古代质量单位，一两的二十四分之一。对锱和铢这样微小的量都要计较，形容斤斤计较。④罄（qìng）：用尽，消耗殆尽。⑤欢忻（xīn）：欢喜欣悦。一分一毫也不苟取。⑥一介不取：语出自《孟子·万章上》："非其义也，非其道也，一介不以与人，一介不以取诸人。"一介不取意思是一点小东西都不拿，后用以形容人的操守清廉。

【译文】人世间丧葬建坟的事情，就是为了更好地安放先人的遗骸。如果安葬之后子孙后代繁衍昌盛，由此可以推断出先人坟地所在的位置应该是吉利祥瑞的风水宝地。但如果带着为子孙后代谋求福禄的心，去寻求风水宝地以安葬先人，则是不合适的。

《大学》中说："用不正当手段得到的东西，也会被别人用不正当手段夺走。"如果一个人平生喜好斤斤计较，为了谋求自己的财富盈余费尽心思、机关算尽，这样的人连造物主都会对他感到厌恶，造物主必定会使他手中的财富用起来像泥沙一样流失，很快便让他的财富消耗殆尽，一无所有。贪财之人平时费尽心机好不容易谋划积攒起来的财富，因为贪图欢乐享受，会在顷刻间将之挥霍一空，面对如此结果，那些贪婪之人，当初对钱财那么贪恋到底是图什么呢？所以古人对于不合乎道义的钱财，一丝一毫也不敢谋取。

古玩声伎最败家

人家子弟承父祖之馀荫[①]，不能克家[②]，而每好声伎[③]，好古玩。好声伎者，及身[④]必败；好古玩，未有传及两世者。余见此多矣，故深以为戒。

【注释】①馀荫：比喻前辈惠及子孙的恩泽。②克家：能承担家事，继承家业。③声伎：亦作“声妓”，旧时宫廷及贵族家中的歌姬舞女。④及身：亲身受到。

【译文】一些继承父辈祖先恩泽的世家子弟，不能承担家事，继承家业，却喜好欣赏歌姬舞女，喜好把玩珍宝古玩。喜好歌姬舞女的人，人生必然会失败；喜好收藏古玩珍宝的人，其家族传承都很难超过两代。我对这样的情况见识得多了，所以更加引以为戒。

意外之处无缘故

昔人以《论》《孟》二语，合成一联，云：“约，失之鲜矣；诚，乐莫大焉。[①]”余时佩服此十字。

予在仕途久，每见升迁罢斥[②]事，稍出人意外者，众必惊相告曰：“此中必有缘故。”余笑曰：“宇宙间安得有许多缘故？”

而人往往不信。予曰："细思之，却有缘故。何也？命数如此，非缘故而何？"

【注释】①约，失之鲜矣；诚，乐莫大焉：指《论语·里仁篇》："子曰：'以约，失之者，鲜矣！'"意思是言行节制约束有礼，再犯错误的人并不多见。《孟子·尽心上》："反身而诚，乐莫大焉。"意思是反躬自问，内心真诚朴实这才是最大的快乐。②罢斥：免职，免除。

【译文】前人于《论语》《孟子》中各选取一句话，组成了一副对联，"约，失之鲜矣；诚，乐莫大焉"。意思是约束言行就会少犯过失，内心真诚就会获得莫大的快乐。我当时很佩服这十个字所蕴含的道理。

我久在仕途，每当遇到官员升职、调动或者罢免这样的事情，只要稍微与人们所预料的不一样，众人就会惊讶不已，并转告于我说："其中必定有什么蹊跷"。我都是笑着回应："这茫茫宇宙，哪里有那么多的蹊跷？"但他们往往并不相信。我觉得："仔细想想，这其中也的确是有些原因的。是什么呢？就是天命定数理当如此罢了，如果不是这个原因，那又是什么原因呢？"

文章有良莠

夏月退食[①]之暇，阅《津逮秘书》[②]，颇足忘暑，且可为博物洽闻[③]之助，但其中鄙俚秽亵[④]之语，往往而有，可知古人著书轻率下笔，亦是大病，读者不可不择也。

【注释】①退食：退朝就食于家或公余休息。②《津逮秘书》：丛书名，明末著名藏书家毛晋编辑，书中收录了许多罕见而又有实用价值的笔记杂录。③博物洽闻：洽闻，博学多闻。博物洽闻就是见识广博的意思。④鄙俚：质朴，粗俗。秽亵：污秽，淫秽。

【译文】夏天退朝后休息，闲暇之余，阅读《津逮秘书》一书，其内容引人入胜，足以让我忘记夏日暑热，还能让我的见识广博起来。但是书中也有粗俗、污秽的内容，而且为数不少，可见过去的人们在著书立说的时候，仓促草率下笔导致言语不慎，也是一个严重问题，读者不能不加以选择。

圣君不避讳

古来帝王避讳[①]甚严。唐明皇[②]讳“隆基”，则刘知几[③]改名；宋钦宗[④]讳“桓”，则并嫌名[⑤]“丸”字避之；高宗[⑥]讳“构”，则并“勾”字避之，至改“勾龙”氏为“缑”氏[⑦]。惟我朝此禁甚宽。世宗宪皇帝时，见臣工奏事有避嫌名者，辄怒。曰：“朕安得有许多名字？非朕名而避，是不敬也。”至乾隆元年[⑧]，今上御极[⑨]特降谕旨：“二名[⑩]不偏讳。”即御名本字亦不避矣。圣人度量识见超越千古，即此一事可见。

【注释】①避讳：封建君王或尊亲为了维护等级制度的威严，规定人们说话中避免直呼其名或在行文中直写其名，而以别的字来代替。避讳的方法有缺笔、缺字、换字、换音等各种方式。②唐明皇：唐玄宗李隆基（685—762），庙号为玄宗，谥号为至道大圣大明孝皇帝，清朝为避讳康熙帝的名字玄烨，多称其为唐明皇。③刘知几（661—721）：字子玄，彭城（今江苏省徐州市）人。唐高宗永隆元年（680）举进士。历任著作佐郎、左史、著作郎、秘书少监、太子左庶子、左散骑常侍等职，兼修国史。为避唐玄宗李隆基的讳，"基"和"几"，他改为刘子玄，后又因避清代康熙皇帝爱新觉罗·玄烨的讳，改称刘知几、刘子元。④宋钦宗：赵桓（1100—1156），宋朝第九位皇帝，北宋末代皇帝。⑤嫌名：与人姓名字音相近的字。古礼臣子避讳君父名讳时，不讳声音相近的字。后世讳法更加严格，讳同字也讳嫌名。⑥高宗：即宋高宗赵构（1107—1187），字德基，宋钦宗之弟，宋朝第十位皇帝，南宋首任皇帝。⑦勾龙：复姓姓氏。缑（gōu）氏：缑姓。⑧乾隆元年：1736年。⑨御极：天子即位。⑩二名：两个字的名字。

【译文】自古以来帝王皇帝对待"避讳"这件事都很严格。唐明皇时期要避讳"隆基"，刘知几因此改名；宋钦宗时期要避讳"桓"，并且与其字音相近的"丸"字也要避讳；宋高宗时期要避讳"构"，凡是带"勾"字的都要避讳，甚至把复姓"勾龙"氏改为"缑"氏。只有到了我们大清朝，这个避讳的禁忌才宽松起来。雍正皇帝批阅群臣百官奏请时，看到有避讳与皇上名字读音相近字的情况，就会很生气，就说："朕怎么会有那么多的名字？不是朕的名字而避讳，也是大不敬的行为。"到了乾隆元年，当今圣上即位时便特地降旨："名字是两个字的不必避讳。"也就是皇上原名中的字在这种情况下也不用避讳。圣明卓越的君主，其度量宽宏、见识远大，超越了千古以来的诸位皇帝，从这一件事就可以看出来了。

大小糊涂事

宋太宗[①]谓吕端："小事糊涂，大事不糊涂。"[②]西林相国[③]谓："大事不可糊涂，小事不可不糊涂。若小事不糊涂，则大事必致糊涂矣。"斯言最有味，宜静思之。

【注释】①宋太宗：赵光义（939—997），字廷宜，宋朝的第二位皇帝。吕端（935—1000）：字易直，幽州安次（今河北省廊坊市安次区）人。至道元年（995）拜相，出任户部侍郎、同平章事，升门下侍郎、兵部尚书。②"小事糊涂，大事不糊涂"：出自《宋史·吕端传》："太宗欲相端。或曰：'端为人糊涂。'太宗曰：'端小事糊涂，大事不糊涂。'决意相之。"后以"吕端大事不糊涂"喻指办事坚持原则，也指在大是大非面前保持清醒的头脑。③西林相国：即清朝名臣鄂尔泰（1677—1745），西林觉罗氏，字毅庵，康熙年间举人，任内务府员外郎，与田文镜、李卫并为雍正皇帝心腹。雍正帝驾崩后，与张廷玉等同受遗命辅政，担任总理事务大臣，历任军机大臣、领侍卫内大臣、议政大臣、经筵讲官，管翰林院掌院事，加衔太傅，国史馆、三礼馆、玉牒馆总裁，赐号襄勤伯。谥号文端。

【译文】宋太宗赵光义评说宰相吕端："小事方面糊涂，大事上则不糊涂。"西林相国鄂尔泰则说："大事不可以糊涂，小事则不可以不糊涂。如果在小事上不糊涂，那么大事上肯定就会糊涂了。"这些话意味深刻，值得静思体味。

雍正帝轶事二三则

世宗宪皇帝时，廷玉日直内廷[①]，上进膳时，常承命侍食[②]。见上于饭颗饼屑，未尝弃置纤毫。每燕见[③]臣工，必以珍惜五谷为训，暴殄天物为戒。又尝语廷玉曰："朕在藩邸[④]时，与人同行，从不以足履其头影，亦从不践踏虫蚁。"圣人之恭俭仁厚，谨小慎微，固有如是者！

【注释】①内廷：指内朝。与外廷相对应。清代内廷指乾清门内，皇帝召见臣下、处理政务的地方。军机处、南书房等重要的机构均设立在这里。②承命：受命。侍食：陪侍尊长进食。③燕见：古代帝王退朝闲居时召见或接见臣子。④藩邸：藩王之第宅。

【译文】雍正皇帝在位时，我每天都在内廷值守，皇上吃饭的时候，我就经常奉命陪侍进膳。我发现，皇上对于饭粒、饼屑这些残渣，从没有随意丢弃过。每次退朝闲居时召见臣子，他也必定会训诫众人要珍惜五谷粮食，并告戒众人不要任意糟蹋东西。他曾经对我说："朕从前当藩王的时候，与别人一起行走，从不以脚踩踏别人头部的影子，也从不踩踏伤害昆虫蚂蚁。"圣人，原本就具备恭敬节俭、仁慈宽厚，谨小慎微的优良品德啊！

陆诗妙处难殚述

昔人言陆放翁[①]诗："吐纳众流，浑涵万有，神明变化，融为一气。"[②]予自幼读陆诗，数十年来，不离几案。其妙处不可殚述[③]。即如七言绝句中《游近村》一首曰[④]："斜阳古柳赵家庄，负鼓盲翁正作场。死后是非谁管得，满村听说蔡中郎。"又《夜食炒栗》一首曰[⑤]："齿根浮动叹吾衰，山栗炮燔疗夜饥。唤起少年京辇梦，和宁门外早朝时。"以眼前极平常之事，而出之以含蓄蕴藉[⑥]，令人百回读之不厌，真化工[⑦]之笔也。

【注释】①陆放翁：陆游（1125—1210），字务观，号放翁，越州山阴（今浙江省绍兴市）人，南宋文学家、史学家、爱国诗人。②"吐纳"四句：出自清人杨大鹤的《剑南诗钞序》。浑涵：包含，包藏。③殚述：详尽叙述，多用于否定。④即如：正像，就像。《游近村》：此诗很可能是陆游于绍兴二十六年至绍兴二十七年（1156—1157）之间，在瑞安任主簿时所作。诗题为《小舟游近村舍舟步归》，见《剑南诗稿》卷三十三，原诗四首，此为其四。描述了老艺人说唱蔡中郎的故事的场景，说东汉蔡邕进京考取状元之后，贪图富贵成了宰相的女婿，抛弃了家乡挨饿的双亲与妻子，结果被暴雷震死。但这与历史上蔡邕的生平不符，所以陆游有"死后是非谁管得"的感叹。⑤《夜食炒栗》：原题为《夜食炒栗有感》，见《剑南诗稿》卷五。这首诗的题注专门提到"漏舍待朝，朝士往往食此"，陆游借诗回忆起他当年在大内北门和宁门候早朝，以炒栗子充饥的事情。⑥蕴藉（jiè）：含蓄而不外露。⑦化工：自然造化而成。

【译文】前人评价陆游的诗，说其“吸收接纳众多流派风格，包含万事万物，精神智慧千变万化，又能融合成一种独特气质”。我从小就读陆游的诗，几十年来他的诗集一直都被我放在几案书桌之上。陆游诗中的妙处用语言已经无法描述了。就如他的一首七言绝句《小舟游近村舍舟步归》中写到：“斜阳古柳赵家庄，负鼓盲翁正作场。死后是非谁管得，满村听说蔡中郎。”又如《夜食炒栗有感》：“齿根浮动叹吾衰，山栗炮燔疗夜饥。唤起少年京辇梦，和宁门外早朝时。”这两首诗都是通过眼前的平常小事来展现含蓄委婉的内在深意，让人百读不厌，这真是自然造化、巧夺天工的作品。

诗之十二字诀

“三百篇”为诗之祖[①]，人共知之，而不知微言精义有在“三百篇”之前者。《虞书》曰[②]：“诗言志，歌永言。声依永，律和声。”吾人用功于诗数十年，果能心领神会此十二字，则诗自臻妙境，不可以语言文字传也。

【注释】①“三百篇”：《诗经》的代称。《诗经》是中国文学史上第一部诗歌总集，共收集311篇诗歌，现存305篇（既有标题又有文辞），大约成书于春秋中期，分《风》《雅》《颂》三部分。②《虞书》：《尚书》的组成部分之一。相传是记载唐尧、虞舜、夏禹等事迹的书。今本凡《尧典》《舜典》《大禹谟》《皋陶谟》《益稷》五篇。“诗言志”四句见于《舜典》，意思是说，诗表达人的志意，歌咏吟人的心声，声的高低抑扬变化，随着歌咏而变化。

【译文】《诗经》是诗歌鼻祖，这是尽人皆知的事实，但人们所不知道的是，其实在《诗经》之前，就已经有了许多关于诗歌的精妙言论，也蕴含着深刻的道理。《尚书·虞书·舜典》中说：“诗言志，歌永言。声依永，律和声。”意思是诗句可以用来表达人的思想和意愿，歌咏则可以用来吟咏诗句，五音可以用来配合歌咏，六律可以用来调和五音。我们在诗歌方面，刻苦钻研了几十年，如果真能对这十二个字心领神会、融会贯通，那么对于诗歌的理解就能到达更高的境界，那是用语言文字所无法表达的境界。

解杜甫《胡马》诗

西林相国曰：“杜少陵《胡马》诗云[①]：‘所向无空阔，真堪托死生。’此二语人知其妙，而不知其所以妙。盖良马蹀躞[②]奔腾之时，步步著实，所以说‘无空’；又步步不越尺寸，所以说‘无阔’；惟其如此，所以‘堪托死生’也。”余扈从久，见良马甚多，深知西林确论[③]，能发杜诗之神髓[④]也。

【注释】①杜少陵：杜甫（712–770），字子美，自号少陵野老，唐代伟大的现实主义诗人。曾任节度参谋、检校工部员外郎，后世称其杜拾遗、杜工部，也称他杜少陵、杜草堂。《胡马》：诗题为《房兵曹胡马诗》，是杜甫所写的一首五言律诗。诗中描绘了一匹健壮神峻的"胡马"，借期望房兵曹为国建功立业，同时也表达了杜甫自己的雄心壮志。②蹀躞(dié xiè)：马行貌。③确论：精辟正确的言论。④神髓：事物的精要部分。

【译文】西林相国鄂尔泰大学士说："杜甫《房兵曹胡马诗》中讲'所向无空阔，真堪托死生'，人们都知道这两句诗说得妙，却又不知道妙在何处。良马行进或奔跑的时候，每一步都能脚踏实地，所以说'无空'；但每一步又不会超越它自身的步伐尺寸，所以说'无阔'；正是因为良马能做到这一点，所以足以让主人将生死交托于它，任由它驰骋。"我多次扈从皇帝巡视，见过很多宝马良驹，深知鄂尔泰大学士所说的言论的确是精辟正确，可以将杜甫诗中的神韵和精髓都展现出来。

德化之盛，凤凰来仪

《虞书》言：乐作而"百兽率舞"[①]，"凤凰来仪"[②]。此史臣极言德化之盛，不必实有其事也。

【注释】①百兽率舞：语出自《尚书·舜典》："於！予击石拊石，百兽率舞。"意思是说，我敲击石磬奏乐，扮演百兽的舞队随着音乐起舞。②凤凰来仪：语出自《尚书·益稷》："箫韶九成，凤凰来仪。"意思是说，箫韶之曲连续演奏九章，凤凰随乐声飞来起舞而有容仪。

【译文】《虞书》中记载，当器乐声响起时，“百兽率舞”，“凤凰来仪”，各种野兽相继起舞，就连仪表非凡的凤凰也被乐声吸引而来。但实际上，这是史官用最美好的语言对天下大治、帝王大德和太平盛世的歌颂，不一定确有其事。

《摽梅》之作者

先公言《摽梅》之诗[①]，乃女子父母作，非女子自作也。昔人曾有此解，当从之，朱注[②]非也。

【注释】①《摽（biào）梅》：《诗经·召南·摽有梅》：“摽有梅，其实七兮。求我庶士，迨其吉兮！摽有梅，其实三兮。求我庶士，迨其今兮！摽有梅，倾筐塈之。求我庶士，迨其谓兮！”摽梅，指梅子成熟而落下，后以此比喻女子已到结婚年龄。②朱注：指南宋理学家朱熹对《诗经》所作的注解。

【译文】父亲说《摽梅》这首诗，是一名年轻女子的父母所作，并不是那名年轻女子自己作的。以前也有人曾经这样的解释过，其实应该予以采纳，在这一点的解释上，朱熹的注解并不准确。

民之失德，干糇以愆

先公曰："'民之失德，干糇以愆'[①]，乃古人自检之密，非轻量[②]天下之人。"此解，玉服膺[③]不忘。非此，则诗人之语病不小矣！

【注释】①"民之失德，干糇（hóu）以愆（qiān）"：语出自《诗经·小雅·伐木》，干糇，干粮，也泛指普通的食品。愆，过错。②轻量（liàng）：轻视，小看。③服膺：记在心中，不会忘记。

【译文】父亲说："'民之失德，干糇以愆'，意思是人们如果没有品德，哪怕为了得到一点口粮也会成为过错。这是古人对自我的一种严密的检视，并不是轻视天下普通百姓。"这样的解释，我始终记在心中，永不忘记。如果不是这样的解释，那这诗的作者说出这样的话来，毛病还真不小呢！

天怀旷逸者无痕迹

余二十岁时，读陶渊明《五柳先生传》[①]，以为此后人代作，非先生手笔也。盖篇中"不慕荣利"、"忘怀得失"、"不戚戚[②]于贫贱"、"不汲汲[③]于富贵"诸语，大有痕迹，恐天怀旷逸[④]者，不为此等语也。此虽少年狂肆之谈，由今思之，亦未必全非。

【注释】①陶渊明（352或365-427）：字元亮，又名潜，私谥“靖节”，世称靖节先生，浔阳柴桑（今江西省九江市）人。东晋末至南朝宋初期伟大的诗人、辞赋家。曾任江州祭酒、建威参军、镇军参军、彭泽县令等职，后归隐田园，是中国第一位田园诗人。陶渊明传世作品共有诗125首，文12篇，后人将其汇总编为《陶渊明集》。《五柳先生传》：陶渊明创作的自传文（存有争议），文中表明了作者的三大志趣，读书、饮酒、写文章，将真实的自我展现出来，并体现出自己卓然不群的高尚品格。②戚戚：忧惧，忧伤的相貌。③汲汲：形容心情急切。④天怀：出自天性的心怀。旷逸：心胸开阔，性情超脱。

【译文】我二十岁时，读到陶渊明的《五柳先生传》，认为这是后人代替他写出来的，并不是他自己的作品。文章中诸如“不慕荣利”“忘怀得失”“不戚戚于贫贱”“不汲汲于富贵”之类的语句，都是不符合陶渊明性格特点的，恐怕像陶渊明那样天生心胸开阔、性情洒脱的人，绝不会写出这样的语句来。虽然这些是我年少时的轻狂之谈，但到了今天再来想一想，也未必全是错误的。

吾诗零落不为憾

余向来所作诗，多毁于火，儿辈言及，往往以为憾。一日读《竹坡诗话》[1]，曰：“杜牧之[2]尝为宣城幕，游泾溪水西寺，留二诗。其一曰：‘三日去还往，一生焉再游。含情碧溪水，重上粲公楼。[③]'此诗今榜壁间，而集中不载，乃知前人好句零落者，多矣。"余读至此，呼若霭[④]，示之曰："古名人尚如此，何况于余？"为之一笑。

【注释】①《竹坡诗话》：是宋代周紫芝所撰的一部诗话著作。周紫芝号竹坡居士，故有此书名。全书1卷共80则。②杜牧之：杜牧（803-852），字牧之，号樊川居士，唐代杰出诗人、散文家。③"三日去还往"等四句：此诗后人补于《樊川诗补遗》，"三日去还往"作"三日去还住"。④若霭：即张廷玉长子张若霭（1713-1746），字景采，号晴岚，雍正十一年（1733）进士，历官内阁学士、礼部侍郎、礼部尚书，袭伯爵。以书画供奉内廷，作品多为皇家宫廷所藏。

【译文】我以前所作的诗篇，大多毁于一场大火之中，儿子们说起这件事，都觉得非常遗憾。有一天，我读到宋朝周紫芝的著作《竹坡诗话》，其中提到："杜牧作为宣徽观察使崔郸的幕僚，被召为宣州团练判官。游览泾溪水西寺，留下《题水西寺》诗两首。其中之一便是'三日去还往，一生焉再游。含情碧溪水，重上粲公楼。'这首诗依然张贴在寺庙的墙壁之上，但杜牧的诗文集中却对此没有记载，可见前人名士的诸多好诗佳句四处遗散，这种情况还是很多的。" 读到这里，我马上招呼儿子若霭，提醒他："古代名人尚且丢失了诸多的名诗佳句，更何况我呢？"父子彼此明白，相视一笑。

祈梦吕仙祠

昔先文端公祈梦于吕仙祠①，梦迁居新室，家人荷砚一担。玉感其祥，因以砚斋②为号，并刻图章二：上则“砚斋”，下则“以钝为体，以静为用”八字，盖取唐庚《古砚铭》中语③，以自勉也。

【注释】①祈梦：向神祈求从梦境中预知祸福。吕仙祠：祭祀传说中的仙人吕洞宾的祠堂庙宇。②砚斋：张廷玉号砚斋，意出于此。③唐庚（1070—1120）：字子西，人称鲁国先生。北宋诗人，有“小东坡”之称。著有《唐子西集》《唐子西文录》，《古砚铭》是唐庚以砚为题所作的铭文。

【译文】先父文端公曾经去吕仙祠求神祈福。梦见自己乔迁新居，家人仆佣挑来一担砚台，预示将以读书、文章发家之意。我感觉这是个非常吉祥的梦，便以“砚斋”作为自己的号，还刻了两枚图章，第一枚刻上“砚斋”二字，第二枚刻上“以钝为体，以静为用”八个字，意思是为人处世要像砚台一样，虽然自身厚重笨拙，却能怡然安静地为世间所用。这是取自北宋唐庚所作的《古砚铭》中的词句，来当做自我勉励的格言。

高丽镜面笺不可得

偶读明人《杂记》曰："今高丽镜面笺[1]，中国无及之者。"吴越钱氏时[2]，浙江温州作蠲纸[3]，洁白坚滑，大略类高丽纸。供者免其赋税，故曰"蠲纸"。至和[4]年间，方入贡，以权贵索取浸广，而纸户力不能胜，遂止之。今京中所用高丽纸，质虽粗而坚厚异常，远胜内地者。至高丽镜面笺，则不可得，惟于董宗伯墨迹中见之[5]。本朝以来，彼国王用作表笺[6]，市肆中则无从购觅矣。

【注释】①高丽：又称高丽王朝、王氏高丽（918–1392），是朝鲜半岛古代国家之一。高丽历经34代君主，共475年。1392年，李成桂废黜恭让王自立，建立了朝鲜王朝。镜面笺：高丽贡纸的一种品类，产于朝鲜半岛，故名。高丽纸纸张质地坚韧、光洁，受墨微渗有韵，宜书宜画，有镜面及发笺等多类品种。②吴越钱氏：即五代十国时钱镠在今江浙一带建立的吴越国（907–978），钱镠为吴越国的开国国王，国都杭州。③蠲（juān）：免去，免除的意思。蠲纸，古代质地最好的纸之一。④至和：宋仁宗赵祯的一个年号，使用近三年（1054年三月–1056年九月）。⑤董宗伯：即董其昌（1555–1636），字玄宰，号思白、香光居士，松江华亭（今上海市闵行区马桥）人，明代书画家。万历十七年进士，授翰林院编修，官至南京礼部尚书，因古人称礼部尚书为"大宗伯"，故也称其为董宗伯。董其昌擅画山水，以佛家禅宗喻画，为"华亭画派"杰出代表，其画及画论对明末清初画坛影响甚大。⑥表笺：表、笺是王公百官，文武大臣及朝贡各国向皇帝、皇后祝贺时的专用文书。

【译文】偶然读到明代人写的《杂记》，其中提到："当时的高丽镜面笺，其品质之高，在中国没有可以与之比拟的纸张。"吴越国时期，浙江温州地区生产制作"蠲纸"，纸张洁白、质地坚硬、纸面光滑，大致上与高丽纸差不多，凡是可以供给这样纸张的民户，其赋税可免，所以又称为"蠲纸"。宋仁宗赵祯至和年间，蠲纸被纳入贡品之中，但因为权贵们索要的数量越来越大，该纸的制造业户无法承受，也就逐渐停止生产了。现在京城中所用的高丽纸，虽然质地粗糙，但却非常坚实厚重，远好于内地所造的纸张。至于说高丽镜面笺，现在更没法得到了，只有在明代董其昌的书画作品中还能见到。自从本朝开朝立国以来，只有高丽国王向朝廷上表奏章的用纸才会用到高丽镜面笺，而市场店铺中则没法寻找购买到这种纸了。

诗中妙处人须知

《竹坡诗话》曰："凡诗人作语，要令事在语中而人不知。予读太史公《天官书》[①]：'天一、枪、棓、矛、盾动摇[②]，角[③]大，兵起。'杜少陵诗云：'五更鼓角声悲壮，三峡星河影动摇。[④]'盖暗用迁语，而语中乃有用兵之意。诗至此，可以为工也。"予偶检书见此，指以示儿辈。古人作诗之妙，读诗之妙，并见于此，学诗者不可不知也。

【注释】①太史公：西汉时太史令之通称，司马迁在《史记·太史公自序》中称其父司马谈及自称皆为太史公。这里指司马迁。《天官书》：为司马迁所作的一篇专门记载天文学知识、天象、天文事件和星占的文章，收录于《史记》中。中国古代将天空分为三垣二十八宿，最早的完整记录便见于《史记·天官书》中。②天一：星名，最早出自《淮南子》，天一星之名后来被司马迁收入《史记·天官书》中。枪、棓、矛、盾：分别指天枪星、天棓星、招摇星、天锋星。③角：即芒角，指星辰的光芒。④“五更鼓角声悲壮，三峡星河影动摇”：出自唐代诗人杜甫作品《阁夜》，作于大历元年（766）冬，当时杜甫寓居荒僻的夔州西阁，夜晚面对峡江壮丽的景象，耳中回响悲壮的鼓角声，内心万千感慨，从眼前的情景联想到国家当时的战乱，又从历史人物联想到自己当时的境遇，触景生情写下了这首诗。

【译文】《竹坡诗话》中说：“凡是诗人于诗作中写出的词语，都要将所表达的意思蕴含在词语之中，而不能让人很轻易地就从字面知晓。我读司马迁的《史记·天官书》：‘天一、枪、棓、矛、盾动摇，角大，兵起。’意思就是如果天一、天枪、天棓、招摇和天锋这些星宿动摇，并且这些星宿的光芒变大，就预示世间将有战事。杜甫诗中则说：‘五更鼓角声悲壮，三峡星河影动摇。’意思是说，五更破晓时军营中传出悲壮的鼓角声，三峡江流倒映着天上银河的星影不断摇摆。这诗中用到变换了意思的词语，“动摇”一词中就有起兵打仗的意思。诗词能实现这样的境界，可以说写作手法相当巧妙了。”我偶然翻阅书籍时看到了这一部分，便指出来给后辈们看。古人创作诗词时的高明巧妙，阅读诗词时的精妙领悟，同时在这本书中见识到了，学习诗词的人应该对此有所了解。

韩琦受欺不怨

偶阅韩魏公《别录》[①]，公尝曰："内刚不可屈，而外能处之以和者，所济多矣[②]。"又曰："以之遇则可以成功，以之不遇则可以免祸者，其惟晦乎？"又曰："知其为小人，便以小人处之，更不须校也。"又曰："人能扶人之危，赒人之急[③]，固是美事。能勿自谈，则益善矣。"又曰："寡欲自事简。"公因论待君子小人之际，曰："一当以诚。但知其为小人，则浅与之接耳。"凡人至于小人欺己处，不觉则已，觉必露其明以破之。公独不然，明足以照小人之欺，然每受之而不形也。尝说到小人忘恩背义欲倾己处[④]，辞和气平，如说平常事。以上数则，语虽浅近，而一段和平忠厚之意，千载而下，犹令人相遇于楮墨间[⑤]。因命儿辈抄录，以备观览。

【注释】①韩魏公：指北宋大臣韩琦（1008—1075），北宋政治家、名将，封魏国公。《别录》：即《韩魏公别录》，为宋代王岩叟所著。王岩叟曾为韩琦幕府，将韩琦语录收集后集为《别录》三篇，上篇为韩琦对话，中篇为韩琦日常言论，下篇为杂记见闻。②济：成效，成就。③赒（zhōu）：接济，救济。④倾己：降低自己的身份。⑤楮（chǔ）墨：纸与墨，后借指诗文或书画。

【译文】偶然翻阅《韩魏公别录》，看到韩魏公曾说："内心刚正不可屈服，但外表却能以平和态度待人，这样的人对社会的有益之处会很多。"又说："有这样一种方法，在有机遇的时候使用，则可以成功，在没有机遇的时候使用，则可以避免灾祸，此种方法难道只有韬光养晦这一种吗？"又说："知道对方是小人，那么就以对待小人的方式来与之相处，没有必要与之计较。"又说："在人有危难的时候能够扶持一把，在人有困难的时候能够接济一下，这些固然是好事，但如果能做到不去自夸，那就更好了。"又说："欲望少，为人处世自然也就简单了。"韩魏公在谈到如何对待"君子"、"小人"时说："唯一要做到的就是以诚相待。如果知道对方是小人，那就不要与他有深交了。"一般情况下，对于"小人"欺侮自己的行为，人们若是不知道也就算了，一旦觉察必然会将其揭露出来，使其不能得逞。但韩魏公却不是这样，明明可以有机会揭示出"小人"的欺侮行径，但却每次都承受下来而不予以公开。说起曾经有小人忘恩负义想要倾轧陷害他时，韩魏公语气平和，心平气静，就像在说平常事一样。以上数条内容，虽然言语浅显易懂，但其中所蕴含的心平气和、忠诚宽厚的心意，却穿越千年的时间，让人在这书籍文字中与之相遇。所以令儿孙后辈将其抄录下来，以备随时观看阅览。

化民成俗惟厥中

《周书·君陈》篇曰[①]："尔有嘉谋嘉猷[②]，则入告尔后于内，尔乃顺之于外，曰：'斯谋斯猷，惟我后之德'。"此数语，自宋儒以来，多有以为成王失言者，余谓不然。周公迁殷顽民于下都[③]，公自监之，公殁，成王命君陈代公[④]。是时，顽民习染已深，非动其尊君亲上感恩戴德之心，不能望其潜消逆志。故令君陈宣布朝廷德意，以为化民成俗之助，非以颂飏谄谀倡导臣工也[⑤]。观下文曰："殷民在辟[⑥]，予曰辟，尔惟勿辟；予曰宥[⑦]，尔惟勿宥，惟厥中。"其以忠直匡正望君陈者，与大舜"予违汝弼"之心又何间哉[⑧]？

【注释】①《周书》：《尚书》组成部分之一，相传为记载周代史事之书。今本包括《牧誓》《洪范》《金縢》等32篇，其中《泰誓》《武成》《君陈》等13篇是伪古文尚书。②嘉谋：高明的经国谋略。嘉猷（yóu）：治国的好规划。③下都：即陪都。西周都城镐京，以洛邑（今河南省洛阳市故城）为下都。④君陈：即周平公，本名姬陈，君为尊称。周公姬旦的次子，鲁公伯禽之弟。中国西周时期第二任周公。⑤颂飏（yáng）谄谀：歌功颂德，阿谀奉承。⑥辟（bì）：罪，罪行。⑦宥（yòu）：宽容，饶恕。⑧予违汝弼：语出自《尚书·虞书·益稷》："予违，汝弼；汝无面从，退有后言。"意思是我有过失，你应匡正。

【译文】《尚书·周书·君臣篇》中说："你有高明的治国谋略、好的治国规划，就要进宫告诉你的君主，同时在朝堂之外你也要顺从君主的安排，这就叫‘好的计谋规划，都是我们君主的美德’。”自从宋代大儒开始，很多学者认为这些话周成王说得不恰当，但我并不这样认为。周公姬旦将殷商遗民中一些顽固不化、坚决不服从周朝统治的人迁往陪都洛邑，周公亲自监督治理，待到周公去世之后，周成王就命令周公旦的次子姬陈顶替，继续治理洛邑。那个时候，这些“顽民”的恶劣习性已经深入内心，除非让他们具备尊重国君、亲近朝廷的感恩之心，否则便不能指望他们能慢慢消除叛逆的打算。所以姬陈得到命令，将周朝的品德意志宣扬树立起来，以帮助教化顽民，在社会上形成良好的风尚，而并非提倡群臣百官用歌颂、赞扬、谄媚、阿谀的方式来对待君主。看下文说：“殷商百姓有罪，我说处罚，你不一定处罚；我说饶恕，你也不一定要赦免，而是要考虑执法中正。”周成王期望姬陈能够忠诚正直、匡扶正义，与大舜帝所说的“我有过失，你应匡正”的心意又有什么不同呢？

圣人必有盛德

《虞书·皋陶》曰：“帝德罔愆[①]，临下以简，御众以宽，罚弗及嗣，赏延于世。宥过无大，刑故无小，罪疑惟轻，功疑惟重。与其杀不辜，宁失不经[②]。”以上盛德，古今来仁厚恭俭之主，尚庶几能之[③]。至于“好生之德，洽于民心，兹用不犯于有司”[④]，则所谓过化存神[⑤]，上下与天地同流者，此固非帝舜不足以当之。然亦必有此数语，始足以见盛德之至，与大圣人功用之全也。予故曰：唐太宗纵囚而囚归[6]，此太宗之所以为太宗也；虞帝好生，而民不犯于有司，此虞帝之所以为虞帝也。

【注释】①罔愆（wǎng qiān）：没有过失，没有瑕疵。②不经：不合常理，不合常法。③庶几：差不多，近似。④“好生”句：语出自《尚书·大禹谟》，意思是君王有爱惜众生的美德，感化着民众，因此百姓自觉维护法律。⑤过化存神：语出自《孟子·尽心上》：“夫君子所过者化，所存者神，上下与天地同流。”意思是圣人所到之处，人民无不被感化，而永远受其精神影响。⑥唐太宗：李世民（598或599–649），唐高祖李渊次子，唐代杰出的政治家、战略家、军事家、诗人，开创中国历史上著名的贞观之治。纵囚而囚归：据《资治通鉴》等史籍记载，贞观六年，唐太宗亲自审查了三百九十名死囚，放他们回家，令他们与家人团聚，约定翌年秋天回来就刑。结果他们全都如期自动归狱，太宗称许他们知诚守信，遂赦免其罪。

【译文】《虞书·皋陶》说：“舜帝在品德方面没有过失，统率百官时政令简洁，统领百姓时宽容大度，处罚有罪之人不会殃及其子孙，奖赏有功之臣则会一直延续到功臣的后代。凡是无意的过失，不论过错失误多大都能宽容饶恕；凡是故意犯罪，不论罪名多小都要予以处罚。罪行可疑时宁可从轻惩罚，功劳大小有疑问时宁可从重奖赏。与其错杀无辜的人，宁可自己执法失误。”以上这些盛大功德，古往今来仁厚恭谦的君主，或许都可以做到。至于说“好生之德，洽于民心，兹用不犯于有司”，意思是君王有爱惜众生的美德，可以感化民众，因此百姓能自觉维护法律，很少有触犯法律的事情发生。正所谓圣人所到之处，人民无不被感化，并且永远受其精神的影响，从君主到臣民，都能够顺应天地自然的法则去做事，治理天下能达到这种程度，若不是舜帝这样的圣贤大德，是不足以担当如此重任的。而且还必须有这些话，才可以知道舜帝盛德所达到的境界，以及舜帝这位大圣人造福天下百姓的方方面面。因此我说，唐太宗“释放囚犯而囚犯如约全数返回”，这就是唐太宗之所以为圣明的唐太宗的缘故；虞舜大帝珍爱众生，百姓因此也不会触犯法律，这就是虞舜大帝之所以成为圣明的虞舜大帝的原因。

子孙以遵祖训为敬

偶读《韩蕲王传》①，公尝戒家人曰：“吾名世忠，汝曹毋讳‘忠’字②，讳而不言，是忘忠也。”余名玉字，易用而难避。生平见属吏门人皆戒其勿以犯触为嫌，后世子孙当知此意。果能尊敬其父祖，当以服习教训为先③，岂在此区区末节乎！

【注释】①韩蕲（qí）王：即韩世忠（1090—1151），字良辰，晚年自号清凉居士，南宋名将、词人、民族英雄。宋孝宗时追封“蕲王”，故称韩蕲王。②汝曹：你们。③服习：清楚，熟悉。教训：训导，训诫。

【译文】我偶然阅读《韩蕲王传》，看到里面记载韩世忠曾经告诫家人说：“我的名字为‘世忠’，你们晚辈不要避讳‘忠’字，因为避讳这个字就不再使用这个字，那就是忘掉‘忠心’了。”我的名字里有个“玉”字，会经常使用到也难以避讳，平常生活中，我经常看到下属官吏、门生子弟都在避免使用这个字，以免出现犯了忌讳的情况，后世子孙应该知道对待此类问题所应遵循的道理，如果想要真正做到对祖先父母的尊敬，应该以清楚熟悉家庭训导训诫为第一要务，而并不应将关注点放在这些区区小事之上。

昔日好句今难忆

向见同人诗中好句①，辄能记诵，历久不忘。今老矣，迥不如前，所记者不过十之一二而已。如院长揆公叙《咏白杜鹃花》曰②：“三更枝上月如霜。”查悔馀慎行《咏金丝桃》曰③：“偶分处士篱边色，仍是仙人洞口花。”鄂西林（尔泰）《咏枣花》曰：“林端暖爱初长日，叶底香怜最小花。”赵横山大鲸《赋得柳桥晴有絮》曰④：“雪点朱阑暖未消。”此皆咏物之工者。又见朝鲜诗集中，载其国人《咏渔父绝句》，有曰：“人世险巇君莫笑⑤，自家身在急流中。”亦自隽永可味⑥。

【注释】①向：从前。②揆公叙：即纳兰揆叙（1674—1717），字凯功，康熙时重臣纳兰明珠次子，累擢翰林院掌院学士，兼礼部侍郎，后升工部侍郎，转工部左侍郎，迁都察院左都御史，为康熙帝所赏识重用。谥号文端。③查悔馀慎行：即查慎行（1650—1727），清代诗人，初名嗣琏，字夏重，号查田；后改名慎行，字悔余，号他山，赐号烟波钓徒，晚年居于初白庵，所以又称查初白。为“清初六家”之一，著有《他山诗钞》。④赵横山大鲸：赵大鲸（1686—1749），字衡山，别字学斋，浙江仁和（今杭州市）人，雍正二年（1724）进士，官至左副都御史。工书法。著有《松轩随笔》《小仓房文集》。⑤险巇（xī）：艰困险阻。⑥隽（juàn）永：指诗文意味深长，引人入胜。

【译文】从前看到同僚好友所写诗中的好句子，总是能立刻默记背诵下来，长时间不会忘记。如今年高人老，记性远不如从前，可以记得的以前诗句内容不过十分之一二了。比如纳兰揆叙的《咏白杜鹃花》："三更枝上月如霜。"查慎行的《咏金丝桃》："偶分处士篱边色，仍是仙人洞口花。"鄂尔泰的《咏枣花》："林端暖爱初长日，叶底香怜最小花。"赵大鲸的《赋得柳桥晴有絮》："雪点朱阑暖未消。"这些都是擅长咏物的诗句。又见朝鲜诗集中，记载其国人所写的《咏渔父绝句》："人世险巇君莫笑，自家身在激流中。"其诗文也是意味深长，引人入胜的。

受欺之说

君子可欺以其方[①]，若终身不被人欺，此必无之事。倘自谓"人不能欺我"，此至愚之见，即受欺之本也。

天下有学问、有识见、有福泽之人，未有不静者。

天下矜才使气之人[②]，一遇挫折，倍觉人所难堪。细思之，未必非福。

【注释】①君子可欺以其方：语出自《孟子·万章上》："故君子可欺以其方，难罔以非其道。"意思是说，君子可能受到欺负欺骗，因为他方正贤良。②矜才使气：倚仗自己的才能，使意气，不谦虚。

【译文】君子可能受到欺骗，因为他方正贤良，如果终身都没有受到他人的欺骗，这是绝无可能的事。若是有人说“别人不能欺骗我”，这就是最愚蠢的见解，也是受人欺骗的根本原因所在。

普天之下有学问、有见识、有福泽的人，没有不宁静的。

普天之下那些依仗着自己的才能，而意气用事，不谦虚的人，一旦遭遇到挫折，就会比常人更加觉得困窘尴尬。但是仔细想一想，这种挫折对傲慢之人未必是坏事。

好翻案者学问偏

凡人好为翻案之论①，好为翻案之文，是其胸襟褊浅处②，即其学问偏僻处③。孔子曰：“中庸，不可能也④。”请看一部《论语》，何曾有一句新奇之说？

【注释】①翻案：推翻前人的定论。②褊（biǎn）浅：心地狭窄，见识浅薄。③偏僻：偏颇，不公正。

【译文】世人凡是喜欢发表推翻前人观点的言论，或者是喜欢创作这样的文章，这都是他们心胸狭窄、见识浅薄的表现，也是因为他们做学问偏激不端造成的。孔子说：“中庸之道，难上加难。”请看孔子的那一部《论语》，可曾有过一句新奇偏激的话语吗？

卷 二

雍正帝慰孝子

雍正丙午秋[1]，蒋文肃公主顺天乡试[2]，时太夫人[3]高年在堂。世宗宪皇帝恐其悬念[4]起居，命余索其平安信，于降旨之便传入闱中[5]，以慰其心。圣主锡类[6]之仁，优待大臣之恩谊，至于如此，千古所未有也。

【注释】①雍正丙午：即雍正四年，1726年。②蒋文肃公：即蒋廷锡（1669–1732），字酉君、杨孙，号南沙、西谷，又号青桐居士，江苏常熟人。康熙时期进士，雍正年间曾任礼部侍郎、户部尚书、文华殿大学士、太子太傅等职，为清朝重要的宫廷画家之一。谥号文肃。顺天：即顺天府，指清代北京地区，顺天府的辖区在清初多有变化，乾隆八年（1743年)开始固定下来，共领五州十九县。③太夫人：称谓，旧时尊称自己的母亲为太夫人。④悬念：挂念。⑤闱（wéi）：科举时代对考场、试院的称谓。⑥锡类：以善施及众人。

【译文】雍正四年秋天，蒋廷锡主持顺天府的乡试，当时他的母亲年事已高。雍正皇帝担心蒋廷锡挂念母亲，便命令我去老夫人那里要一封报平安的信，在给蒋廷锡下达圣旨之时顺便把信带过去，以安慰蒋大学士挂念母亲的心情。圣明的君主对众人以和善仁慈相待，对大臣的优厚待遇能做到如此体贴入微，自古以来，前所未有。

清廉非异能

居官清廉乃分内之事。每见清官多刻[①]，且盛气凌人，盖其心以清为异人之能，是犹未忘乎货贿[②]之见也。至诚而不动者，未之有也。问如何著力，曰："言忠信，行笃敬。[③]"

【注释】①刻：不厚道。②货贿：财货，财物。③"言忠信，行笃敬"：语出自《论语·卫灵公》，意思是言语忠诚老实，行为忠诚厚道而又严肃认真。

【译文】为官做到清正廉洁这本是分内的事情。经常见到有很多清官表现得非常刻薄，而且一身骄傲蛮横的气势，咄咄逼人，他以为清廉是一种与众不同的才能，这其实仍然是没有摆脱财物利益的观点。真心诚意而一点都不受利益所诱惑的人，我还没有见到过。若要问如何在这方面努力，还是那句话"言忠信，行笃敬"，也就是做到言语忠诚老实，行为敦厚严谨。

有耻与可耻

孝昌程封翁汉舒[1]《笔记》曰："人看得自己重，方能有耻。"又曰："人世得意事，我觉得可耻，亦非易事。"此有道之言也。

读《论语》，觉得《孟子》太繁，且甚费力。读《孟子》，又觉诸子[2]之书费力矣，不可不知。

【注释】①程汉舒："先生名大纯，号一斋，湖广孝感人。仕黄冈县教谕，崇祀乡贤"（《五种遗规》陈宏谋辑）。②诸子：泛指古代的学术思想家。

【译文】湖北孝昌程汉舒所著《笔记》中说："人将自己看得尊贵重要，才能有知耻之心。"又说："人世间志得意满的好事，若是自己得到了，我认为就很可耻，能做到这一点也不是一件容易的事。"这些真是通达事理的话啊。

读过《论语》的人，会认为《孟子》读起来太繁杂、太费力。读了《孟子》以后，又会觉得其他诸子百家的著作读起来费力，这一点不可不知。

治家二语

程封翁汉舒曰："一家之中，老幼男女，无一个规矩礼法，虽眼前兴旺，即此便是衰败景象。"又曰："小小智巧[①]，用惯了，便入于下流[②]而不觉。"此二语乃治家训子弟之药石也。

【注释】①智巧：机谋巧诈，智慧机巧。②下流：下品，劣等。

【译文】程汉舒在《笔记》中说："一家之中，不管老幼男女，若是没有长幼尊卑的规矩礼仪，没有约束的法度，即便其家庭眼前看着兴旺发达，但这种没规矩的情况是家庭逐渐走向衰败的预兆。"又说："投机取巧的事情若是做得习惯了，就会不自觉地堕落到卑贱下品的境地。"这两句话是持家立业、训诫子弟的警示良言。

为"恕"之论

凡人看得天下事太容易，由于未曾经历也。待人好为责备[①]之论，由于身在局外也。"恕"之一字，圣贤从天性中来；中人以上者，则阅历而后得之；姿秉[②]庸暗者，虽经阅历，而梦梦[③]如初矣。

【注释】①责备：要求做到完美的地步，而没有缺点。②姿秉：即姿禀，清朝人常用“秉”作为“禀”的通假字，意思为天资，禀赋。③梦（méng）梦：无知觉，混乱的样子。

【译文】凡是看待天下事觉得太容易的人，这是因为他还不曾经历过那些事的缘故。有些人总是对他人要求严苛，总是带有评判的态度，这也是因为自己置身于事外的缘故。“恕”这一个字，就是以自己之心来推想体谅他人之心，圣贤是自身天性所致而拥有这种品格；中等才智的人，需要经历世间历练，才能对此有所感悟；而天资禀赋愚钝的人，即便是亲身经历，也还是一副无知觉、混乱的样子，犹如在梦境中一般。

占卜者必有受累处

“人而不仁，疾之已甚，乱也。[①]”熟读全史，方知此语之妙。

乾隆五年[②]正月灯节，家庭闲话之际，长男若霭曰：“凡占卜星相[③]之事，若深信而笃好之，其人必有受累处，但大小或有不同耳。”余闻之甚喜。盖余几经阅历而后知之，不意若霭少年，能见及此也。

【注释】①“人而不仁”句：语出自《论语·泰伯》，意思是对于不仁德之人，责逼过甚，也容易激出乱子。②乾隆五年：即1740年。③占卜星相：占卜，用龟甲、蓍草、铜钱、骨牌等推断吉凶。星相，根据天上星象和人的相貌來推断人事的吉凶祸福。

【译文】《论语·泰伯》中讲："人而不仁，疾之已甚，乱也。"意思是说，对不仁的人责备过甚，也会导致祸乱。只有熟读全部史书的人，才能体会这句话的奥妙所在。

乾隆五年正月十五元宵灯节，家人在闲聊时，长子若霭说："凡是占卜算卦之类的事情，如果太过于相信并且非常喜欢，这样的人必定会因此而受到牵累，只是所受牵累的大小及轻重程度不同罢了。"我听到儿子有这样的见识，感到非常高兴。关于占卜算卦的利弊，我也是多次亲身经历之后，才有所感悟。没想到若霭年纪轻轻，就有如此见地了。

圣眷隆重，位极人臣

本朝定制：各部满尚书在汉尚书之前。廷玉以大学士管吏部、户部事，特命在满尚书之前。雍正六年①，公富尔丹②管部务，富以公爵兼尚书，非他人可比。玉逊让再四，上仍命余居前。又朝会班次③：大学士在领侍卫内大臣④之下。上命玉在公侯领侍卫内大臣之上。皆异数也。

【注释】①雍正六年：即1728年。②富尔丹：即傅尔丹（1680—1752），瓜尔佳氏，满洲镶黄旗人，清朝中期重要大臣，将领。谥号温悫（què）。③班次：官员按品级排列的位次。④领侍卫内大臣：清朝官名。清代制度设立"侍卫处"，领侍卫内大臣是皇帝贴身警卫的指挥、调度人，正一品，为武职最高衔。

【译文】清朝官员官阶制度规定：朝廷各部的满族尚书，其品级顺序应该排在汉族尚书之前，以此体现皇权嫡系的高贵。我以大学士的身份担任吏部、户部尚书时，作为汉族尚书，皇帝特别命令我排在满族尚书之前。雍正六年，富尔丹将军管理两部事务，他拥有公爵的身份，又兼任尚书的职位，其位尊权重非他人可比。我对他谦逊辞让多次，但皇帝依然命令我居于他之前。再说到朝廷朝会的排位次序，大学士要在领侍卫内大臣之下，但皇上却命令我在公侯领侍卫内大臣之上。这是对我的特殊礼遇。

先公生平得力处

先文端公《聪训斋语》曰："予自四十六七以来，讲求安心之法。凡喜怒哀乐、劳苦恐惧之事，只以五官四肢应之，中间有方寸之地①，常时空空洞洞、朗朗惺惺②，决不令入③。所以此地常觉宽绰洁净。予制为一城，将城门紧闭，时加防守，惟恐此数者④阑入。亦有时贼势甚锐，城门稍疏，彼间或阑入，即时觉察，便驱之出城外，而牢闭城门，令此地仍宽绰洁净。十年来渐觉阑入之时少，不甚用力驱逐。然城外不免纷扰，主人居其中，尚无浑忘⑤天真之乐。倘得归田遂初⑥，见山时多，见人时少，空潭碧落，或庶几矣！"此先公生平得力处，故言之亲切若此。玉常举以告人，无论行者不可得，即解者，亦复寥寥。吁，难矣哉！

【注释】①方寸之地：指人心。②朗朗惺惺：明白、清醒的样子。③康熙四十三年（1704）《聪训斋语》刻本“令”后有一“之”字。④此数者：前所说的喜怒哀乐、劳苦恐惧。阑入：擅自闯入。⑤浑忘：全部忘却。⑥归田遂初：辞官归隐，完成本来的心愿。

【译文】父亲所著的《聪训斋语》中记载：“我自从四十六七岁之后，便开始修习研究安心之法。凡是喜怒哀乐、劳苦恐惧的不良情绪，只在五官和四肢之处有所表现，内心深处，则时常保持空阔通达、明白清醒，绝不让不良情绪进入内心之中，所以自己的内心便时常觉得宽阔平静。我将身心设想为一座城，关紧城门，时刻加以防守，唯恐担心那些乱心的情绪侵入其中。但有时候，不良情绪的势力也很强大，城门守护稍有疏漏，他们就能趁虚而入，因此必须要立刻察觉，以便尽快将其驱逐出城外，然后再关牢城门，保证这一地方的宽绰洁净。经过十年来的修炼，渐渐觉得不良情绪擅自闯入内心的情况变少了，不需要再花费很大力气将之驱逐。但是城外却免不了纷扰，内心身处城内，还没有实现完全忘却世俗之事、只留天真烂漫的欢乐。倘若能够辞官归隐，实现初心，只见自然入眼，不见凡人乱心，享受流水潺潺、云卷云舒，也就差不多可以真正修炼安心法门了。”这是父亲的得力佳作，所以说出来的话令人倍感亲切。我经常将这些内容推荐与他人，但是没有几个人能去身体力行这些道理，就是能够了解其中深刻含义的人，也是寥寥无几。唉！修心，难啊！

不可附会古人诗文

注解古人诗文者，每牵合附会以示淹博[①]，是一大病。古人用事用意[②]，有可以窥测[③]者，有不可窥测者，若必欲强勉著笔，恐差之毫厘，失之千里，不可不慎也。

【注释】①淹博：渊博，广博。②用事：引用典故。用意：意向，存心。③窥测：窥探揣测。

【译文】注解古人诗词文章的人，在解释的过程中，往往会出现牵强附会注释古人文章的现象，以此来彰显自己的兴趣广泛、知识渊博，这是一个很大的毛病。不管是古人引用的典故，还是文章的立意，有些能被后人揣测到作者的用意，有些则不能，若硬要勉强凑合地注解出来，恐怕其结果就会与原意大相径庭，哪怕注解有一点错误，也会和原本的思想差之千里，不可以不慎重啊！

诗家之三昧

欧阳公论诗曰[①]："状难写之景，如在目前；含不尽之意，见于言外，然后为工。"[②]此数语，看来浅近，而义蕴深长，得诗家之三昧[3]矣。

【注释】①欧阳公：即欧阳修（1007—1072），字永叔，号醉翁，晚号六一居士，吉州永丰（今江西省吉安市永丰县）人，北宋政治家、文学家，官至翰林学士、枢密副使、参知政事，谥号文忠，世称欧阳文忠公。唐宋八大家之一。②“状难写之景”句：语出自欧阳修《六一诗话》，“然后为工”当为“然后为至矣”。意思是，能把难以描写的东西刻画得如同在眼前看见的一样，而诗文的意境悠远却又没有直接在诗文中写出来。③三昧：佛教用语，意思是止息杂念，使心神平静，是佛教的重要修行方法。借指事物的要领，真谛。

【译文】北宋欧阳修论述诗词写作时说：把难以描述的景象，写得好像就在眼前一般；把含义深远的意境，用意会的方式表达出来，这才称得上是诗词的最高境界。这几句话，虽然看起来并不深奥，但是其中所蕴含的意义却奥妙精深，可以说是道出了创作诗词的诀窍了。

誉少毁多，人心所致

忧患皆从富贵中来，阅历久而后知之。

“有不虞之誉，有求全之毁[1]。”在《孟子》则两者平说[2]。究竟不虞之誉少，而求全之毁多，此人心厚薄所由分也。孔子曰：“如有所誉者，其有所试矣[3]。”是圣人之心，宁偏于厚。其异乎常人者正在此。

【注释】①"有不虞之誉，有求全之毁"：语出自《孟子·离娄上》，意思是说，会有意料不到的称颂赞誉，也会有吹毛求疵的诽谤诋毁。这两种截然相反的情况，有人没有刻意去追求名誉，而好名声却不期而至；有人一直小心谨慎，却还被别人鸡蛋里挑骨头，甚至被别人说三道四。②平说：平衡对等叙说，这里指《孟子》对毁誉评判相等。③"如有所誉者，其有所试矣"：语出自《论语·卫灵公》，意思是我若对人有所赞誉，必然是曾经考查过他的。

【译文】忧患都从富贵中产生，这是人生阅历多了以后，才会有的感悟。"有不虞之誉，有求全之毁"，意思是会有意想不到的称颂和赞誉，也会有吹毛求疵的诽谤和诋毁，《孟子》对这两种情况，有着相等的评判。事实上，意料不到的赞誉并不多见，而吹毛求疵的毁谤却非常多，这正是人性中刻薄的弱点所带来的结果。孔子说："我若对他人有所赞誉，那必定是曾经考查过他。"这是圣贤大德的思想，宁肯偏向宽厚，这也正是圣贤之人与平凡之人所不同的地方。

《耻言》中之格言警句

馀斋《耻言》曰[①]："名谏者[②]，忠之贼也。因他人之过以市名，长厚者不为，矧[③]君子乎？"又曰："实二而名一，则名立而不毁矣。行五而言三，则言出而寡尤[④]矣，斯之谓有馀地。"又曰："有家者，莫患乎昧大体而听小言，夫衅启于背语[⑤]，而祸烈于传构[⑥]。若能结妇妾之口，锢仆婢之唇，宜家[⑦]将过半矣。”又曰：“士大夫[⑧]在乡，使乡之人敬之，其次爱之，若人可侮焉，末矣，然犹贤于使人惴惴而莫或[⑨]敢侮者。”又曰：“仁，生理也。故卉木实中之含生者，命之仁。实即诚也，物之终始也，故卉木之既结而又传生者，命之实。”馀斋，徐姓，祯稷其名也，江南华亭人，明末官至副宪[⑩]。

【注释】①馀斋：指徐祯稷（1575—1644），字叔开，号馀斋，历任四川夔州府知府、四川按察使副使等职。②名谏：通过谏诤而取得功名。③矧（shěn）：另外，况且，何况。④寡尤：少犯过错，缺点很少。⑤衅（xìn）：嫌隙，感情上的裂痕。背语：私下传话。⑥传构：散布谣言，构陷。⑦宜家：和顺其家庭。⑧士大夫：有声望的读书人。⑨莫或：没有。⑩副宪：清代都察院副长官左副都御使的别称。

【译文】馀斋《耻言》中说：“通过谏言来博取名声的人，其实是破坏忠诚守信的敌人。以别人的过失来求取自己的名声，恭谨宽厚的人绝对不会这样做，更何况是人格高尚的君子呢？”又说：“一个人实际做了两件好事，而只让众人知道了其中的一件，由此获得的好名声，便能屹立不倒。一个人能够多做事，而少说话，那么这个人所说的话就很少会出错了，这也就是所谓的留有余地。”又说：“有家室的人，最大的祸患就是不识大体，不顾大局，反而听信闲言碎语。嫌隙都是从背后的议论开始的，也正因为有谣言构陷，祸患才会更加猛烈。如果能够让家里的妇女妻妾闭上嘴巴，避免仆佣侍婢乱嚼口舌，那么家庭和睦也就指日可待了。”又说：“在乡村，有声望的读书人应当品德高尚而受到百姓的尊敬。其次，如果做不到让百姓尊敬，也应修养自身至少让百姓喜爱。而任人随意欺侮的读书人是更次一等的。但即便是这样的读书人也依然比那些让人害怕、没有人敢欺负的人要贤良得多。”又说：“仁，就是生长繁育之理。所以草木花卉果实之中含有生长因素的核，被命名为核仁。实就是诚，是事物演变全过程的结果，所以花卉树木结出来可以传递生命的东西，就被命名为果实。”馀斋姓徐，名为祯稷，江南华亭（今上海市松江区）人，明末时官至都察院副长官左副都御使。

开卷有益

开卷有益，此古今不易之理。犹记余友姚别峰[①]有诗曰：“掩书微笑破疑团”，尤得开卷有益自然而然之乐境也。余深爱之。

【注释】①姚别峰：清代桐城人，名士升，字别峰，康熙三十二年（1693）举人，自幼有才，聪颖绝世。早卒，著有《空明阁集》。

【译文】打开书本阅读，就能获得益处，这便是开卷有益，是古往今来不变的真理。还记得老朋友姚别峰有诗句说“掩书微笑破疑团”，意思是看过书之后再合上书本，自然会微微一笑，因为书中已经解答了自己一连串的疑惑，会有非常满足的幸福感。这一句很是贴切地描绘了开卷有益所蕴含的那种自然而然的快乐境界，我非常喜欢。

取士之道

后世取士舍科目[①]，更无良法，但在主考同考官公与明耳！虽所得之士，不能尽备国家之用，而司其柄者，能公正无私，使天下士子安于义命[②]，则士心自静，士品自端，于培养人才，不无裨补[③]。余自通籍以来，累蒙三朝圣主[④]委任，三与会闱分校[⑤]，一典[⑥]顺天乡试，三为会试总裁。不敢云鉴别无爽，而秉公之念，则恪遵先人之训，可以对天地神明耳！

【注释】①舍（shè）：置，安置。科目：古代分科取士的名目，始自隋唐。②义命：天道，天命，泛指本分。③裨补：裨益，好处。④三朝圣主：指康熙、雍正、乾隆三位皇帝。⑤分校（jiào）：科举时校阅试卷的各房官，也称分校。⑥典：主持，主管。

【译文】当今选取读书人为官的方法，主要靠科举考试选拔，除此之外，没有更好的方法了，而且关键在于主考官、同考官的公正贤明。虽然通过科举考试选拔出来的读书人不一定都能为国家所用，但是主持科举考试的官员若能做到公正无私，使天下的读书人能够安于正道天命，那么这些读书人自然会保持内心的清净，其品格也自然会端正，这对于人才培养来说，有着极大的好处。我自从为官之后，蒙受康熙、雍正、乾隆三朝圣主明君的托付，三次参与会试考场阅卷，一次主持顺天府乡试，三次成为会试的主考官。不敢说在人才鉴定识别上没有差错，但至少能秉承公正的信念，恪守并遵循先人的训诫，可以对天地神明做到问心无愧!

女子立身之训

《女论语》曰[①]:“凡为女人,先学立身。立身之本,惟务清贞。清则身洁,贞则身荣。行莫回头,语莫露齿。坐莫动膝,立莫摇裙。喜莫大笑,怒莫高声。内外各处,男女异群。莫窥外壁,莫出外庭。居必掩面,出必藏形。男非眷属[②],莫与通名。女非善淑,莫与相亲。立身端正,方可为人。”此训女至言也!凡为父母者,当书一通于居室中。

【注释】①《女论语》:唐代贞元年间的一部女子训诫书籍,由宋若莘、宋若昭姐妹撰写,共十二章,每一章都对古代女子的言行举止和持家处世的事理进行了详细规定。与《女诫》《内训》《女范捷录》合称为“女四书”,与《烈女传》等均为中国古代女性德育教材。②眷属:家眷亲属,或指夫妻。

【译文】《女论语》说:“凡是女子,应该先学做人处事的原则。这个原则的根本,就是一定要保持自身的清白坚贞。清白则自身品德高洁,坚贞则自身受人敬重。走路的时候不要回头,说话的时候不要露齿。坐着不要动膝盖,站着不要摇裙摆。高兴不要大笑,愤怒不要高声。内庭与外庭要区分对待,男女要泾渭分明,不相混杂。不要窥视墙外事,不要随意走到外院来,家中起居必遮掩面部,偶然外出则必遮掩身形。遇到陌生男性,不可互通姓名。不是善良贤淑的女子，不可与之过于亲近。为人端正贤良，才是做人的根本。”

唐代贞元年间宋若莘、宋若昭姐妹编著的《女论语》第一篇“立身”，是训教年轻女子的高明之言。凡是为人父母者，特别是家有女儿的家长，都应当书写一幅，悬挂在居室中，以便时刻警示提醒。

追忆先公

康熙壬午春[①]，先公予告[②]归里，谕廷玉曰：“嗣后可写日记寄归，俾[③]知汝起居近况，以慰老怀。”玉遵命，每日书之。甲申[④]四月，奉命入直南书房。仰蒙圣祖仁皇帝恩谊稠渥[⑤]，锡赉便蕃[⑥]，不啻家人父子。且每岁扈从避暑塞外，凡口外[⑦]山川形胜，风土人物，以及道里之远近，气候之凉燠[⑧]，草木之华实，饮食日用之微，游览登眺，寓目[⑨]适情之趣，悉载日记中。

【注释】①康熙壬午：即康熙四十一年，1702年。②予告：凡官员因年老或疾病准予休假或辞官退休，皆称为予告。③俾（bǐ）：使，把。④甲申：康熙四十三年，即1704年。⑤稠渥（wò）：浓厚，深厚。⑥锡赉（lài）：赏赐之物。便蕃（fān）：亦作“便烦”“便繁”。频繁，屡次的意思。⑦口外：长城以北地区，主要包括张家口以北的河北省北部和内蒙古中部。因长城关隘多称“口”，故称为“口外”。⑧燠（yù）：暖，热。⑨寓目：注目，过目。

【译文】康熙四十一年春天，父亲告老还乡，嘱咐我说："以后要经常写日记寄回家乡，好让我知道你的饮食起居、生活情况，也好抚慰我这上了年纪的人对儿子的思念。"我按照父亲的嘱咐，每天写下日记。康熙四十三年四月，我进入南书房当值，承蒙康熙皇帝君恩深厚，赏赐频繁，就像寻常人家的父子一样。而且每年我都要跟随皇帝去塞外避暑，关口以外的壮美山川、风土人情，以及道路的远近，气候的凉爽温暖，草木的开花结果，饮食起居与日常生活的细枝末节，游览名胜，登高远眺，以及看到的雅趣乐事，全都记在了日记之中。

越数日，邮寄数纸，以博堂上之一笑。先公每接到，辄命小胥①缮录之，积之既久，遂成四帙。因以抄本及原稿寄廷玉，曰："好藏之，他日载之集中，亦著述中一种也。"廷玉受而藏之箧笥②，后因室庐不戒于火，遂成灰烬。每念先公汇集邮寄之意，辄为泫然③！而曩时④所历之境，已阅三十馀年，静中思之，不过得其仿佛⑤，欲举以笔之于书，不能矣！抚今追昔，慨惜曷胜⑥。

【注释】①小胥：犹钞胥。旧时专任誊写的小吏，或称被雇用的抄写者。②箧笥（qiè sì）：竹编的箱子。③泫然：流泪的样子。④曩（nǎng）时：往时，从前。⑤仿佛：梗概，大略。⑥曷（hé）胜：何胜，用反问语气表示不胜。

【译文】每过几天我就会给家里邮寄几张日记，博得双亲欢心一笑。父亲每当接到我的家书日记，都会安排仆役抄录整理出来，积累时间久了，竟也汇编成了四册内容。后来父亲把抄本及原稿都给我寄了回来，嘱咐我："好好收藏起来，以后编入文集中，也是著述的一个种类。"我遵循了父亲的建议，将这些日记收进竹箱，但后来居室遭受火灾，这箱日记也烧成了灰烬。每当念及父亲将这些家信日记汇集并给我邮寄过来的心意，总是止不住暗自流泪。从前日记中所记载的种种经历和情境，距今已经过去三十多年，静下来的时候默默回想，也能再想起一个大概，若想再用笔墨描述出来，已经做不到了！追忆往昔，不胜感慨。

雍正帝免赋税

雍正十年①，山东省奏销②上年正赋，绅士③欠粮不完者，例应褫革④，该部照例具奏。上以问同官，同官曰："法当如此。不褫，无以警众。"上复问廷玉，廷玉对曰："绅士抗粮，罪固应褫。第山东连年荒歉，输将⑤不给，情有可原，尚与寻常抗玩⑥者有间。可否邀恩⑦，宽限一年，俟来岁不完，然后议处，以昭法外之恩。"上恻然⑧曰："尔言诚是！"遂降宽限三年之恩旨。此次得免褫革者，进士及举贡生监⑨，凡一千四百九十七人。上之矜恤⑩士类，从善如流如此。偶举一端，以见如天之德，诚古今所莫及云。

【注释】①雍正十年：即1732年。②奏销：清代各州县每年将钱粮征收的实数报部奏闻；上报户部注销欠缴的钱粮。③绅士：或曰士绅，旧指地方上有势力的地主或退职官僚。④褫(chǐ)革：旧时黜革生员，必先剥夺其功名与章服，称为褫革。⑤输将：指缴纳赋税。⑥抗玩：玩忽抗命。⑦邀恩：谋求恩赏，这里指请求皇上恩准。⑧恻然：悲伤的样子。⑨举贡生监：举，举人，明清两代乡试录取者。贡，贡生，考选府、州、县生员送到国子监肄业的。生，生员，国学及州、县学在学学生。后指经本省各级考试取入府、州、县学学习者，通称秀才。监，监生，在国子监肄业者，统称监生。⑩矜恤：矜怜抚恤。

【译文】雍正十年，山东省上奏朝廷户部注销上年所欠缴的赋税钱粮，对于地方绅士拖欠或者不交纳钱粮的情况，按照当时的法规条例，这些人应当被革除功名，户部按照惯例，将这件事上奏给皇帝。皇帝就这件事，询问和我一起同朝为官之人的意见，他们说：“应当按照法律处理。如果不革除他们的功名，就不能警示其他人。”皇帝又问我的意见，我回答说：“这些人抗缴钱粮，按罪固然应当革除功名。但是山东连年遭遇灾荒导致粮食歉收，赋税难以按时缴纳，这也是情有可原的事情，他们与那些平时就玩忽抗命的人是有区别的。不知道我能不能向皇上您求个恩赏，为他们宽限一年，等到来年如果还是完不成税赋，那时再对他们进行处罚，以彰显皇上您的法外开恩。”皇帝面露怜悯地说：“确实如你所言。”于是，皇帝便降下了宽限山东赋税三年的恩旨。这一次免于被革除功名的人，连进士带举人、贡生、生员、监生，共计一千四百九十七人。通过这件事，足见皇帝对读书人的怜悯体恤，也足见他是个能听得进去意见的圣主。只是列举这么一个小例子，便可以看出皇帝如天般浩大的恩德，实在是古往今来很多人所不能及的。

春闱不徇私

余授馆职①后，丙戌科②，奉命分校春闱③。在闱中，有同事人以微词探余者，余逆知④其意，因作《闱中·对月绝句》四首，中有云：“帘前月色明如昼，莫作人间暮夜⑤看。”其人览之，怀惭而退。撤棘⑥后，士林颇传诵之。

【注释】①馆职：唐宋时，凡在史馆、昭文馆、集贤院等处担任修撰、编校等官职，称为“馆职”。这里指康熙四十二年（1703）散馆授检讨职。②丙戌科：康熙四十五年（1706）举行的科举考试。③春闱：明清京城会试因为是在春季举行，故称春闱。④逆知：预知。⑤暮夜：“暮夜怀金”的典故，出自南朝·宋·范晔《后汉书·杨震传》：“王密为昌邑令，谒见，至夜怀金十斤以遗震。震曰：‘故人知君，君不知故人，何也？’密曰：‘暮夜无知者。’震曰：‘天知，神知，我知，子知。何谓无知。’密愧而出。”张廷玉这两句诗，借助明月比喻明镜，以这个典故来表明自己如明镜高悬，不会接受徇私贿赂的心志。⑥撤棘：旧时科举考试放榜时，在贡院门口放置荆棘，以防止落第者入内滋事，待放榜等相关事务处理完毕后才撤去荆棘，故称。

【译文】我接受散馆检讨职务之后，在康熙四十五年科举考试时，奉命参加春闱分房的试卷校阅。在阅卷过程中，有同僚以委婉的话语来向我试探并寻求关照，我自然明白他的意思，便作了一首名为《壬辰仲春闱中对月》的诗，其中写到："暗室无欺古所难，四知常凛寸心安。帘前月色明如昼，莫作人间暮夜看。"借用"暮夜怀金"的典故来提醒这个人，这个人看过之后心生惭愧，很快离去了。科举考试放榜之后，此事便在文人中传扬开来。

忆先公治家之道

《聪训斋语》曰："治家之道，谨肃为要。《易经·家人卦》[①]，义理极完备，其曰：'家人嗃嗃[②]，悔、厉、吉；妇子嘻嘻，终吝。''嗃嗃'近于烦琐，然虽厉而终吉。'嘻嘻'流于纵轶[③]，则始宽而终吝。余欲于居室，自书一额，曰'惟肃乃雍'，常以自警，亦愿吾子孙共守也。"先公之家训如此，因忆先室姚夫人[④]，幼奉端恪公[⑤]之教，长而于归[⑥]。能体两先人之心，不苟言，不苟笑，一举一动，悉遵矩矱[⑦]。于"肃"之一字，庶几近之。惜乎享年不永[⑧]，不能令子女辈亲见而取法也。

【注释】①《易经·家人卦》：《易经》六十四卦中的第三十七卦。"家人卦"象征家庭：特别注重女人在家中的作用，如果她能够坚守正道，始终如一，将会非常有利。②嗃嗃（hè）：严厉的样子。③纵轶：放纵安逸。④姚夫人：指张廷玉之妻姚氏，也就是姚文然第六女，是张廷玉外公姚孙森的族孙女。⑤端恪公：姚文然（1620–1678），字弱侯，号龙怀，江南桐城（今安徽省桐城市）人，清初名臣、文学家。明崇祯十六年进士，历任兵部侍郎、左都御史、刑部尚书，封光禄大夫，谥端恪。⑥于归：即出嫁，古时候称女子出嫁为归。⑦矩矱（yuē）：作为典范、法式。⑧不永：寿命不长久。

【译文】父亲的《聪训斋语》中写道："若要将家庭治理好，严肃恭谨最重要。《易经·家人卦》中提到的关于家庭的内容就非常有道理，爻辞说：'如果家长威严庄重，家人恭恭敬敬，即便因为过于严厉而可能后悔，但最终总会迎来吉祥如意；如果家中妇女儿童嘻嘻哈哈，放纵而没有规矩，最终总会陷入忧虑之中。'严厉虽然让人感到繁琐，但最终总会得到益处。过分嬉戏，虽然开始觉得宽松适意，最终必然陷入忧虑。我想在居室中自己写一幅牌匾，上写'惟肃乃雍'，意思是只有严肃恭谨，家庭才能和谐兴盛，用来时时刻刻提醒自己，也希望我的子孙后辈们能够共同遵守。"父亲的家训就是这样，我回忆起已经故去的妻子姚夫人，她小时候受到了端恪公的谆谆教导，长大嫁人后，颇能体贴公婆两位长辈的心思，不随意言语，不随便嬉笑，言行举动都堪称遵规守矩的典范。在"肃"字上的表现，已经做得非常好了。可惜不长寿，没法让子孙后辈见到她的言行表现，并效法学习。

精力日衰思隐退

凡人精神智虑，少壮之时，则与年俱进；渐衰之后，则与年递减。世宗宪皇帝初登大宝[①]时，玉年五十有一。日侍左右，凡训谕臣民之旨，缠绵剀恻[②]，委曲宛转，为千古帝王之所未发。玉恭聆之下，敬谨嘿识[③]，退而缮录，于次日进呈御览。少者数百言，多者至数千言，皆与原降之旨，无少遗漏，屡蒙先帝嘉奖逾量[④]。同朝共事之人，咸以为难。乃五十五岁以后，记性渐不如前。至六十以外，又不如五十七八时。今则六十有九，又不如六十一二岁时矣。精力日益衰颓[⑤]，而担荷重任不能为引年[⑥]退休之计，可愧亦可惧也。

【注释】①大宝：皇帝之位。②缠绵剀（kǎi）恻：情谊深厚，哀婉恳切。剀，中肯，切实。③嘿识：默记在心，默默地记住。④逾量：超过限度。⑤衰颓：衰弱，衰败。⑥引年：谓古礼对年老而贤者加以尊养。后用以称年老辞官。

【译文】人的精神、智慧，在年轻的时候，会随着年龄的增长而日益变强；但等到人逐渐衰老之后，则会随着岁月流逝而日益变弱。先皇雍正帝刚登上皇位时，我已经五十一了。当时每天侍候在先帝左右，凡是训诲开导臣民的谕旨，先帝都能将其表达得情深义厚、含蓄委婉，这是千古以来诸多帝王所做不到的。我恭敬地聆听，谨慎小心地默记这些内容，退朝之后再将其抄写誊录下来，并在第二天呈献给先帝让他过目。我所抄录的内容少则几百字，多则几千字，都与先帝原本所描述的旨意一般无二，没有缺少遗漏之处，为此先帝屡次给我超出惯例的嘉奖。和我同朝共事的人，都觉得这真的很难做到。但等到我五十五岁之后，记性就开始不如以前了。到了六十开外，又不如五十七八岁时的状况了。现在我已经六十九了，记性又明显不如六十一二岁时了。我的精力日渐衰弱，但身上所承担的重任，却不允许我借年老为由而辞官退休，我为自己能力减退不能胜任职务而感到惭愧，又为可能辜负皇上的重托而感到忧惧。

天理不避人情

天理人情是一件，不得分而为二。《论语》曰："父为子隐，子为父隐，直在其中矣！[①]"律文有"得相容隐"之条[②]，即从《论语》中来。细玩夫子"某也幸，苟有过，人必知之"数语[③]，其妙处不可以言传矣！至《孟子》"父子相夷"数句[④]，则不免语病[⑤]。

【注释】①"父为子隐"句：语出自《论语·子路》，隐，隐瞒，隐藏。朱熹注："父子相隐，天理人情之至也。故不求为直，而直在其中。"意思是父亲为儿子隐瞒，儿子为父亲隐瞒，直率坦白自在其中。②得相容隐：得以相互包庇隐瞒。相容隐，也称为同居相容隐、亲亲得相首匿等，是中国古代中华法律体系中一项规定，指"禁止亲属之间互相控诉或者作证，以保护传统的伦理秩序"的规定。③"某也幸"句：出自《论语·述而》，"某"应为"丘"，也就是孔子的自称。意思是我真幸运，假若有什么错误，人家一定知道，并给我指出来。④父子相夷：语出自《孟子·离娄上》，意思是父子互相伤害。⑤语病：措辞失当的地方。

【译文】天理与人情是一件事，不能够将两者割裂开来。

《论语》中提到："父亲能为儿子隐瞒过失，不对外宣扬，儿子也能为父亲隐瞒过失，不对外宣扬，这自然就是为人正直的表现了。"律法中有"得相容隐"这样的规定，意思是亲人之间就算相互包庇隐瞒，也是符合人情道理的。这项规定便是从《论语》中得来的。细细体味孔夫子所说的"我真是幸运。只要有过错，别人一定会知道"这几句话，其中的妙处可以意会而不能言传。不过《孟子》所说的"父子相夷"，也就是父子之间彼此伤害这样的说法，就难免有些措辞失当了。

韩琦善待偷儿

《韩魏公遗事》[①]曰："公判京兆[②]，日得侄孙书，云田产多为邻近侵占，欲经官陈理。公于书尾题诗一首云：'他人侵我且从伊，子细思量未有时。试上含（光）[元]殿基看[③]，秋风秋草正离离。'其后子孙蕃衍[④]，历华要[⑤]者不可胜数，以其宽大之德致然也。"先文端公日以逊让训子孙，《聪训斋语》往复数千言，剀切[⑥]缠绵，即是此意。从今日观之，从前让人，无纤毫亏损，而子姓荣显，颇为海内所推，孰非积德累仁之报哉！韩魏公判相州[⑦]，因祀宣尼[⑧]，省宿有偷儿入室，挺刃曰："不能自济，求济于公。"公曰："几上器具，可值百千，尽以与汝。"偷儿曰："愿得公首以献西人。"公即引领[⑨]，偷儿稽颡[⑩]曰："以公德量过人，故来相试。几上之物，已荷公赐，愿无泄也。"公曰

“诺！”终不以告人。其后，为盗者以他事坐罪，当死于市中，备言其事，曰：“虑吾死后，公之遗德不传于世也。”此魏公遗事，载于《别录》者。

【注释】①《韩魏公遗事》：又名《韩忠献公遗事》，宋人强至撰，正本1卷，补遗1卷。②判：唐、宋两代辅助地方长官处理公事的人员。京兆：指京兆尹，即京师的地方长官。③含元殿：属于大明宫的大朝第一正殿，也是唐长安城的标志建筑，建成于龙朔三年（663），毁于僖宗光启二年（886），其间逢元旦、冬至，皇帝大多在这里举行大朝贺活动。④蕃衍：逐渐增多或增广。⑤华要：犹显要，指显贵清耀的职位。⑥剀切：切中事理，跟事理完全相合。⑦相州：古州名，唐宋时治所位于今河南省安阳市。⑧宣尼：对孔子的尊称。孔子字仲尼，汉平帝时追谥孔子为褒成宣尼公，故称。⑨引领：伸长脖子。⑩稽颡（sǎng）：以额触地的敬礼。

【译文】《韩魏公遗事》记录说：“韩魏公当年担任京都行政长官时，有一天收到了侄孙寄来的书信，说家里的田产被四邻侵占了许多，想要告到官府去说理。韩魏公在回信中题了一首诗，‘他人侵我且从伊，子细思量未有时。试上含（光）[元]殿基看，秋风秋草正离离。’意思是他人侵占我们的田产，就随他去吧，仔细想想以前我们没有这些田产时的情景，你再看看前朝的含元殿，不是早已经一片荒草浓密了吗？韩魏公的后代子孙如此兴旺发达，出了诸多身居显要高职的人物，这正是他的宽容大德所带来的啊！”我的父亲平日里经常以谦逊恭让来训导子孙，《聪训斋语》中关于这方面的内容有数千字，其言语情真意切，对后代恳切规劝，都是在表达这个意思。就现在来看，那些之前对他人宽容谦让的人，自己其实没有丝毫亏损，反而因为这美德让子孙后辈荣华显贵，他本人和家族在社会上也颇受推崇，这些岂不是积德兴仁的福报吗？韩魏公当年做相州通判时，主持了祭祀孔子的典礼，夜宿时，有盗贼闯入他的房间，拿着刀说："我现在没法自己养活自己，所以就来请您接济。"韩魏公说："案几上的这些器具，可值个百千两银钱，你都可以拿走。"盗贼说："我还希望能得到您的首级去献给西夏人。"韩魏公当即就伸长了脖子，准备引颈受戮，盗贼反倒跪地磕头施礼说："我认为您是一个道德器量超群的人，所以就想来试探您一下。案几上的这些东西，已经被您赐予我了，我希望您不要泄露此事。"韩魏公答应了他，最终也没有将这件事告诉任何人。后来，这名盗贼因为其它的事情而获罪，按律应该被处死并抛尸弃市，到这时他才详细地说出了这件事，并说："我担心自己死了之后，韩魏公的大德没法为世人所知。"这是韩魏公过去的事情，记载于《韩魏公别录》中。

范镇不沽名钓誉

范景仁曰[①]："君子言听计从，消患于未萌，使天下阴受其赐，无智名，无勇功。吾独不得为此，使天下受其害，而吾享其名，吾何心哉？[②]"此数语，乃古今纯臣肺腑之言也！

【注释】①范景仁：即范镇（1007–1088），字景仁，成都华阳县（今双流县）人，北宋文学家、史学家，翰林学士。范镇著述颇丰，曾参与修编《新唐书》。②“君子言听计从”句：语出自《宋史·范镇传》，当时范镇与王安石不合，辞官后苏轼往贺曰：“公虽退而名益重矣。”范镇非常感慨，说了这段话。

【译文】范景仁说：“堂堂正人君子，所说出来的话能让人认真听取，提出来的计策谋略也有人遵从采纳，在问题尚且处于萌芽状态时，就将其解决掉，让天下的人在不知不觉中就受到了恩惠，而做这些事的人既没有智谋之名，也没有勇猛之功，我自己还达不到这个程度。让天下人都受到伤害，而自己享受美好的名声，我这是什么样的心肠啊！”范镇说的这几句话，真是古今忠诚、正直之臣的肺腑之言啊！

欧阳修不轻改他人文

欧阳文忠公之子[①]，名发，述公事迹有曰：“公奉敕撰《唐书》[②]，专成《纪》《志》《表》，而《列传》，则宋公祁所撰[③]。朝廷恐其体不一，诏公看详[④]，令删为一体。公虽受命，退而曰：‘宋公于我为前辈，且各人所见不同，岂可悉如己意。’于是一无所易。”余览之，为之三叹。每见读书人，于他人著作，往往恣意吹求[⑤]，以炫己长。至于意见不同，则坚执己见，百折不回，此等习气，虽贤者不免。览欧公遗事，其亦知古人之忠厚固如是乎！

【注释】①欧阳文忠公：即北宋文学家欧阳修（1007–1072），字永叔，号醉翁，六一居士，吉州永丰（今江西省吉安市永丰县）人，北宋政治家、文学家。因吉州原属庐陵郡，以“庐陵欧阳修”自居。官至翰林学士、枢密副使、参知政事，谥号文忠，世称欧阳文忠公。后人将其与韩愈、柳宗元和苏轼合称“千古文章四大家”。与韩愈、柳宗元、苏轼、苏洵、苏辙、王安石、曾巩被世人称为“唐宋散文八大家”。其子为欧阳发（1040–1089），字伯和，赐进士出身，官至殿中丞。②《唐书》：即《新唐书》，宋仁宗认为《唐书》浅陋，下诏重修。前后参与其事的有欧阳修、宋祁、范镇、吕夏卿、王畴、宋敏求、刘羲叟等人。《新唐书》二百二十五卷，包括本纪十卷，志五十卷，表十五卷，列传一百五十卷。③宋公祁：即宋祁（998–1061），字子京，小字选郎。历官龙图阁学士、史馆修撰、知制诰。北宋著名文学家、史学家、词人。曾与欧阳修等合修《新唐书》，《新唐书》大部分为宋祁所作，前后长达十余年。书成，进工部尚书，拜翰林学士承旨。谥号景文。④看详：审阅研究。⑤吹求：吹毛求疵，挑剔。

【译文】欧阳发讲说其父亲欧阳修的事迹，提到这样一件事：“当时欧阳修奉皇帝的命令，编撰《唐书》，他撰写了《纪》《志》《表》，而《列传》则由宋祁撰写。朝廷担心成书之后，两人的体例风格不一样，便下诏命令欧阳修详细审阅，并让他对宋祁所撰写的部分进行适当删减补充，以使体例风格统一。欧阳修虽然接受了命令，但退朝之后却说：‘对于我来说，宋公就是前辈，而且每个人都会有自己的不同意见，怎么能全都按照我的意见修改呢？’于是审阅过宋祁所写的内容之后，欧阳修竟然一点都没有修改。”我看到这件事，反复感叹。每每见到有读书人对他人的著作总是肆意寻找毛病，用以炫耀自己的学问高。遇到意见不同的时候，就会固执己见，即便屡次犯错也毫不悔改，这样的习气，即便贤能的人也不能避免。现在看欧阳文忠公的这件往事，便可知古人的忠厚竟是如此令人折服。

“扑缘”之说

《庄子》曰：“爱马者，以筐盛矢，以蜃盛溺。适有蚊虻扑缘，而拊之不时，则缺衔毁首碎胸。”[①]东坡诗曰：“莫将诗句惊摇落，渐喜樽罍省扑缘。”[②]欧阳公《憎蚊》诗曰：“难堪尔类多，枕席厌缘扑。”是“扑缘”二字颠倒皆可用，想欧公有所本也，姑识之以俟考[③]。

【注释】①“爱马者”句：语出自《庄子·人世间》。矢，通“屎”。蜃，大蛤，这里指大蛤的外壳。溺（niào），尿。蚊虻（méng）：亦作“蟁虻”。一种危害牲畜的虫类。以口尖利器刺入牛马等皮肤，使之流血，并产卵其中。亦指蚊子。扑缘：附着。不时：忽然，非在预定时间内。缺衔毁首碎胸，指马弄坏勒口、辔头和胸络等。②“莫将诗句”两句：语出自苏轼所作七律诗《次韵王诲夜坐》。摇落，凋残，零落，指秋季。樽罍（zūn léi），均指盛酒器。扑缘，附着。③俟考：等待考证。

【译文】《庄子》中记载：“爱马的人，用精细的竹筐承装马粪，用珍贵的蛤壳接马尿。刚巧有一只蚊子叮在马身上，举手去拍蚊子，却不料使马受惊，便咬断勒口、挣断辔头、弄坏胸络。”苏东坡有诗句说：“莫将诗句惊摇落，渐喜樽罍省扑缘。”意思是不要吟诵那些惊叹生命凋残零落的诗句，倒不如慢慢品赏美酒，不用去执著那些无关紧要的事情。欧阳修所作的《憎蚊》诗则说：“难堪尔类多，枕席厌缘扑。”意思是，蚊虫太多，得不停的拍打。“扑缘”“缘扑”两个字组成的词，颠倒都可以使用，思索欧阳修这种用法，应该是有所依据的吧，姑且这样认为吧，还有待进一步考证。

过于苛刻，有失公道

余二十岁时，见钱牧斋笺注杜工部《洗兵马》[①]，以为隐刺肃宗[②]，即大以为不然。盖肃宗此时收复两京[③]，再造唐室，故少陵作此诗，以志庆幸。岂逆料[④]其将来有失子道，而为讥刺之语耶？近见注杜诸家，俱痛贬牧斋之说，与余意同。可见人心之公，而持论不可以过刻[⑤]也。

【注释】①钱牧斋：即钱谦益（1582-1664），字受之，号牧斋，晚号蒙叟，又号东涧老人，江苏常熟人。明末清初著名诗人、文学家。官至礼部侍郎。著有《牧斋初学集》《牧斋有学集》。所注《杜工部集》标为《钱注杜诗》。《洗兵马》：唐代诗人杜甫诗作，作于唐肃宗乾元二年（759）二月，当时在洛阳的杜甫希望早日结束战乱，洗净兵甲永不复用，表现了他强烈的爱国主义和现实主义精神。②肃宗：即唐肃宗李亨（711—762），唐玄宗李隆基第三子，唐朝第七位皇帝，至德元年（756）七月十二日在灵武即位，是第一个在京师以外登基再进入长安的皇帝。③两京：唐代指西京长安和东京洛阳，故称两京。④逆料：预料，预测。子道：子女对父母应遵循的道德规范。⑤过刻：过分刻薄。

【译文】我二十岁时，看到钱牧斋注释杜甫的《洗兵马》诗，他认为这首诗暗含讽刺唐肃宗李亨的意思，但我当时认为并不应该是这样的解释。那时肃宗收复了长安、洛阳两座都城，正是重建复兴唐王朝的时候，所以杜甫作这样一首诗，原本应该是表达庆祝愉悦心情的，此时他又怎么能料到唐肃宗未来在子道上有失体统，从而写出讥讽肃宗的话来呢？最近看其他人对杜甫诗句的注解，都是极力贬斥钱牧斋的观点，与我所持的意见相同。可见人心总归是公道的，在任何评论上都不可过于苛刻。

名人著作多散逸

《全唐诗》内[①]，载郭汾阳《乐章》二篇[②]，外此，无他吟咏。汾阳功业，照耀古今，不必以诗文见长。即此二章，料亦后人重公而为此附会之纪载耳，非公手制也。又《全唐诗》内，载李邺侯诗三首[③]。邺侯，一代大文人，其诗篇岂止于此？可见古名人著作散逸而不传者，不知其凡几[④]也。

【注释】①《全唐诗》：清康熙四十四年（1705），彭定求、沈三曾等十人奉敕编校，共计900卷，目录12卷。收录全唐五代诗人2200多家，诗48900首，为唐诗集大成之最重要总集。②郭汾阳：即郭子仪（696—781），华州郑县（今陕西省华县）人，唐代政治家、军事家。安史之乱时，与广平王李俶收复西京长安、东都洛阳，以功加司徒，封代国公。宝应元年（762）初，太原、绛州兵变，郭子仪被封为汾阳王，出镇绛州平定叛乱。大历十四年（779），郭子仪被尊为“尚父”，进位太尉、中书令。建中二年（781），郭子仪去世，追赠太师，谥号忠武。③李邺侯：即李泌（722—789），字长源。京兆（今陕西省西安市）人。唐中期著名政治家、谋臣、道家学者。玄宗时为皇太子供奉官，历仕肃宗、代宗、德宗三朝，唐德宗时入朝拜相，官至中书侍郎、同平章事，封邺县侯，世称“李邺侯”。李泌涉经史，精究《易象》，善属文，尤工诗。有《李泌集》二十卷，已佚。《全唐诗》录有其诗。④凡几：共计多少。

【译文】《全唐诗》中，收录了唐代大将军郭子仪题为《乐章》的两篇诗作，除此之外，再没有郭子仪其他的诗词作品了。郭子仪平定安史之乱的功业照耀千古，当然不一定以诗文作品见长。即便是《乐章》这两篇，估计也是后人尊重郭子仪，而牵强附会的记录在郭子仪的名下，不一定是郭子仪自己亲手所作。《全唐诗》中，也记载了唐代宰相李泌的三首诗。李泌可是一代大文豪，他的诗篇作品怎么可能只有三首呢？可见古代名人著作因散落遗失而没有流传下来的情况，真是不知道到底有多少啊！

诗有品性

余常与同人论诗，戏为粗浅[1]之语曰：“杜少陵诗，一团温厚沉著之气，冬月读之令人暖。白香山[2]诗，一派潇洒爽逸之气，夏月读之令人凉。”同人颇以为确，不以为粗浅而哂[3]之也。

【注释】①粗浅：浅易，不深奥。②白香山：即白居易（772—846），字乐天，号香山居士，又号醉吟先生，官至翰林学士、左赞善大夫。唐代伟大的现实主义诗人，有《白氏长庆集》传世，代表作有《长恨歌》《卖炭翁》《琵琶行》等。③哂（shěn）：讥笑。

【译文】我经常与同事友人一起谈论诗词，有一次用浅显的言语开玩笑说道：“杜甫的诗，是温和、浑厚、沉着的风格，若是在寒冷的冬天读到这样的诗，会让人觉得温暖。而白居易的诗，颇有潇洒豪爽的气质，若是在夏天来读，那真是令人感到清爽凉快。”同事友人也觉得我的比喻非常贴切，并不认为我的言辞粗俗肤浅而讥笑于我。

茶之说

欧阳公《归田录》曰[1]：“腊茶[2]出于剑、建，草茶出于两浙[3]。两浙之品，日注[4]为第一。自景祐[5]以后，洪州双井、白芽渐盛[6]，近岁制作尤精。囊以红纱，不过一二两，以常茶十数斤养之。用辟暑湿之气。其品远出日注上，遂为草茶第一。”欧公纪载如此。余性最嗜茶，四方士大夫以此相饷[⑦]者颇多。仰蒙世宗皇帝颁赐佳品，一月之中必数至，皆外方精选入贡者。种类亦甚多，器具亦极精致，可谓极茗饮之大观矣！然不闻有囊以红纱、养以常茶之说，而暑湿不侵、色香如故。想古法不必行于今日也。

【注释】①《归田录》：欧阳修晚年辞官闲居颍州时所作的笔记，多记录朝廷旧事和士大夫琐事，大多为他亲身经历、见闻，共二卷，一百一十五条。②腊茶：茶的一种。腊，是早春的意思。腊茶因其汁液泛乳色，与熔腊相似，故称。剑、建：剑，指四川剑山；建，指古建州，今属福建省。③草茶：烘烤而成的茶叶，是相对于加工方法不同的团茶而言的一种饮品。宋代称江南所产的茶为草茶，与建安茶相对而言。两浙：即浙东和浙西的合称。④日注：即日铸，茶名。产于浙江省绍兴县（今绍兴市柯桥区）东南五十里的会稽山日铸岭，是我国历史名茶之一，自宋朝以来便被列为贡品。⑤景祐：景祐（1034—1038年十一月）是宋仁宗赵祯的年号，北宋使用该年号共计5年。⑥双井：双井茶又名洪州双井、黄隆双井、双井白芽等，产于分宁（今江西省修水县）、洪州（今江西省南昌市）。属芽茶（即散茶）。为宋代名茶，贡茶之一。白芽：另称为白毫银针，产自福建的白茶种类之一，表面满披白色茸毛，为轻微发酵茶，由宋代绿茶三色细芽、银丝水芽演变而来。⑦饷：赠送。

【译文】欧阳修所撰的《归田录》中记载：“腊茶出产于四

川剑南和福建建州，草茶出产于两浙。两浙茶叶的品质，以绍兴日铸山所产茶叶为第一。自从宋仁宗景祐年间之后，江西的双井茶、白芽茶逐渐兴盛，近几年的制作技艺尤为精良。其做法是：用红纱做口袋，里面装进一二两茶，再用普通茶叶十多斤予以包裹涵养，这种方法可以消除暑热潮湿之气对茶叶的影响。这种工艺制作出来的茶叶，品质远在日铸茶之上，成为草茶中的第一等珍品。”欧阳修记载的情况就是这样的。我平时最喜欢喝茶，各处的士大夫们也经常送我好茶。承蒙皇帝恩典，赐给我的名茶佳品，一个月里能有好几回，都是从外地精选而进贡朝廷的好茶。不仅种类繁多，喝茶的器具也十分精巧雅致，可称得上是茗茶荟萃的壮观盛景了。但是我从来没听说过用红纱袋装茶，还要用普通茶来养护，以免于茶叶受到暑热湿气的侵袭，并可以保持茶叶色香不变的制茶方法。想必是因为古老的制茶方法到今日已经不再采用了的缘故吧。

诗家伯夷

蔡绦《西清诗话》曰①：“诗家视陶渊明，犹孔门视伯夷。②”此最为确论。

【注释】①蔡绦：宋朝人，生卒年不详，字约之，号百衲居士，别号无为子。有《西清诗话》和《铁围山丛谈》等作品传世。《西清诗话》：古代诗论著作，成书于宣和年间，共三卷。福建最早的诗话，采用辑录或笔纪体来评论诗歌作品，记述诗人言行，阐述诗歌理论。②“诗家”两句：为蔡绦评陶渊明《问来使》诗，原为“渊明意趣，真古清淡之宗，诗家视渊明，犹孔门视伯夷也”。孔门，指儒家。伯夷，商末孤竹君长子，与弟弟叔齐互让孤竹国国君之位，但两人均不愿继位，便双双逃往周国。武王伐纣时，伯夷叔齐叩马谏阻。武王灭商后二人因不食周粟而死。古人将他们当成是抱节守志的典范。

【译文】蔡绦在《西清诗话》中说：“写诗的人看待陶渊明，就好比是儒家的人看待伯夷叔齐一样。”我觉得这个结论非常准确。

牙牙小茶

元好问《五岁德华小女》诗①：“牙牙姣女总堪夸，学念新诗似小茶。”注曰：唐人以茶为小女美称。

【注释】①元好问：元好问（1190—1257），字裕之，号遗山，世称遗山先生，太原秀容（今山西省忻州市）人。金末至大蒙古国时期著名文学家、历史学家，擅作诗文词曲，以诗成就最高。著有《元遗山先生全集》、《中州集》。《五岁德华小女》：原题为《德华小女五岁能诵予诗数首以此诗为赠》：“牙牙姣女总堪夸，学念新诗似小茶。好个通家女兄弟，海棠红点紫兰芽。”

【译文】元好问作《德华小女五岁能诵予诗数首以此诗为赠》，其中说“牙牙姣女总堪夸，学念新诗似小茶”，意思是说，牙牙学语的小女孩，说话柔声细语，总是得到众人的夸奖称赞，学念新诗就像品尝新茶那样韵味无穷。注释：唐代以茶作为小女孩的美称。

古诗之不可解者

杜少陵《观公孙大娘弟子舞剑器行》曰[①]："先帝侍女八千人。"白香山《长恨歌》曰[②]："后宫佳丽三千人。"所谓"八千"、"三千"者，盖言其多耳，非实指其数也，合观二诗可见。少陵诗："夜足沾沙雨，春多逆水风。[③]"香山诗："巫山暮足沾花雨，陇水春多逆浪风。[④]"不知香山何以全用杜句，但改五言为七言耳！此亦古人之不可解者。

【注释】①《观公孙大娘弟子舞剑器行》：唐代诗人杜甫于大历二年（767）在夔爱州时所作的七言古诗，诗序如散文诗。公孙大娘是唐代著名舞蹈家，杜甫幼年时曾看过她的舞蹈，大历二年又看到她的弟子李十二娘舞《剑器》，杜甫回忆起当年看公孙大娘时的场面，抚今思昔，诗人以兴亡之感，写下此诗。②《长恨歌》：唐代诗人白居易于元和元年（806）任盩厔（今西安市周至县）县尉时，与友人同游仙游寺，有感于唐玄宗与杨贵妃的故事，而创作的一首长篇叙事诗，全诗形象地叙述了唐玄宗与杨贵妃的爱情悲剧。③"夜足"两句：出自杜甫《老病》诗。④"巫山"两句：出自白居易《入峡次巴东》诗。

【译文】杜甫《观公孙大娘弟子舞剑器行》说"先帝侍女

八千人”，白居易《长恨歌》说“后宫佳丽三千人”，这里所说的“八千”、“三千”都指的是人数多，并不是指实际的数字，综合两首诗的内容就可以看出来。杜甫有“夜足沾沙雨，春多逆水风”的诗句，白居易则有“巫山暮足沾花雨，陇水春多逆浪风”的诗句，不知道白居易为什么要用杜甫的诗句，只是把五言改成了七言而已！古人的这种做法，现在不好解释。

古人写诗欠检点

尝读高青邱《梅花》诗[①]，有曰：“春后春前曾独探，江南江北每相思。”又曰：“拟折赠君供寂寞，东风无那[②]欲残时。”又曰：“春愁寂寞天应老，夜色朦胧月亦香。”此数句集中皆两见。又元遗山诗中，用古人成语甚多，不以为嫌。至其人自为诗句，重见集中者，更不一而足。想古人才思横逸[③]繁富，不暇检点[④]，以致彼此互见耳。

【注释】①高青邱：即高启（1336—1374），字季迪，号槎轩，长洲（今江苏省苏州市）人。元末隐居吴淞青丘，自号青丘子。元末明初著名诗人、文学家。曾参修《元史》，授翰林院国史编修官。著有《高太史大全集》《凫藻集》等。②无那：无奈，无可奈何。③横逸：豪放不受拘束。④检点：审慎、仔细地检查、注意。

【译文】我曾经在读高启的《梅花》诗时，发现其中有“春后春前曾独探，江南江北每相思”这样的诗句，又有“拟折赠君供寂寞，东风无那欲残时”这样的诗句，还有“春愁寂寞天应老，夜色朦胧月亦香”这样的诗句，都是咏梅的佳句，但在诗集中的不同诗篇里曾重复出现。元好问在他的诗作中，也屡次使用古人诗篇中的原话，而且还不觉得有什么不妥。至于他自己所创作的诗句，其中更是有非常多重复出现的情况。想必是古人才思豪放无拘束，又没有仔细地去审查诗作，才导致同一句话在不同诗篇之间重复吧。

古今最巧事

偶与同人谈古今最巧者何事。余曰：“《尧典》[1]中载之矣！”客问何事，余曰：“以闰月[2]定四时成岁，千古节候，被他算定不差纤毫。非天下之至巧乎？”同人大笑。

【注释】①《尧典》：《尚书》第一篇，记载尧舜事迹。②闰月：特指农历每逢闰年增加的一个月。

【译文】偶然与同事谈论古今往来有哪些最为精巧的事物。我说：“《尚书·尧典》中记载了呀！”客人问是什么事，我答说：“以设置闰月的方法来调整确定四季成为一年，千年的节气物候，被古人算定的一点细微误差都没有，这难道不是天底下最精巧的事情吗？”同事们听到后，全都开怀大笑。

药之别名

《广雅》[1]曰："玉延，藷薁、薯蓣也[2]。"《本草》[3]："薯蓣生于山者名山药；秦楚之间名玉延。"朱子《山药》诗曰："欲赋玉延无好语，羞论蜂蜜与羊羹[4]。"

【注释】①《广雅》：我国最早的一部百科词典，共收字18150个，是仿照《尔雅》体裁编纂的一部训诂学汇编，相当于《尔雅》续篇。②"玉延，藷薁（yù）、薯蓣（yù）"句：语出自《广雅·释草》，玉延是山药的别名，玉延是为薯蓣科植物山药的块茎。分布于华北、西北、华东和华中地区。③《本草》：《神农本草经》的省称，古代著名药书。因所记各药以草类为多，故称《本草》。④羊羹：一种甜食，小点心。

【译文】《广雅》记载："玉延就是山药。"《神农本草经》则记载："薯蓣生长在山上的，名为山药，长在秦楚之间大地上的名为玉延。"朱熹有一首名为《山药》的诗说："欲赋玉延无好语，羞论蜂蜜与羊羹。"意在称赞山药，其色如玉，其香如花，味甜如蜂蜜，味美胜羊羹。

梦不尽信

人情好言梦，而梦之征验[1]不爽者，尤喜谈而乐道之，遂成信梦之癖。余曰："是逐末而忘其本矣！人之祸福，既预见于梦，可见有一定之数，非人之所能逃矣。与其信梦，不如信数[②]。营营扰扰者，又何为乎？高青邱《志梦》[③]一篇，读之可以增长道心。"

【注释】①征验：应验，证实。②数：规律，必然性。③《志梦》：载《高青邱集·凫藻集》卷五《杂著》。描写高青邱与同郡谢玄懿几次做梦应验之事。

【译文】喜欢谈论梦境之事，这是人之常情，尤其是梦境的预示得到了验证的人，这会让他更加喜欢谈论与梦境相关的事情，并渐渐发展成一种癖好。我觉得："这是舍本逐末的做法！人生的旦夕祸福，既然能在梦中被预见，那说明事物的发展是有定数的，并不是人所能逃避得了的。与其相信梦境的预测，倒不如去相信天道的必然性。沉醉梦境之事而忙忙碌碌的人，又能有什么作为呢？可以读一读高青邱所作的《志梦》一文，这有助于增长我们的义理之心。"

历代修起居

宋制：以内夫人[①]六人轮日修起居，至暮，封付史馆；明时则内监[②]纪之；今则仍明朝之旧也。

【注释】①内夫人：汉、唐、宋时宫廷女官名。侍帝左右，记其起居。②内监(jiàn):宦官,太监。

【译文】宋朝宫廷的体制是:宫内女官六人轮流记录皇帝的起居事项,每天傍晚时分,将记录的内容密封交付史馆存放。到了明代,记录的工作换由内宫太监来执行。而清朝则是延用明朝的旧制。

古人以名为字

郭子仪,字子仪。其父敬之[①],字敬之。可见古人之以名为字者,不少也。

【注释】①敬之:即郭敬之(667—744),字敬之,华州郑县(今陕西省渭南华州区)人,唐朝太尉、中书令、尚父。

【译文】郭子仪,字子仪。他的父亲是郭敬之,字敬之。可见古时候用名来作为字的人,也不在少数啊!

书中所载雷起处

明少师刘健[①],登青柯坪[②],顾其下,白雾涨如大海,时见雾中作烟突状,高低不一;而仰视,赤日当天。下山,始知大雷霹雳,骤雨如注。所见烟突,即雷也。每思雷所起处,得此豁然。此见之明人纪载者。

【注释】①少师：官名，从一品，无实职，多为大官的加衔。刘健（1433—1526）：字希贤，号晦庵。洛阳（今河南省洛阳市）人。明朝中期名臣、内阁首辅。历仕英宗、宪宗、孝宗、武宗，为四朝元老。死后追赠太师，谥号“文靖”。②青柯坪：今陕西省华山谷口内约10公里。

【译文】明代少师刘健游览华山，登上青柯坪，向山下观看，只见白雾茫茫涨满山间，就如大海一般，不时可以看见白雾之中，现出烟囱状的突起，高低起伏；而向上观看，则可以看到红日当空。下山再看，才知道山下已经电闪雷鸣、疾风骤雨。而之前所看到的烟囱状的突起，就是打雷形成的。我经常思考打雷到底是从何处产生的，看到明代人的这个记载，我觉得豁然开朗。

星命之说未必渺茫

余素不信星命[①]之说。偶读高青邱文[②]，曰：“韩文公诗有‘我生之初，月宿南斗’之句[③]，苏文忠公谓公身坐磨蝎宫[④]也，而己命亦居是宫，故生平毁誉颇相似焉。夫磨蝎即星纪[⑤]之次，而斗宿所躔[⑥]也，星家者说身命[⑦]舍是者，多以文显。以二公观之，其信然乎？余命亦舍磨蝎，又与文忠皆生丙子[⑧]，”青邱自记者如此。由今观之，三公皆享文章盛名，而遭值排挤谤毁，甚至不克令终[⑨]，大概相似，然则星家者说，古人不废，亦未可尽以为渺茫耶。

【注释】①星命：术数家以人的生辰八字，按天星运数而推算出的命运。②高青邱文：这里指高启《赠钱文则序》一文，见《高青邱集·凫藻集》卷三《序》。③“我生之初，月宿南斗”：语出自韩愈《三星行》一诗。南斗，星名，南斗六星即天府星、天梁星、天机星、天同星、天相星、七杀星。④磨蝎宫：星宿名。旧时星象家言，身、命居此宫者，常多磨难。⑤星纪：星次名，十二星次之一。与十二辰相配为丑，与二十八宿相配为斗、牛、女三宿。⑥躔（chán）：日月星辰在黄道上运行。⑦身命：命运。舍：星位所在。⑧丙子：即丙子年，苏轼生于宋景祐三年（1036），高启生于元代至元二年（1336），于干支来算都是丙子年。⑨不克令终：不能够尽天年而终。

【译文】我向来不相信星相命理的学说，偶然读到高启写的《赠钱文则序》，其中提到：“韩愈的诗句中说‘我出生的时候，月亮正处在南斗六星之间’，苏轼说韩愈命处磨蝎宫，而自己也是命处磨蝎宫，所以两人的生平以及遭遇到的毁誉经历都很相似。磨蝎宫就是星纪所在的星次，与黄道之上斗宿的位置相对应，星相家们说，命处在磨蝎宫的人，大多以文采显赫于世。看韩愈和苏轼两人，难道不是这样吗？我也是命处磨蝎宫的人，也和苏轼一样都生于丙子之年。”这些都是高启自己记录下来的内容。而从现在来看，韩愈、苏轼、高启这三人都享有诗词文章盛名，但却又都遭受过排挤毁谤，甚至不能尽天年而终，大致情况极其相似。然而星相命理学家们的言论，并没有被古人所废弃，那就不能认为这是虚无缥缈的东西。

蛇虫化蛟

《庐山志》言蛇雉蚯蚓之类穴山而伏，三十年则化而为蛟[1]。常以夏月乘雷雨去之江湖，三、数年一次（见《筠廊偶笔》[2]）。

【注释】①蛟：古代传说中一种能发洪水的龙。②《筠廊偶笔》：明清笔记小说，清代宋荦撰，共上下两卷。

【译文】《庐山志》说，山野林间有蛇、野鸡、蚯蚓之类的小动物，在山上凿穴潜伏居住，经过三十年，它们就会变化为蛟龙。常常在夏天雷雨之时，前往江河湖海，三年左右就会发生一次。（见于《筠廊偶笔》）。

画马异闻

《云烟过眼录》[1]曰："李伯时貌天厩满川花[2]，放笔而马殂。盖神魂精魄，皆为笔端取去，实为异事。"余谓此与张僧繇画龙点睛即飞去事同一理也[3]。

【注释】①《云烟过眼录》：中国第一部以著录私家藏画为主要内容兼录南宋皇室部分藏品的著录著作。南宋末年文学家周密著，约元贞二年（1296）成书。全书共著录43家藏品，分别标出作者、画名、收藏印记、题跋及流传经过，并附简明的鉴别论断，该书开创了著录私家收藏名画的新体裁。②李伯时(1049-1106)：名公麟，号龙眠居士，宋代安徽舒州人。进士出身，官至御史大夫。博学好古，尤善画山水、佛像。貌：描绘，画像。天厩：皇家养马处。满川花：马名，为北宋哲宗元祐三年(1088)于阗进贡的花马。③张僧繇：字号不详，吴郡吴中(今江苏苏州)人。南北朝时期梁朝大臣，著名画家。张僧繇以善画佛道著称，在江南的不少寺院中绘制了大量壁画，并曾奉命给当时各国诸王绘制肖像，能收到“对之如画”的效果。画龙点睛：据唐代张彦远《历代名画记》记载，传说张僧繇在金陵安乐寺壁上画了四条龙，不点眼睛，说点了就会飞走。听到的人不相信，偏叫他点上。刚点了两条，就雷电大发，震破墙壁，两条龙乘云上天，只剩下没有点眼睛的两条留在墙壁上。

【译文】《云烟过眼录》中说：“李公麟描绘皇家养马处的名马‘满川花’，待到画完将毛笔放下时，马就已经死了。据说是马的精神魂魄都被李公麟的笔锋取走的缘故，这实在是一件奇妙的事。”我觉得，这与张僧繇给龙画上眼睛后，龙就立刻飞走的典故，是一样的道理。

持身须谨慎

《聪训斋语》曰：“放翁诗：‘倩盼作妖狐未惨，肥甘藏毒鸩犹轻。[①]’此老知摄生哉！”玉谓此二语，可作富贵人座右箴。

《聪训斋语》曰："余性不爱观剧，一席之费，动逾数十金。徒有应酬之劳，而无酣适之趣，不若以其费济困赈急，为人我利溥也[②]。余六旬之期，老妻礼佛时，念及诞日，例当设梨园宴亲友。吾家既不为此，胡不将此费制绵衣袴，以施道路饥寒之人乎？次日为余言，笑而许之。余意归里时，仿陆梭山居家之法[③]：以一岁之费，分为十二股，一月用一分，每日于食用节省。月晦之日[④]，则总一月之所馀，别作一封，以应贫寒之急。能多作好事一两件，其乐逾于日享大烹之奉多矣！但在勉力而行之。"

先公之垂训如此。玉生平亦不爱观剧，盖天下之乐，莫乐于闲且静。果能领会此二字，不但有自适之趣，即治事读书，必志气清明，精神完足，无障碍亏缺处。若日事笙歌，喧哗杂遝[⑤]，神智渐就昏惰[⑥]，事务必至废弛，多费又其馀事也！至于畜优人于家，则更不可。此等轻儇佻达之辈[⑦]，日与子弟家人相处，渐染仿效，默夺潜移，日流于匪僻[⑧]，其害有不可胜言者。余居京师久，见富贵家之畜优人者，或数年，或数十年，或一再传而后必至家规荡弃，生计衰微，百不爽一。呜呼！人情孰不为子孙计，而乃图一时之娱乐，贻后人无穷之患，不亦重可叹哉！

【注释】①"倩盼"二句：语出自陆游《养生》诗句，见《剑南诗稿》卷四十三。倩盼，形容相貌美好，神态俏丽。肥甘，指肥美的食品。②溥：广大。③陆梭山：即陆九韶（1128—1205），字子美，号梭山居士。陆九渊的四哥，与弟陆九龄、陆九渊合称"三陆"。著有《解经新说》《州郡图》《家制》等。“居家之法”见于其所著的《居家正本制用篇》。④月晦之日：农历每月的最后一天。⑤杂遝（tà）：众多杂乱的样子。⑥昏惰：昏昧怠惰；懈怠。⑦轻儇（xuān）：轻浮。佻达（tiāo tà）：同“佻挞”，轻薄放荡。⑧匪僻：邪恶。

【译文】《聪训斋语》说：“陆游有诗说，淫邪的美女一旦诱惑起人来，比狐妖更为厉害；肥甘的美食若是吃得过多，那这些食物会变得比鸩毒还要有害。这就是陆游懂得养生的表现！”我觉得这两句话，可以作为富贵人家的座右铭。

《聪训斋语》说：“我生性不喜欢观看戏剧，戏院一个座席的花费，动辄就是几十两银子。看戏这件事，空有交际应酬的劳顿，却并不能真正感受到酣畅淋漓的乐趣，还不如用这些钱去接济穷困，用以救急，于人于我都有更大的益处。我到了六十岁的时候，夫人拜佛时，想起了我的生日，按照惯例应该摆酒席宴请亲友，还要请来戏班子助兴。既然我们家现在已经没有了这些做法，何不用这笔钱做一些棉衣棉裤，施舍给路边饥寒交迫的穷人？第二日夫人告诉了我，我微笑着答应了她。我想要在辞官回归故里之后，仿照陆九韶的居家之法：把一年的开销分成十二份，每个月用一份，每天在饮食用度上都节省一些。每到月底就核算该月节省下来的节余，将这部分节余另外存放起来，用来周济周围贫寒之人的不时之需。能够多做一两件好事，就多做一两件好事，这种乐趣可要比每日享受肥美大餐要好得多！节俭行善这件事，只要能够有决心努力去做，就很好了。”

父亲的垂示训诫就是类似这样的。我有生以来也不喜欢观看戏剧，我觉得天下最大的乐趣，就是在清闲与安静中自得其乐。如果能领会到“闲”“静”二字的内在深意，不仅能够乐在其中，即便是办事读书，也同样能神清气明，精力充沛，思绪流畅不会有阻塞、欠缺的现象。如果每天沉迷于莺歌燕舞，喧哗嘈杂之中，人的神志就会变得昏聩，事情必然荒废，不仅浪费钱财，应该做的事情也积攒成堆，不能及时完成。至于说在家里蓄养歌舞艺人，那更是不能去做的事了。这些歌舞艺人本身就轻浮放荡，每天都与家人相处，家人尤其是小孩子便会耳濡目染，效仿他们的言行，潜移默化之中，整个人也将慢慢向邪恶发展。我在京师住了很长时间了，看见凡是家中蓄养歌舞艺人的富贵人家，有的人家是几年之内，有的人家是几十年之内，有的则是传了一两代人之后，就将家规家训弃之不用，就连赖以谋生的家业也逐渐衰败了，凡是蓄养歌舞艺人的人家，无一例外是此类结果。唉！从人之常情来说，谁能不为子孙后代着想呢，如果只图自己一时的快乐，而留给后人无穷的后患，这样的做法不能不令人沉重叹息啊！

便宜之说

邵康节尝诵希夷之语[①]，曰："得便宜事[②]不可再作，得便宜处不可再去。"又曰："落便宜处是得便宜。"故康节诗云："珍重至人[③]常有语，落便宜事得便宜。"元遗山诗曰："得便宜处落便宜，木石痴儿自不知。[④]"此语常人皆能言之，而实能领会其意者，非见道[⑤]最深之人不足以语此也。余不敏，愿终身诵之。

【注释】①邵康节：即邵雍（1011—1077），字尧夫，北宋著名理学家、数学家、道士、诗人。著有《皇极经世》《观物内外篇》《先天图》《渔樵问对》《伊川击壤集》《梅花诗》等。谥康节。希夷：即陈抟（871—989），字图南，号扶摇子，赐号“白云先生”“希夷先生”，北宋著名的道家学者、养生家，尊奉黄老之学。著有《麻衣道者正易心法注》《易龙图序》《太极阴阳说》《太极图》和《先天方圆图》等，现流传的著作托名者居多。②便宜事：指不花代价或花很少的代价而得到好处的事。③至人：圣人，有大德的人。④“得便宜”两句诗：语出自元好问《题乐天不能忘情图二首》其一。⑤见道：洞彻真理；明白道理。

【译文】邵雍先生曾经吟诵陈抟的话说：“凡是得到便宜的事，不可再去做；凡是得到便宜的地方，不可以再去。”又说：“失落了好处利益，其实是真正得到了好处利益。”所以邵雍有诗句说：“珍重至人常有语，落便宜事得便宜。”意思是要珍重有大德的人所说的话，失去了便宜才是真正得到了便宜。元好问也有诗句说：“得便宜处落便宜，木石痴儿自不知。”意思是表面上好像得到了便宜，可是实质上是失去了便宜，如木头山石一样愚钝的人自然是不明白其中的道理。这句话很多人都能讲得出来，但是能真正领会其内在深意的，除非是洞彻真理，并且最有智慧的人，才能说出这样的话来。我并不那么聪慧，所以愿意终身记诵这些话。

勿为身外物所用

余侍从西郊，蒙世宗皇帝赐居戚畹[①]旧园。庭宇华敞，景物秀丽，京师所未有也。寝处其中十馀年矣，而器具不备，所有者皆粗重朴野[②]，聊以充数而已，王公及友朋辈多以俭啬[③]相讥嘲。余曰："非俭啬也，叨蒙先帝屡赐内帑[④]多金，办此颇有馀赀[⑤]。但我意以为：人生之乐，莫如自适其适[⑥]。以我室中所有之物而我用之，是我用物也；若必购致拣择而后用之，是我为物所用也。我为物用，其苦如何？陶渊明之不肯'以心为形役'者[⑦]，即此义。况读书一生，身膺重任，于学问政事所当留心讲究者，时以苟且草率多所亏缺为惧，又何暇于服饰器用间，劳吾神智以为观美哉？"

【注释】①戚畹（wǎn）：犹戚里，借指外戚、亲戚邻里，或帝王外戚聚居的地方。②朴（piáo）野：朴质无华。③俭啬：俭省吝啬。④内帑（tǎng）：宫内府库的财货。⑤赀（zī）：假借为"资"，财货。⑥自适其适：语出自《庄子·骈拇》："夫适人之适，而不自适其适，虽盗跖与伯夷，是同为淫僻也。"意为悠然闲适而自得其乐。⑦"以心为形役"：语出自陶渊明《归去来兮辞》："既自以心为形役，奚惆怅而独悲？"形役，为形骸所拘束、役使。心神被生活、功名利禄所驱使，受到形体的奴役。形容人的思想不自由，做一些违心的事。

【译文】我在京都西郊侍从皇帝，承蒙雍正皇帝赏赐，我得了一处皇亲国戚的旧园作为居所。这处居所房舍华丽敞亮，景物秀美迷人，是京师帝都其他地方所不具备的。我住在其中十几年了，但是很多家用器具却并不完备，即便是已有的器具也都是粗制笨重、朴素粗野的样子，仅仅只是日用充数而已，很多王公大臣以及亲朋好友总是讥讽我俭省吝啬。我说："并不是俭省吝啬，承蒙先帝屡次赏赐钱财，若是要置办精美的日用之物，财力方面还是绰绰有余的。但我觉得：人生真正的乐趣，没有比悠然闲适、自得其乐更令自己满意的了。我房室内的东西如果能够为我所用，那就是我在支配和使用这些器具；如果非要通过精挑细选之后再购买和使用，那就是我被这些物品所支配和役使了。我如果被这些物品所支配、役使，那由此而带来的苦恼和麻烦，不知会有多少呢？陶渊明不肯让自己的'心为外在有形之物所役使'，便是这个意思。况且自己一辈子都在读书学理，身上也肩负着重任，不管是做学问还是处理政事，都应该仔细认真，尽心尽力，要经常审查自己是否有苟且行事、草率决定以及各种缺点错误的发生，担忧自己在这些方面做得还不够好，哪里还有时间去关心服饰器物的好坏，哪里还愿意白白耗费自己的精力和智慧，去满足表面上的美观呢？"

奢侈无止境

小筑园亭，以为游观偃息之所，亦古贤达人之所不废。但须先有限制，勿存侈心[①]。盖园亭之设，大以成大，小以成小。

凡一二百金可了者，用至一二千金而犹觉不足，一有侈心，便无止极，往往如此。白香山《池上篇》云：“可以容膝②，可以息肩。”③何尝不擅美④于千古哉！

【注释】①侈心：奢侈之心。②容膝：仅能容纳双膝。多形容容身之地狭小。亦指狭小之地。③息肩：栖止休息。④擅美：独有其美。

【译文】花费少量的费用，来建造园林亭阁，作为游览观赏、修养歇息的地方，这也是古时候那些贤明通达的人所不禁止的事情。但是必须要有一定的限制，不要存有铺张奢侈的心思。园林亭阁的建造，大有大的美，小有小的妙。凡是花费一二百两银子就能完成的事情，结果花费了一二千两银子去大兴土木，还觉得不满足，那就是有了奢侈之心了，一旦如此便会没完没了，事情往往就是这样发展演变的。白居易在《池上篇》中说，自己居住的地方：“可以容纳双膝，可以栖止休息。”即使是如此狭小的居所，依然是千古以来，独有其美的地方啊！

卷 三

读书人之弊病

凡人借书至日久遂藏匿不还，或室中所有之书，有所残缺失落，而不及早检点寻觅，均是读书人之病。

【译文】借他人的书时间久了，便自己藏起来而不再归还，或者家中所拥有的书籍，有残页、缺页甚至丢失的情况，却又不尽早查点、寻找以补全，这都是读书人特有的问题。

天上无愚懵仙人

《五色线》曰[①]："侯道华好子史[②]，手不释卷。尝曰：'天上无愚懵仙人。'"予曰：不独此也！自非大智、大仁、大勇不能为仙，仙岂易言哉！

【注释】①《五色线》：《四库全书总目提要·卷一百四十四 子部五十四·〈五色线〉二卷》不著编辑者名氏。载毛晋《津逮秘书》中。考《中兴馆阁书目》有此书名。然是书杂引诸小说新诞之语，或不纪所出，割裂舛谬，不可枚举。②侯道华：唐代芮城（今属山西省运城市）人。好读子书与经史，文学家。唐宣宗李忱大中年间仙去。

【译文】《五色线》中说："有个叫侯道华的人喜欢看诸子百家著作和历史书籍，曾经说过：'天上没有愚昧不明的仙人。'"我觉得不仅仅是这样，凡是没有大智慧、大仁德、大勇气的人，都不能成为神仙，做个神仙哪里是那么容易的事呢！

世事难料

余二十岁外，披阅书籍，遇赏心怡情及不常经见[①]者，辄笔之于书，名曰"随手录"。至五十时，得五帙，约计千篇有馀。不意回禄[②]为灾，遂化为乌有，自后不复再录矣！天下事难成而易败，大抵如此也。

【注释】①经见：从经典中见到。②回禄：相传为火神之名，引伸指火灾。

【译文】我二十岁之后，每当阅读批注书籍，遇到那些令我赏心悦目、颇能怡情养性的内容，或者是在经典中不常见到的内容，都会用笔记录下来，并命名为"随手录"。到了五十岁时，已经记录了五册，大概有一千多篇。但没料到一场火灾，让这些东西全都化为乌有，自那之后我再也没有做过类似的记录！天下的事情成功困难而失败容易，大概就是这个样子吧。

茶中“雀舌”

《梦溪笔谈》[①]曰：“茶芽，古人谓之‘雀舌’[②]、‘麦颗’[③]，言其至嫩也。今茶之美者，其质素良，而所植之又美，则新芽一发，便长寸馀，其细如针，唯芽长为上品，以其质干土力皆有馀故也。如雀舌、麦颗者，极下材耳，乃北人不识，误为品题……《尝茶诗》云‘谁把嫩香名雀舌？定知北客未曾尝。不知灵草天然异，一夜风吹一寸长。’”余性嗜茶，且蒙恩赐络绎，于各省最上之品，无不尝遍。每随俗呼嫩芽为“雀舌”，而不知其误也，特书以志之。

【注释】①《梦溪笔谈》：北宋科学家、政治家沈括（1031-1095）撰，成书于11世纪末，是一部涉及古代中国自然科学、工艺技术及社会历史现象的综合性笔记体著作。《梦溪笔谈》一共分30卷，其中《笔谈》26卷，《补笔谈》3卷，《续笔谈》1卷。全书有十七目，凡609条。内容涉及天文、数学、物理、化学、生物等各个门类学科，其价值非凡。②雀舌：雀舌茶（湄潭翠芽），因形状小巧似雀舌而得名。其香气极独特浓郁，是以嫩芽焙制的上等芽茶。主要产于贵州湄潭。③麦颗：古代蒸青散茶名，产自今四川一带。为嫩芽所制。因其细嫩纤小形似麦颗而得名。

【译文】《梦溪笔谈》中记载："茶叶的嫩芽，古人称之为'雀舌'、'麦颗'，用来描述茶叶非常鲜嫩的状态。现在最好的茶叶，不但茶叶本身品质向来优良，而且茶叶生长的外形也很好看，每当茶叶新芽刚刚萌发，用不了多久就能长到一寸多长，芽的形状细得如针一样，芽越长意味着茶叶的品质越好，这是因为茶叶的品种、茶树的长势、土壤的肥力等各方面因素都很好的缘故。像是'雀舌'、'麦颗'这样的品种，是极为低下的种类，但北方人并不了解这个情况，所以对品茶作出了错误的结论。我曾经作《尝茶》诗说：'谁把嫩香名雀舌？定知北客未曾尝。不知灵草天然异，一夜风吹一寸长。'意思是，是谁把嫩香的茶叶定名为雀舌呢？一定知道北方人没有品尝过。不知道茶叶这种天然的灵草具有天生不一样的特性，只需要一夜风吹便能长出一寸长。"我生平最爱喝茶，而且承蒙皇上恩赐，不断地赐予我茶叶，所以对于各省最好的名茶，我也都尝了个遍。每次随世俗称呼嫩芽茶为"雀舌"，却不知道这是错误的，所以我特地记录下来。

奢华非吾本性

李峤平日卧青绝帐[①]，帝以为太俭，赐御用绣罗帐。峤寝其中，达晓不安，怪而生疾。此等事，人或以为矫[②]，而以予素性论之，则知其必然。予蒙恩赐衣冠器具之华美者，对之实有跼蹐[③]不宁之意，惟有什袭[④]珍藏，以示子孙，不敢轻自服用也。

【注释】①李峤(645–714):字巨山,赵州赞皇(今河北省石家庄市赞皇县)人,唐朝宰相。早年以进士及第,历任安定尉、长安尉、监察御史、给事中、润州司马、凤阁舍人、麟台少监等职。三次被拜为宰相,官至中书令,阶至特进,爵至赵国公。生前以文辞著称。绝:自蚕茧缫制得到白丝或以蚕丝织成的织物。②矫(jiǎo):假托,诈称。③踊蹐:形容畏缩不安。④什袭:原指把物品一层层地包起来,后形容珍重地收藏。

【译文】唐代宰相李峤平日里睡卧的床上使用青色粗绸床帐,皇帝认为他太过俭朴,便赏赐御用绣花丝罗床帐给他使用。李峤晚上睡在皇帝赏赐的床帐之中,却一直到早上都感觉心神不安,完全没法入睡,心生怪异以至于还生了病。对于这样的事,人们或许认为李峤是太矫情了,但实际上从我自身体会来看,便能知道这其中的必然性。承蒙皇帝恩典,我也接受过恩赐下来的华美衣服、帽子以及各种器具,而我对此也有一种局促不安的感觉,只有将这些东西妥善包裹并珍重地收藏起来,只可以展示给子孙观看,却并不敢轻易自己使用。

后人假托圣人言

余幼年见妇有七出之条[1],而恶疾与无子亦在应出之列,心窃疑焉。以为恶疾、无子,乃生人之不幸,非失德也。以此被出,殊非情理。祇以载在《礼经》[2],不敢轻议,蓄之于心久矣!

昨读刘诚意所著《郁离子》[③]，有曰："或问于郁离子曰：'在律妇有七出，圣人之言欤？'曰：'是后世薄夫[④]之所云，非圣人意也。夫妇人从夫者也，淫也、妒也、不孝也、多言也、盗也，五者天下之恶德也。妇而有焉，出之，宜也。恶疾之与无子，岂人之所欲哉？非所欲而得之，其不幸也大矣，而出之忍矣哉？'夫妇，人伦[⑤]之一也。妇以夫为天，不矜其不幸，而遂弃之，岂天理哉！而以是为典训，是教不仁，以贼[⑥]人道也！仲尼殁而邪辞作，惧人之不信，而驾[⑦]圣人以逞其说。呜呼！圣人之不幸而受诬也，甚矣哉！"诚意此论，仁至义尽，实获我心。览之为一大快，特命儿辈录出识之。

【注释】①七出：也称"七去"，中国封建社会休弃妻子的七种理由。《大戴礼记·本命》："妇有七去：不顺父母去，无子去，淫去，妒去，有恶疾去，多言去，窃盗去。不顺父母去，为其逆德也；无子，为其绝世也；淫，为其乱族也；妒，为其乱家也；有恶疾，为其不可与共粢盛也；口多言，为其离亲也；盗窃，为其反义也"。②《礼经》：古代礼学的经典，常指《仪礼》而言。③刘诚意：即刘基（1311–1375），字伯温，处州青田县南田乡（今浙江省温州市文成县）人，故称刘青田，元末明初军事家、政治家、文学家，明朝开国元勋。洪武三年（1370）封诚意伯，故又称刘诚意。武宗正德九年（1514）追赠太师，谥号文成，后人称他刘文成、文成公。在文学史上，刘基与宋濂、高启并称"明初诗文三大家"，著作均收入《诚意伯文集》。《郁离子》：刘基所著的寓言体政论散文集。刘基是在47–50岁的时候写作的《郁离子》，此前的半生他经历了元朝官场上的四起四落，正值人生的低谷，郁郁不得志，不能施展抱负，后来被夺去兵权，遂弃官归隐家乡青田山中，发愤而著《郁离子》。④薄夫：刻薄的人。⑤人伦：封建礼教所规定的人与人之间的君臣、父子、夫妇、兄弟、朋友及各种尊卑长幼关系。特指尊卑长幼之间的等级关系。⑥贼：败坏。⑦驾：假托。

【译文】我小时候看到妇女有“七出之条”的规定，其中的“身有恶疾”和“没有子嗣”两项也列在可以休妻的原因之中，由此内心暗暗产生了疑问。我认为，身有恶疾和没有子嗣，都是人生中很大的不幸，并不是在德行方面有所缺失，因为这样的原因而被休，实在是不符合情理。只不过因为七出的内容是记载在《礼经》之中的，我并不敢随意议论，所以便一直将这个疑问记在心底。昨天我读到了刘伯温写的《郁离子》，其中说道：“有人问：‘按照律法，妇人有七出的规定，这是圣人所提出来的吗？’回答说：‘这是后世刻薄的人所说的，并不是圣人的本意。妇人出嫁之后，应该以丈夫为规范榜样，但若是她淫乱、善妒、不孝、好搬弄是非、偷东西，这是五项天下所共认的恶行，如果她触犯了这五项，休了她是无可厚非的。但是身患恶疾和没有子嗣，这两项哪里是人所想要的？不是她自己要求而降临到她身上的这两种灾祸，这是她人生大大的不幸，这时候又怎么忍心休了她呢？’夫妇，是人伦关系中的一种。妻子以丈夫为天，可是做丈夫的不仅不同情她的不幸遭遇，反而因此而抛弃了她，天理何在！还把这当成是准则一样的训诫，这就是在教导人们不仁，是在败坏人道啊！孔子逝世后，不合正道的言辞纷纷而起，还生怕人们不相信，就假借圣人的名义来使人们相信其说辞。唉！圣人受到了污蔑，这真是大大的不幸啊！”刘基的这一番说辞，说出了仁义之道的根本，实在是说到了我的心坎上。

看完之后我觉得大快人心，特地让后辈们将这一段摘录下来并记住。

言语之间看器量

凡人于极得意、极失意时，能检点言语，无过当之辞，其人之学问器量，必有大过人处。

欧阳文忠公出杜正献[①]公之门。欧阳和杜诗有曰："貌先年老因忧国，事与心违始乞身[②]。"杜甚喜，一时传诵之。见《竹林诗话》[③]。

【注释】①杜正献：即杜衍（978—1057），字世昌，越州山阴（今浙江省绍兴市）人，北宋名臣。进士及第，历知乾、扬、天雄、永兴、并等州军，以善于治狱闻名。历任知审官院、知永兴军、枢密使等职。去世后获赠司徒兼侍中，谥号"正献"。杜衍善诗，工书法。②乞身：古代以作官为委身事君，故称请求辞职为乞身。③《竹林诗话》：应为《石林诗话》，《石林诗话》是宋诗话中一部重要诗话，又作《叶先生诗话》，作者叶梦得。主要记录北宋诗坛掌故、轶事，同时也有作者的审美评价。《石林诗话》传本有一卷本、三卷本两种。

【译文】如果一个人在志得意满或者非常悲观失意的时候，还能慎重注意自己的言语内容，不会出现过分的言辞，那么这个人的学问与器量，必然大大超过普通人了。

欧阳修出自杜衍的门下。欧阳修曾经和杜衍作诗，说："貌先年老因忧国，事与心违始乞身。”意思是说，您的音容笑貌，先于您的年龄而变老，那是因为您忧国忧民的缘故；世事的变化，与您的心志相违背，以至于您不得不退休致仕。杜衍听到之后非常欢喜，经常自己吟诵。这件事被记录在叶梦得的《石林诗话》之中。

做事留余地

予生平登山游览，袛至山半，而不登其巅；入寺登塔，亦止于一二层，而不蹑[①]其顶。盖身体羸弱，不敢为竭力事。且承先人训，时存知足之心，切凛[②]高危之戒也。不意中年，受国家厚恩，官阶荣显，超轶等伦[③]，尝清夜自思，汗流浃背。叹曰：竟造浮图[④]绝顶，高出云表矣！是岂予之初心哉。

【注释】①蹑：登；到，前往。②凛：畏惧。③超轶：超越，胜过。等伦：同辈。④浮图：指佛塔。

【译文】我平时登山观光游览，只上到半山腰，并不登到顶峰；进入寺庙登宝塔，也只是上一两层便罢，并不上到顶层。我的身体瘦弱，便也不敢去做那种令人精疲力尽的事情。而且我始终牢记先人的训诫，时常记得凡事要知足，要警惕位高势危。却不想我人到中年，承蒙国家的重视厚恩，坐到了荣显的官位之上，超越了同辈。我曾经在清静的夜晚暗自思量，忍不住一身冷汗湿透后背。不得不感叹：我竟然达到了这浮图宝塔般的至高境界，都已经浮于云外了啊！这哪里还是我最初的心意呢？

书室警语

“乐道人之善”①，“恶称人之恶”②，皆出《论语》，可作书室对联，触目警心③也。

【注释】①“乐道人之善”：语出自《论语·季氏》：“乐节礼乐，乐道人之善，乐多贤友，益矣。”意思是说，以称道别人的好处为快乐。②“恶称人之恶”：语出自《论语·阳货》：“恶称人之恶者，恶居下流而讪上者，恶勇而无礼者，恶果敢而窒者。”意思是说，厌恶专门揭别人短处的人。③触目警心：眼睛所见，令人心生警惕。

【译文】“乐道人之善”，“恶称人之恶”，这两句话都出自《论语》，意思是“乐于称道他人的好处”，“厌恶揭穿他人的短处”，可以将这两句话作为书房的对联，时时观看，便能时时警惕。

居家二害

明儒吕叔简①先生坤曰：“家人之害，莫大于卑幼各恣②其无厌之情，而上之人阿③其意而不之禁；尤莫大于婢子造言而妇人悦之，妇人附会而丈夫信之。禁此二害，而家不和睦者，鲜矣！”又曰：“今人骨肉之好不终，只为看得‘尔我’二字太分晓。”此二段语虽浅近，实居家之药石也。

【注释】①吕叔简：即吕坤（1536–1618），字叔简，一字心吾、新吾，自号抱独居士，明代归德府宁陵（今河南省商丘市宁陵县）吕大庄人。明朝文学家、思想家。主要作品有《实政录》《夜气铭》《招良心诗》《呻吟语》《去伪斋集》等，内容涉及政治、经济、刑法、军事、水利、教育、音韵、医学等各个方面。吕坤思想对后世有很大影响，其代表作《吕坤全集》是文化典籍整理中的原创之作。②恣（zì）：放纵，无拘束。③阿（ē）：迎合，偏袒，屈从。

【译文】明代大儒吕坤先生说：“家人可能带来的隐患，一个是幼年子女和仆佣们恣意妄为不知节制，而长辈们却纵容他们，不加以禁止；另一个更大的隐患，那就是仆人们私底下编造谣言以取悦女主人，女主人无中生有，搬弄是非而做丈夫的则轻听轻信妻子说的话。如果能禁止这两种隐患，那么家庭不和睦的情况就会减少。”他又说：“现在的人，骨肉至亲之间的亲近关系难以长久维系，做不到善始善终，很多是因为彼此太自私，都将‘你我’二字分得太清楚。”这两段话虽然浅显易懂，但实在是治家的良药啊！

为官之苦乐

吕叔简曰：“做官都是苦事，为官原是苦人。官职高一步，责任便大一步，忧勤[①]便增一步。圣贤胼手胝足[②]，劳心焦思[③]，惟天下之安而后乐；众人快欲适情，身尊家润，惟富贵之得而后乐。”予爱其语，书一通于座右。

【注释】①忧勤：多指帝王或朝廷为国事而忧虑勤劳。②胼（pián）手胝（zhī）足：手脚磨起老茧，指辛勤劳动。③劳心焦思：形容人为事情担忧烦心。

【译文】吕坤说：“做官本身就是一件辛苦的差事，当官的都是命里注定是劳碌的人。官职每提升一级，其自身所承担的责任就要更大一些，而为国事忧思勤劳的心也会更重一些。圣贤的人辛苦异常，焦思苦虑，只有天下安宁他们才会感觉快乐；而普通的人则肆意寻欢，享受荣华，只有自己得到富贵才能感到快乐。”我非常喜欢这段话，便写下来当成是自己的座右铭。

宋朝日应百篇科

宋有日应百篇科[①]，则一日作诗百首也。太宗时[②]，得赵国昌一人，然止成数十首，率无可观。帝命赐及第[③]，后无继者。

【注释】①百篇科：唐、宋时以百篇诗赋取士，谓之“百篇科”。②太宗：即宋太宗赵光义。③及第：指科举考试应试中选，因榜上题名有甲乙次第，故名。特指考中进士，明清两代只用于殿试前三名：状元及第、榜眼及第、探花及第。

【译文】宋代科举开设有“百篇科”，即在一天之内，要求写出一百首诗作。宋太宗时期，有一位名叫赵国昌的人参加了这个考试，可他一天下来只写出了数十首，且言辞内容并没有可取之处。虽然皇帝特赐赵国昌进士及第，但后来再也没有参加“日应百篇”的举子了。

《万历野获编》所载之二事

明人《万历野获编》云①：“正德三年②戊辰科场届期，司天者言：‘荧惑③守，文昌④不移，闱中应为之备。’甫毕末场，火发于内，力救乃止，遂促出榜，期以二月二十七日揭晓。才毕事而至公堂被烬，星占之验如此。”又曰：“嘉靖丙辰、己未⑤二科，不选庶常⑥。至壬戌，已定议（馆选）⑦，至期诸进士入内候试。内阁拟题，进呈御览。久之，御札批曰：‘今年且罢。’盖诸进士贷金于中贵⑧，以赂首揆分宜⑨，为其同侪密奏，故降旨中辍耳。”

【注释】①《万历野获编》：为明代沈德符所撰写的笔记，万历三十四至三十五年间撰成该书，二十卷，书名寓“野之所获”之意，四十七年又编成《续编》十卷（一说十二卷）。笔记内容记述起于明初，止于万历末年，内容包括明代典章制度、人物事件，典故遗闻、阶级斗争、统治阶级内部纷争、民族关系、对外关系、山川风物、经史子集、工艺技术、释道宗教、神仙鬼怪等诸多方面，对于明朝典章制度和典故遗闻的记载尤其详细。在明代笔记中堪称上乘之作。为研究明代历史重要史料。②正德三年：即明武宗朱厚照即位第三年，1508年。届期：到预定的日期。③荧惑：古代指火星。④文昌：星名。文昌星（即文柱）属金，南斗，司科甲，乃文魁之星。⑤嘉靖丙辰、己未：即明世宗朱厚熜三十五年（1556）、三十八年（1559）。⑥庶常：庶吉士的代称。是中国明、清两朝时翰林院内的短期职位。选择通过科举中进士的人中有潜质者来担任，是皇帝的近臣，负责起草诏书、为皇帝讲解经籍，是明内阁辅臣的重要来源之一。⑦馆选：指被选任馆职。⑧中贵：有权势的太监。中，即禁中，指皇宫。⑨首揆（kuí）：揆，宰相或相当于宰相的职务。首揆即首相。分宜：指代明代奸相严嵩，因他是江西分宜人，所以当时多以"分宜"代称之。

【译文】明代《万历野获编》里讲了这样一件事：明武宗朱厚照正德三年，戊辰科举考试即将开始的时候，负责观察天象的官员报告说："出现荧惑守心，文昌星没有移动的天象，这次考试，应该在考场中作好防火的准备。"结果最后一场考试刚刚结束，考场内果然发生了火灾，经过全力扑救才得以止住火势，如此一来只能仓促出榜，预计于二月二十七日揭榜。这些事刚做完，考场公堂就被烧成了灰烬，星相占卜所预言之事竟然神奇地应验了。书中还讲了另外一件事：嘉靖丙辰年的科考和己未年的科考，都没有选出庶吉士。到了嘉靖壬戌年的科考时，才议定考试选取庶吉士，考试那天诸多进士前往内廷等待考试。内阁官员拟定了题目，送给皇帝过目。等待了很久，皇帝才在试题旁御批："今年就取消了吧。"这是因为很多参加考试的进士，送重金给宫里的太监，以贿赂内阁首辅，宰相严嵩，但这件事被同时参加考试的其他进士秘密奏告给了皇帝，所以皇帝才降旨终止了这次庶吉士的选拔考试。

典文衡之盛事

偶见明人纪载，以人臣一典文衡者[①]，为遭逢之盛事。永乐正统[②]间，钱侍郎[③]习礼三为会试同考官，两主乡试，三充廷试读卷官。又刘文靖健[④]再主两京乡试，四为会试同考官，一主会试，六充廷试读卷官。李文正[⑤]东阳再主两京乡试，两为会试同考官，两主会试，八充廷试读卷官。杨文敏[⑥]荣一典京畿乡试，九为廷试读卷官。胡忠安[⑦]濙淡十知贡举。士林皆传为美谈。余自通籍以来，康熙丙戌、壬辰、乙未三科[⑧]，为会试同考官。雍正癸卯[⑨]，主顺天乡试。

【注释】①文衡：旧指以文章取士的标准来取舍权衡。又指科举制度下的主考官。②永乐：明朝第三个皇帝明成祖朱棣的年号（1403–1424），前后共二十二年。正统：明朝第六个皇帝明英宗朱祁镇登基后的年号（1436–1449），前后共十四年。③钱侍郎：指钱习礼。名干，吉水（今江西省吉安市吉水县）人。明永乐七年（1409）进士。正统中，官至礼部右侍郎，谥文肃。善行草。④刘文靖：即刘健（1433–1526），字希贤，号晦庵。洛阳（今河南省洛阳市）人。明朝中期名臣、内阁首辅。刘健历仕英宗、宪宗、孝宗、武宗，为四朝元老。逝世后追赠太师，谥号“文靖”。《皇明经世文编》辑有《刘文靖公奏疏》二卷。⑤李文正：即李东阳（1447–1516），字宾之，号西涯。官至特进、光禄大夫、左柱国、少师兼太子太师、吏部尚书、华盖殿大学士。死后赠太师，谥文正。主要作品有《怀麓堂稿》《怀麓堂诗话》

《燕对录》等。⑥杨文敏：即杨荣（1371—1440），原名道应、子荣，字勉仁，建安（今福建省建瓯市）人。明初著名政治家、文学家、内阁首辅。病逝后赠光禄大夫、左柱国、太师，谥号文敏。有《杨文敏集》。⑦胡忠安：即胡濙（yíng）（1375—1463），字源洁，号洁庵，武进（今江苏省常州市武进区）人，明代重臣、文学家、医学家。建文二年（1400）进士，历授兵科、户科都给事中。曾奉明成祖朱棣之命前往各地追寻建文帝朱允炆下落。胡濙历仕六朝，是宣宗的"托孤五大臣"之一。任礼部尚书三十二年，累加至太子太师。去世后获赠太保，谥号"忠安"。著有《卫生易简方》《芝轩集》《律身规鉴》等。知贡举：主试者称为"知贡举"，就是"特命主掌贡举考试"的意思，一般由朝廷名望大臣担任。清代会试的知贡举多于一二品大臣中简派，满大臣、汉大臣各一位，仅管理考场事务，并不负责阅卷取士。⑧康熙丙戌、壬辰、乙未：即康熙四十五年（1706）、五十一年（1712）、五十四年（1715）。⑨雍正癸卯：即雍正元年，1723年。

【译文】我偶然翻看明代人书籍中记载的，能够以朝廷大臣的身份，主持科举考试、评判文章，那一定是人生的盛事。从永乐年间到正统年间，明朝钱习礼曾经三次担任会试同考官，两次主持乡试，三次担任殿试阅卷大臣。刘健两次主持两京乡试，四次担任会试同考官，一次主持会试，六次担当殿试阅卷大臣。李东阳两次主持两京地方乡试，两次担任会试同考官，两次主持会试，八次担任殿试阅卷大臣。杨荣主持过一次京畿地区的乡试，九次担任殿试阅卷大臣。胡濙十次受皇帝派遣主掌贡举考试。天下读书人都将这些盛事传为美谈。我自做官以来，在康熙年间，担任丙戌、壬辰、乙未三年科举考试的会试同考官。雍正癸卯年我又主持了顺天乡试。

雍正癸卯、甲辰[①]，乾隆丁巳[②]，三主会试。康熙辛丑[③]，雍正癸卯、甲辰、丁未、庚戌[④]，乾隆壬戌[⑤]，六充廷试读卷官。其馀廷试诸年，皆以子弟与试，引例回避。惟雍正癸卯年，胞弟廷瑑[⑥]，堂弟廷珩[⑦]，侄子若涵[⑧]，同登甲榜，廷试时，余不应读卷，蒙世宗宪皇帝特降谕旨，破格简用，尤异数[⑨]中之罕见者。

【注释】①雍正甲辰：即雍正二年，1724年。②乾隆丁巳：即乾隆二年，1737年。③康熙辛丑：即康熙六十年，1721年。④雍正丁未、庚戌：即雍正五年（1727）、八年（1730）。⑤乾隆壬戌：即乾隆七年，1742年。⑥廷瑑：张廷瑑（1681-1764），字桓臣，号思斋，张英五子，清雍正元年（1723）进士，授编修，迁内阁学士，兼礼部侍郎。著《示孙篇》6卷。⑦廷珩：即张廷珩，字玱闻，清雍正元年（1723）进士，殿试二甲一名。授检讨，入直南书房，充日讲官。未几，患疾卒。⑧若涵：即张若涵，安徽桐城人，雍正元年（1723）进士。⑨异数：特殊的情况，例外的情况。

【译文】我又主持了雍正癸卯、甲辰及乾隆丁巳三次会试，还分别担任了康熙辛丑，以及雍正癸卯、甲辰、丁未、庚戌，还有乾隆壬戌这六次殿试的阅卷大臣。在这期间的其他年份的殿试，都因为有门生子弟参与考试，所以按照惯例，我都予以回避。只有雍正癸卯年，胞弟张廷瑑、堂弟张廷珩、侄子张若涵三人同登甲榜，按例我不应当在他们参加殿试时担任阅卷大臣，但承蒙雍正皇帝特许降旨，我被破格选拔任用，继续担任殿试阅卷大臣。这种情况实在是特殊中的特殊情况了。

结欢不如释怨

董华亭[①]宗伯曰："结千百人之欢，不如释一人之怨。"余曰：此长厚[②]之言也！凡人居官理事，旌别淑慝[③]，乃其本职。人不能有善而无恶，则我不能有赏而无罚，即不能有感而无怨矣！乡愿[④]之事，势不能为。如管仲夺伯氏骈邑三百[⑤]，没齿无怨言；诸葛武侯[⑥]废廖立为民，徙之汶山[⑦]，武侯薨，立泣曰："吾终为左衽[⑧]矣。"如伯氏、廖立者，皆公平居心之贤人也。彼世俗之人，小不如己意，则衔之终身矣，若欲释怨非，枉道废法，其何以哉？

【注释】①董华亭：即董其昌，华亭画派的杰出代表。②长厚：恭谨宽厚。③旌别：辨别。淑慝（tè）：善恶。④乡愿：外貌忠厚老实，讨人喜欢，实际上却不能明辨是非的人。⑤管仲（约前723–前645）：姬姓，管氏，名夷吾，字仲，谥敬，春秋时期法家代表人物，中国古代著名的经济学家、哲学家、政治家、军事家。被誉为"法家先驱"、"圣人之师"、"华夏文明的保护者"、"华夏第一相"。夺伯氏骈邑：语出自《论语·宪问》："或问子产。子曰：'惠人也。'问子西。曰：'彼哉！彼哉！'问管仲。曰：'人也。夺伯氏骈邑三百，饭疏食，没齿无怨言。'"意思是说，管仲是个仁人，剥夺了伯氏骈地三百家的采邑，此后伯氏虽一直过着粗茶淡饭的日子，但至死对他也没有怨言。⑥诸葛武侯：即诸葛亮（181–234），字孔明，号卧龙，徐州琅琊阳都（今山东省临沂市沂南县）人，三国时期蜀国丞相，杰出的政治家、军事家、外交家、文学家、书法家、发明家。廖立：生卒年不详，字公渊，武陵郡临沅人，三国时期蜀汉重要谋臣，被诸葛亮评价为荆楚一带的奇才。⑦汶山：古山名，“汶”读“岷”，即岷山。⑧左衽（rèn）：衽，指衣襟。我国古代部分少数民族或是汉族死者所着的服装，前襟向左掩，不同于中原一带人民的右衽。后因以“左衽”指少数民族。

【译文】董其昌说：“结交千百人的欢心，不如消除一人的怨恨。”我觉得，这是非常恭谨宽厚的话！担任官职，处理一方事务，能够识别贤淑善良与奸邪丑恶，都是做官之人的本职工作。众人之中不可能只有善人，没有恶人；众人做事不可能只做好事，不做坏事。那么我也不能只有赏赐而没有惩罚，也就不可能使众人对自己只有感激而没有怨恨！外貌忠厚老实、讨人喜欢，实际上却不能明辨是非的人，势必是不能做的。就好像管仲剥夺了齐大夫伯氏骈邑三百户的采地，让伯氏只能吃粗粮，但伯氏终身都没说怨恨的话；诸葛亮上奏章弹劾廖立，导致他被废黜为平民，被流放到汶山郡，诸葛亮去世之后，廖立却哭着说：“失去了诸葛武侯，蜀国将会衰落，我也将要沦为蛮夷之人的奴隶了！”像伯氏、廖立这样的人，都是居心正直的贤良之人。那些世俗小人，稍微有一点不如自己的意愿，就会衔恨终身，如果想要消除他们的怨恨非议，纠正他们违背正道、废弃礼法的行为，这怎么能做得到啊？

寿者箴言

山东曹县吕道人，不知其年。问之，亦不以实告，大约在百龄内外。善养生修炼之术，鹤发童颜，步履矍铄[①]。终日不食亦不饥，顶心[②]出香气，如麝檀硫磺然，此予亲见者。以针砭[③]为人疗病，辄效。赠以财物不受，曰："天下之物，那一件是我的！"人曰："聊以表吾心耳！"答曰："天下之物，那一件是你的！"此二语，予最爱之，可以警觉天下之贪取妄求而不知止足者。

【注释】①矍铄（jué shuò）：形容老人目光炯炯、精神健旺。②顶心：指头顶的中央。③针砭（biān）：砭，古代治病的石头针。针砭是古代的一种针刺疗法，现已失传。

【译文】山东省曹县有一位姓吕的道士，没人知道他的年龄。即便有人询问，他也不如实告知，看上去大约在一百岁左右。吕道士擅长养生修炼的法术，虽然发须皆白却气色绝佳，走起路来脚步轻快而有力，精神健旺。就算整天不吃饭也不会饿，在他的头顶中央可以飘出香气，那香气就如麝香、檀香、硫磺之类的气味，这是我亲眼所见的情况。吕道士用针灸砭石来为他人治疗疾病，总是立刻见效，为表达谢意，病人赠送他财物，但他从来都不要，并说："天下的万事万物，哪一件是属于我的呢？"病人说："这只是略微表达一下我的心意！"吕道士回答说："那天下的万事万物，又有哪一件是属于你的？"这两句话，我最为喜欢，可以让天下那些贪心求取、不知满足的人警醒觉悟。

福相与薄相

凡人度量广大，不妒忌，不猜疑，乃己身享福之相，于人无所损益也。纵生性不能如此，亦当勉强而行之。彼幸灾乐祸之人，不过自成其薄福[1]之相耳，于人又何损乎？不可不发深省。

【注释】①薄福：福气浅，福气留不住。

【译文】但凡有人具备器量宽广，胸襟宽阔，对他人不嫉妒、不猜疑的品质，那就是一个人有福气的品相，对他人既没有损害也没有利益。即便是天生性格的原因，无法做到宽宏大量，也应该尽力而为，努力去做。那些幸灾乐祸的人，只不过将自己慢慢变成刻薄无福的品相而已，对他人又有什么损害呢？不可不发人深省啊！

馆选之运势

明嘉靖自十三年乙未馆选之后[1]，遇丑未则选，遇辰戌则停，终世宗之朝。三十馀年，遂为故事[2]。其后丙辰、己未、壬戌，连三科不选，至乙丑始复考。而穆宗[3]御极二年为戊辰，以龙飞[④]首科，特选三十人。至万历二年[⑤]，虽首科亦不选矣。此后庚辰[⑥]亦如之。至丙戌，次揆王太仓建议[⑦]，始复每科馆选之例，盖自张永嘉丙戌摧残以来[⑧]，至是恰一周天[⑨]，亦固运会[⑩]使然也。此载之《万历野获编》者。

【注释】①明嘉靖十三年乙未：应为"十四年乙未"，即1535年。②故事：旧事，先例。这里指长期以来形成的规章制度。③穆宗：即明穆宗朱载垕（1537—1572），明朝第十二位皇帝，1566—1572年在位，年号隆庆。明穆宗宽仁大度，勤俭爱民，留心边陲之事，将其处理得恰到好处，可以称之为明主。在位6年，因病去世，终年36岁。庙号穆宗，谥号契天隆道渊懿宽仁显文光武纯德弘孝庄皇帝。④龙飞：神龙飞腾。比喻帝王即位。龙飞首科，即新帝即位之后第一次考试选士的科目。⑤万历二年：即1574年。⑥庚辰：即万历八年，1580年。⑦次揆：当时称张居正为首揆，王锡爵次之，所以称其为次揆。王太仓：即王锡爵（1534—1611），字元驭，号荆石，太仓州（今属江苏省太仓市）人。进士及第后被授翰林院编修，累迁詹事府右谕德、国子监祭酒、詹事、礼部右侍郎、文渊阁大学士。1593年为首辅，官至太子太保、吏部尚书、建极殿大学士。终老后赠太保，谥号文肃。著有《王文肃公全集》55卷。⑧张永嘉：即张璁（1475—1539），字秉用，号罗峰，浙江温州府永嘉（今浙江省温州市龙湾区）三都人，后因避讳，由世宗钦赐名孚敬，字茂恭。官至内阁首辅，世称"张阁老"，因在位期间清廉奉公，又被赐称为"太师"。卒谥文忠。著有《礼记章句》《大礼要略》《罗山奏疏》《罗山文集》《正先师孔子祀典集议》《金縢辨疑》《杜律训解》《敕谕录》《谕对录》《钦明大狱录》《霏雪编》《嘉靖温州府志》等。丙戌：指嘉靖五年，即1526年。⑨一周天：指一定时间的循环。这里指一个甲子，即六十年。因甲子六十年循环一次。⑩运会：时运际会。

【译文】明世宗嘉靖十三年乙未举行馆选，从当年新晋进士中选任馆职，自此之后遇到丑、未年就进行馆选，遇到辰、戌年则停止，直到明世宗嘉靖朝结束一直是这种情况。三十多年延续下来，这已经成为了惯例。其后，嘉靖三十五年（1556）丙辰科，三十八年（1559）己未科，四十一年（1562）壬戌科，连续三次没有进行馆选，到嘉靖四十四年（1562）乙丑科，才开始复考馆选。到了明穆宗登基后的第二年是戊辰年（1568），举行新皇登基后的第一次科举选士考试，特地选出三十人担任馆职。到万历二年（1574），虽然举行龙飞首科，但没有进行馆选。此后万历八年（1580）庚辰科，也是这样。至万历十四年（1586）丙戌科，经会试主考官王太仓建议，才恢复每逢科举年份馆选的惯例，自从嘉靖五年（1526）丙戌科，张璁改革科举制度以后正好是一个甲子年，也就是六十年，也许本来就是运势交会使它变成这样的吧。这件事被记载于《万历野获编》。

王旦之盛德

《宋史·王文正公传》曰[①]："旦专称寇准[②]，而准数短旦。帝以语旦，旦曰：'理固当然，臣在相位久，阙失[③]必多。准对陛下无所隐，益见其忠直。此臣所以重准也。'帝以是愈贤旦。后准以武胜军节度使同平章事[④]。入谢曰：'非陛下知臣，安能至此。’帝具道旦所以荐准者，准始愧叹，以为不可及。”予曰：文正公之盛德固已，然古今来与此相类者，未尝无之。惟遇莱公其人，斯不负文正之盛德，而成史册之美谈矣！苟非其人则湮没而不彰者，岂少哉！

【注释】①《宋史》：二十四史之一，收录于《四库全书》史部正史类。于1343年由丞相脱脱和阿鲁图先后主持修撰，《宋史》与《辽史》《金史》同时修撰，是二十四史中篇幅最庞大的一部官修史书。王文正公：即王旦（957–1017），字子明，大名莘县（今属山东省）人，北宋名相。进士及第，累官同知枢密院事、参知政事，1006年拜相，为相十二年，深受宋真宗信赖。去世后获赠太师、尚书令兼中书令、魏国公，谥号“文正”，故后世称其为“王文正”。②寇准（961–1023）：字平仲，华洲下邽（今陕西省渭南市）人。北宋政治家、诗人。死后复爵莱国公，追赠中书令，谥号“忠愍”，故后人多称他寇忠愍或寇莱公。有《寇忠愍诗集》三卷传世。③阙失：失误，错误。④武胜军节度使同平章事：武胜军，宋代时相当于州一级地方行政机构，一般设置于军事要地。节度使，唐代开始设立的地方军政长官，因受职之时，朝廷赐以旌节，节是当时一种全权印信，受有此全权印信者，便可全权调度，故称节度使。同平章事，为同中书门下平章事简称，即与中书、门下协商处理政务之意。

【译文】《宋史·王文正公传》中说：“王旦极力称赞寇准，但寇准却屡次揭露王旦的短处。皇帝把这事告诉了王旦，王旦说：‘这是理所应当的事，我久居相位，当然会有很多缺点错误。寇准对陛下没有隐瞒，更能表现出他忠诚耿直的性格。这正是我看重他的原因啊。’皇帝于是越发认为王旦贤良。后来寇准被授予武胜军节度使同平章事的官职，他入朝表达谢意，对皇帝说：‘如果不是皇帝陛下对我有知遇之恩，怎么能把这么重要的官职授予我呢？’皇帝便把王旦推荐寇准的理由告诉了他，寇准惭愧慨叹，认为自己的德行度量远不及王旦。”我认为：王旦的盛德固然已经颇有盛名，但是自古以来并不是没有与他一样的人。只有遇到寇准这样的人，才能彰显王旦的盛德，从而成为永载史册的美谈！若不是有寇准这样的人，那王旦的盛德必将被埋没不显，这样的事还少吗？

偶见警言

偶因奏事，小憩内监直房①。见壁间有祝枝山墨刻曰②：“喜传语者，不可与语；好议事者，不可图事。”余叹曰：“此阅历之言也。”归，语儿辈识之。

【注释】①内监直房：太监当值办事之处。②祝枝山：即祝允明（1461-1527），字希哲，长洲（今江苏省吴县）人，因右手有枝生手指，故自号枝山，世人称为“祝京兆”，明代著名书法家。墨刻：谓对书画进行摹刻及用墨碰拓。

【译文】偶然因为向皇帝奏事的缘故，在太监当值的房间里休息。看到墙壁上悬挂着祝枝山的书法拓片，上刻：“喜传语者，不可与语；好议事者，不可图事。”意思是说，喜欢散布闲话的人，不可多与他讲话；喜欢议论是非的人，不可与他策划图谋大事。我感叹："这是经验之谈啊！"回家之后，我把这段话讲给儿子们听，希望他们能够记住。

明朝名器之滥

明朝名器[①]之滥，始于武宗、世宗[②]。武宗宠用伶人臧贤[③]，至赐一品服。世宗加恩道士，如邵元节、陶仲文、徐可成、蒋守约等[④]，皆赐至礼部尚书衔。又宪宗时[⑤]，有太常卿顾玒者[⑥]，自陈显灵宫奉祀香火年久，今妻王氏病故，乞赐祭葬，竟许之。是道士之横，成化时已然矣[⑦]。

【注释】①名器：用以分别尊卑的爵位及车服仪制。②武宗：即朱厚照，1506年—1521年在位。世宗：即朱厚熜，1522年—1566年在位。③伶人：旧指戏曲演员或歌舞艺人。臧贤：字良之，明正德年间教坊司乐官。④邵元节（1459—1539）：字仲康，号雪崖，龙虎山上清宫达观院正一道士。封真人尊号，拜礼部尚书，卒谥文康荣靖。著作有《太和文集》。陶仲文（1475—1560）：原名典真，湖北黄冈人。与邵元节交好，并被元节荐之于武宗，封真人。初授少保礼部尚书，久之加少傅，仍兼少保，加少师。封恭诚伯。卒谥荣康惠肃。徐可成、蒋守约：皆为世宗时道士，均获授官。⑤宪宗：指明宪宗朱见深。明英宗长子。1465—1487年在位。⑥太常卿：太常寺卿是中国古代的一个官职名称，属于宗族祭祀的长官，原名奉常，汉景帝六年（公元前151年）更名为太常，后历代因之。太常卿专掌祭祀礼乐。⑦成化：明宪宗朱见深的年号，1465–1487年，明朝使用此年号一共23年。

【译文】从武宗朱厚照、世宗朱厚熜开始，明代朝廷官爵服饰等礼制方面开始混乱了。明武宗朱厚照宠幸伶人，对伶人臧贤多加重用，甚至赐给他一品官服。明世宗朱厚熜则对一群道士恩典有加，如邵元节、陶仲文、徐克成、蒋守约等人，并赐给他们礼部尚书的官衔。到了明宪宗朱见深时，还有一位名叫顾玒的太常卿，他说自己在显灵宫里奉祀香火已经多年，他妻子王氏病故时，请求皇帝御赐祭葬，没想到皇帝竟然答应了。这些道士如此横行，从明宪宗成化年间就已经这样了。

世宗末年，土木繁兴而期限迫急，不逾时刻。木匠徐杲①以一人筹算经营，操斤②指示，俄顷即出，而斫材长短大小，不爽锱铢③，大工两三月告竣。世宗眷注优异，加尚书衔，并赐金吾④世荫，亦往事之罕见者。至唐庄宗⑤入梁，以伶人陈俊为景州刺史，王衍⑥在蜀，以乐工严旭为蓬州⑦刺史，尤为稗政⑧矣。

【注释】①徐杲（1522–1566）：木工出身，得明世宗赏识，官至工部尚书，是明代匠人中提升官位最高的一员。②操斤：挥斧。③不爽锱铢：犹言分毫不差。④金吾：古官名。负责皇帝大臣警卫、仪仗以及徼循京师、掌管治安的武职官员。⑤唐庄宗：后唐庄宗李存勖（885–926），小字亚子，代北沙陀人，唐末五代军事家，后唐开国皇帝，晋王李克用之子。⑥王衍（899–926）：初名王宗衍，字化源，许州舞阳（今河南省舞阳县）人。五代十国时期前蜀最后一位皇帝。⑦蓬州：古代地名，北周天和四年（569）置县，县治安固县（今四川省营山县安固乡）。领义安、伏虞、隆城等郡。⑧稗政：指不良的政治措施。

【译文】明世宗朱厚熜嘉靖末年，朝廷大兴土木，且期限紧迫，眼看就到竣工时间了。一位名叫徐杲的木匠以一人之力进行规划计算，亲自挥斧示范，立刻便能做出合格的物件，而且加工出的木材，长短大小、尺寸分毫不差，一项大工程不过两三个月便完工了。明世宗格外关注徐杲，因为他在建造方面的优良表现便赐给他丰厚的赏赐，给他加封尚书官衔，并赐封金吾官职，其子孙也因他而得到官职，这在历朝历代都是非常罕见的事情。后唐庄宗灭掉后梁之后，任用伶人戏子做景州刺史；前蜀最后一位皇帝王衍，则任用歌舞演奏艺人严旭为蓬州刺史，这更是有史以来最为败坏的政治举措。

不矜细行，终累大德

吾乡左忠毅公举乡试①，谒本房陈公大绶②。陈勉以树立，却红柬③不受。谓曰："今日行事俭，即异日做官清。不就此跕定脚跟④，后难措手⑤。"呜呼，不矜细行，终累大德⑥。前辈之谨小慎微如此，彼后生小子，生富贵之家，染纨袴⑦之习，何足以知之？

【注释】①左忠毅公：即左光斗（1575—1625），字共（gǒng）之，一作遗直、拱之，号浮丘，又号苍屿。万历三十五年（1607）进士，授中书舍人。著名水利专家。左光斗为官清正、磊落刚直，被誉为"铁面御史”，因对抗大宦官魏忠贤，而含冤下狱，不久在狱中被折磨而死。南明弘光时平反，谥为忠毅。②本房：科举时代乡、会试考官分房批阅考卷，故称考官所在的那一房为本房。陈公大绶：即陈大绶，字长卿，一字端卿，号赤石，江西浮梁（今江西省景德镇市浮梁县）人。万历二十三年（1595）乙未进士。陈大绶是左光斗的本房恩师。③红柬：红色的帖子。用以介绍自己的身份。④跕（zhàn）定脚跟：跕，站的异体字。跕定脚跟：即站定脚跟，比喻打好做官的基础。⑤措手：着手安排，应付。⑥不矜细行，终累大德：语出自《尚书·旅獒》，意思是不顾惜小节方面的修养，到头来会伤害大节，酿成终生的遗憾。⑦纨裤：也作“纨绔”。

【译文】桐城左光斗是我的同乡，他参加科举乡试的时候，去拜会本房的宗师陈大绶。陈大绶勉励左光斗要自强自立，并拒绝了左光斗递上来的精美红色柬帖。陈大绶对他说：“现在行事节约俭省，是为了将来为官清正打基础。若是不能就此确立自己的原则，将来必定在这方面难以处理应对。”感叹啊，不注意小节方面的修养，到头来终会伤害大节，酿成终生的遗憾。看看这些先人前辈，他们为人处世尚且如此谨小慎微，你们这些后生小辈，生长在富贵之家，沾染了富家子弟的不良习气，又怎么能明白这其中的深意呢？

《论语》之义深矣

姚端恪公曰：“夫子云：‘至于犬马，皆能有养；不敬，何以别乎?①' 圣人不轻下此等语。”予曰:“老而不死,是为贼。②”亦《论语》中所仅见者,学者当悉心理会之。

【注释】①“至于犬马”句:语出自《论语·为政》,意思是人们连犬马都能够养活,如果没有虔敬之心,那所谓的孝心又与养活犬马有什么区别呢?②“老而不死,是为贼”句:语出自《论语·宪问》,原句是孔子评说原壤老而没有德行,不如赶紧去死,免得害人。

【译文】岳父姚端恪公说:“孔夫子说:‘至于犬马,皆能有养,不敬,何以别乎?’圣贤之人是不会轻易说出这样的话的。”我认为“老而不死,是为贼”,也是《论语》中不多见的内容,探求学问的过程中,应当对这段话尽心领会。

能忍之难也

朱子曰:“《口铭》云①:‘病从口入,祸从口出。’”此语人人知之。且病与祸,人人之所恶也!而能致谨于入口、出口之际者,盖寡。则能忍之难也。《书》曰:“必有忍,其乃有济。②”武王《书铭》曰③:“忍之须臾,乃全汝躯。”昔人诗曰:“忍过事堪喜。”忍之时义④大矣哉!

【注释】①《口铭》:晋代傅玄著。②“必有忍,其乃有济”句:语出自《尚书·君陈》,意思是一定要有所忍耐,才能有所成功。③《书铭》：周武王所作，又称《武王十七铭》《武王戒书十七铭》。《大戴礼记·武王践阼》记载："王闻《书》之言，惕若恐惧，退而为《戒书》。"意思是说，武王听到太公《丹书》上的话后，诚惶诚恐，十分谨慎，退朝之后即做戒书十七铭。④时义：因时而生的作用与价值，即时代的意义、作用。

【译文】朱熹说："《口铭》中讲：'病从口入，祸从口出。'"这句话尽人皆知，而且疾病与灾祸是人人都厌恶的事物。但是能够在入口、出口这方面谨慎从事的人，却是少之又少。这就说明忍耐，真的是一件很难做到的事情！《尚书·君陈》中讲："一定要有所忍耐，才能有所成功。"武王《书铭》中也提到："忍那么一小会儿，就能保全你自己。"昔日也有人作诗说："忍过事堪喜。"意思是忍耐过后，事情就会发生可喜的变化。可见忍耐真是具有相当巨大的时代意义啊！

财货招罪

"匹夫无罪，怀璧其罪。①"吾愿购求古玩者，深思此语。

【注释】①"匹夫无罪，怀璧其罪"：语出自《左传·桓公十年》，意思是百姓本没有罪，因身藏璧玉而获罪。原指不要贪图财宝，后亦比喻有才能、有理想而受害。

【译文】"一个人本没有罪，因身藏宝玉而获罪"，我希望那些购买求取古玩珍宝的人，一定要对这句话好好思考一下。

盛世修书

自有书契[①]以来，以一书贯串古今，包罗万有，未有如我朝《古今图书集成》者[②]。是书也，康熙年间，圣祖仁皇帝广命儒臣[③]，宏开书局，搜罗经史、诸子百家，别类分门，自天象地舆[④]，明伦博物[⑤]，理学经济[⑥]，以至昆虫草木之微，无不备具。诚册府[⑦]之钜观，为群书之渊海，历十有馀年而未就。世宗宪皇帝复诏虞山蒋文肃[⑧]，督率在馆诸臣，重加编校，正其伪讹，补其阙略，经三载而始厘定成书。图绘精详，考定切当。御制序文弁[⑨]其首，以内府[⑩]铜字联缀成版。计印六十馀部，未有刻本也。

【注释】①书契：指文字。②《古今图书集成》：原名《古今图书汇编》，是清康熙时期由福建侯官人陈梦雷奉康熙之命（1650-1741）编辑的大型类书。该书编辑历时28年，正文10000卷，目录40卷，共分为5020册，520函，42万余筒子页，1亿6千万字，内容分为6汇编、32典、6117部。全书按天、地、人、物、事的次序展开，是现存规模最大、资料最丰富的类书，被称为"类书之最"，也是中国铜活字印刷上卷帙最浩繁、印制最精美的一部旷世奇作。③儒臣：汉代称博士官为儒臣，后泛指读书人出身的或有学问的大臣，这里指文臣。④地舆：地理学的旧名。⑤明伦博物：人情物理。⑥经济：指治国的才干。⑦册府：古代帝王藏书之所。钜观：钜，同"巨"，大。钜观即大观。⑧蒋文肃：即蒋廷锡（1669-1732），字酉君、杨孙，号南沙、西谷，又号青桐居士。康熙四十二年（1703）进士，雍正年间历任礼部侍郎、户部尚书、文华殿大学士、太子太傅等职，为清朝重要的宫廷画家之一。死后谥号文肃。⑨弁（biàn）：放在前面。⑩内府：皇宫内负责监管制造器具的部门，就是内务府。铜字：即“铜活字”，以铜铸成的用于排版印刷的反文单字。中国铜活字流行于15世纪末至16世纪的南方。雍正六年（1728）用大、小两号铜字，印成《古今图书集成》。

【译文】自从有文字记载以来，能用一套图书来贯穿古今、包罗万象的，只有我朝所编辑的《古今图书集成》一书。这套书在康熙年间便由圣祖仁皇帝广泛召集文臣，设立规模宏大的官府编书机构，搜罗经史子集、诸子著作、百家学说，进行分门别类的整理编排。书籍内容上至天文星相，下至地理山川，从人之伦常，到万物博观，从儒家理学，到经世济国，甚至是关于昆虫草木这些微小事物的内容，也收集在书中。实在是规模宏大的编书工程，汇集古今海量书籍，历时十多年尚未完成。后来，雍正皇帝又下诏书给蒋廷锡大学士，让他继续督导率领编书馆的诸位大臣，对书籍进行重新编辑校订，改正其中虚假、错误的地方，补充缺失、省略的地方，又历经三年的辛勤劳动，才算修改完成得以定稿。整套书籍，其中的插图绘制精确详尽，考据准确恰当。皇帝御制序文加在整套书的最前面，全书使用皇宫内府的铜字，连接组合成为印版。共计印刷六十多部，并没有刻版印刷的版本。

比时玉蒙恩颁赐一部。雍正十年①，给假南归，又赐一部。令织造送至桐城②，收藏于家。其书为编有六；为典三十有二；为部六千一百有九；为卷一万；装钉为五千本，汇为五百一十套，外目录二套计二十本。实古今未有之奇书！宇内读书人求一见不可得，而玉竟得两部以贻子孙，亦古今未有之幸事也！自明时有《永乐大典》一书[3]，乃姚广孝、解缙、王景等[4]，督率一时博洽淹雅[5]之儒，殚力编摩。书成，凡二万二千九百馀卷，共一万一千九十五本，藏之秘阁[6]。此书体例，按《洪武正韵》排比成帙[7]，以多为尚，非有剪裁厘正之功，当时即有讥其冗滥者。以《古今图书集成》较之，有霄壤之别矣！此书原贮皇史宬[8]，雍正年间，移置翰林院。予掌院事，因得寓目焉。书乃写本，字画端楷，装饰工致，纸墨皆发古香。明世宗当日酷嗜之，旃厦乙览[9]，必有数十帙在案头。一日大内火灾，世宗夜三四传旨移出，始得无恙。后命重录一部，以备不虞。此见之明人纪载者。

【注释】①雍正十年：即1732年。②织造：明清于江宁、苏州、杭州各地设立专局，织造各项衣料及制帛诰敕彩缯之类，以供皇帝及宫廷祭祀颁赏之用。明代于三处各置提督织造太监一人，清代改任内务府人员，称织造。③《永乐大典》：编撰于明朝永乐年间，由姚广孝以及内阁首辅解缙总编，两千名学者于1403-1408年间编成，是一部中国古典集大成的旷世大典，初名《文献大成》，是中国百科全书式的文献集。全书共22877卷，11095册，约3.7亿字，保存了14世纪以前中国历史地理、文学艺术、哲学宗教和百科文献，被《不列颠百科全书》称为“世界有史以来最大的百科全书”。④姚广孝（1335-1418）：幼名天僖，法名道衍，又字独闇，号独庵老人、逃虚子。明代政治家、佛学家、文学家。逝世后追赠荣国公，谥号恭靖，是明代唯一一位以文臣身份进入明祖庙的人。解缙（1369-1415）：字大绅，一字缙绅，号春雨、喜易，明代大臣、文学家。洪武二十一年（1388）进士，官至内阁首辅、右春坊大学士，参与机要事物。因才学高好直言而被弹劾，屡遭贬黜，以“无人臣礼”下狱。成化元年（1465）赠朝议大夫，谥号文毅。王景（1337—1408）：字景彰，号常斋，元末明初松阳县人，明洪武元年（1371）举人，被授予怀远教谕。历任开州知府、山西右参政、礼部侍郎兼翰林院学士，参与《永乐大典》及《太祖高皇帝实录》（《明太祖实录》）的编撰工作，均为总编。留有《玉堂稿》《南诏稿》传世。⑤博洽淹雅：学识广博、高雅。⑥秘阁：古代宫中收藏珍贵图书之处。⑦《洪武正韵》：明太祖洪武八年（1375年）成书，由乐韶凤、宋濂等11人奉诏编成的一部官方韵书，共16卷。继承唐宋音韵体系，作为明太祖兴复华夏的重要举措，在明朝影响广泛。⑧皇史宬（chéng）：明清两代的皇家档案馆，又称表章库。始建于明朝嘉靖十三年（1534）七月，明嘉靖十五年（1536）七月建成，是我国现存最完整的皇家档案库。⑨旃（zhān）厦：指帝王读书学习之所。乙览：皇帝阅览文书为乙览。

【译文】当时我承蒙皇帝恩赐，得到一部《古今图书集成》。雍正十年，我休假南归桐城，圣上又赏赐了我一部，并命宫中织造局派人送到了桐城，我将之收藏在老家。这部书全书共分六编，三十二典，六千一百零九部，共计一万零四十卷。总共装订为五千册，汇总为五百一十套，外加目录二套共计二十册，实为从古至今从来没有过的奇书。天下的读书人想要见它一面都很难，而我竟然能够得到两部这样的奇书，并能将其留给子孙后辈瞻仰，这也是自古至今从来没有的幸运之事啊！明代编有《永乐大典》一书，由姚广孝、解缙、王景等人督促率领一班当时学识广博的儒臣，竭尽全力编集而成。《永乐大典》全书两万两千九百多卷，共一万一千九十五本，被存放于皇家专门收藏书籍的秘阁之内。其体例按照《洪武正韵》的次序排比成册，以多收古籍为原则，并没有在修正裁订方面下功夫，当时就有人讥讽这部书繁冗杂滥。与《古今图书集成》相比，两部书是有天壤之别的。《永乐大典》原本被收藏于皇家档案馆，在雍正年间才被移放进翰林院。我掌管翰林院事务时，才有机会得以翻看此书。这部书是手写本，字体笔画端方雅正，装帧工整精致，纸张墨迹古色古香。据说明世宗皇帝非常喜欢这部书，只要是自己读书和办公的地方，一定会在案头之上摆放十几册。有一天，皇宫内发生火灾，世宗皇帝连夜发出三四道圣旨，命人将这套书抢救出来，才使其免于被大火吞噬。后来，世宗皇帝又命令将这部书重新抄录一遍，以防备再有预料不到的天灾人祸发生。这些内容是在明人所撰写的书中看到的。

胥吏作奸

胥吏[①]作奸，自古有之，然除之亦殊不易。予初为吏部侍郎[②]时，访知有巨蠹[③]张姓者，舞文弄法[④]，人受其毒，呼为张老虎。其人却有为恶之才，僚属皆信用而庇护之。予出其不意，宣言于众，令所司[⑤]重责递还原籍。比时颇有营救者，予不听。及归寓，则知交中致书为之解免者，接踵至矣。予答曰：“既已出示，难于中止。”次日入朝，有相契[⑥]数人，向予称快。曰：“君竟有伏虎力耶！”又一日，在部披阅文书，司官⑦持一文来，曰：“此文内，元氏县误写先民县，当驳问该抚⑧。”予笑曰：“不必问该抚，但问汝司书吏便知之。”司官请问故，予曰：“若先民写元氏，则系外省之错。今元氏写先民，不过书吏一举笔之劳，略添笔画，为需索钱财计耳！汝何不悟耶？”司官怳然，将书吏责而逐之。

【注释】①胥吏：旧时官府中办理文书的小官吏。②吏部侍郎：旧官制的六部之一，主管官吏任免、考课、升降、调动等事。班列次序，在其他各部之上。清末废，并其职掌于内阁。吏部侍郎是吏部副长官，明代正三品，清代为从二品，仅次于尚书。③巨蠹(dù)：巨大的蛀虫，比喻害民不浅的奸恶之徒。④舞文弄法：指歪曲法律条文，舞弊徇私。⑤所司：主管长官。递还原籍：押送其回到原籍。⑥相契：相交深厚，相互默契。⑦司官：清代对中央各部属官的统称。⑧抚：官名，巡抚的简称。

【译文】下面具体办事的小官员作奸犯科、为非作歹，这样的事情自古以来就有，但要将其彻底清除也是非常不容易的事情。我当初做吏部侍郎的时候，经过查访得知有一个姓张的奸恶之徒，肆意歪曲法律，徇私舞弊，百姓深受其害，纷纷喊他“张老虎”。这个人很有作恶的才能，其下属官吏也都很信任他并且对他颇有庇护。我出其不意的将他查办，把他的罪行公告于众，命令其主管长官对其严加处罚，最终将他遣送回原籍。当时有很多想要帮他的人来为他说情，我都没有理睬。等回到寓所家中，一些知己故交纷纷来书信替张老虎解围免责。我回答他们说："处罚告示已经发出，想要终止很难了。"第二天我上朝，数位相交深厚的同僚对我处理此事的方式拍手称快，都说："阁下竟然有降服老虎的能力啊！"又有一天，我在部里批阅文书，有属官拿着一份文书过来报告说："这篇文书中，把'元氏县'误写成'先民县'，应该驳回并斥责地方巡抚。"我笑着回答："不需要询问地方巡抚，只要询问你所在部门承办文书的小官吏就知道了。"属官询问原因，我说："如果是把'先民'误写为'元氏'，那是外省地方官员的错误。可现在，是'元氏'误写成了'先民'，就只是承办文书的小官吏一抬笔，略在字上添加笔画就够了，这是他为一己私利贪污受贿的小计谋而已！你怎么能体会不到呢？"属官恍然大悟，严厉斥责了承办文书的小官吏，并将他赶出了衙门。

掣签相沿

明神宗时①，孙公丕扬为太宰②。患内廷要人请托③，难于从违④。于大选外官⑤，立为掣签⑥之法。一时舆论以为公。而讥之者则以为铨衡⑦重地，一吏人为之足矣，何必太宰。余曰："进退人才，果能至公至当，自无暗中摸索之理。苟不其然，则掣签亦救时之策，未可以为非。"故至今相沿不改也。

【注释】①明神宗：朱翊钧（1563—1620），明朝第十三位皇帝，年号万历，在位48年，是明朝在位时间最长的皇帝。②孙公丕扬：孙丕扬（1531–1614），字叔孝，号立山，明嘉靖三十五年（1556）丙辰进士，历任应天府尹、南京都察院右佥都御史，大理寺卿、户部右侍郎；诏拜刑部尚书、吏部尚书，太子太保等职。太宰：明清时通称吏部尚书为“太宰”。③请托：请求和托付。④从违：依从或违背。⑤外官：地方官。与京官相对。⑥掣签：特指明代后期沿袭至清的吏部选授迁除官吏的方法。⑦铨衡：指主管选拔官吏的职位。

【译文】明神宗时，孙丕扬作为礼部尚书，忧虑宫廷内的太监和一些皇亲国戚的请求托付，对于这些请求既不能答应也不好拒绝，便在选任外派官职时，创造了一个抽签决定外派官职的办法，这办法一出来，一时间众人都觉得很公平。但是也有对此感觉不合理的，有人讥讽说，吏部是管理、选拔和任用官员的重要部门，如果抽签这样的方法能行得通的话，那整个吏部只需要一个人就够了，何必设置吏部尚书的职位呢？我认为：“官员的升迁与降免，如果真的能做到公正合理、选任得当，那自然是不需要再进行什么暗箱操作的。但如果确实做不到公平恰当，使用抽签选取的方法也不失为匡救时弊的好计策，并非没有可取之处。”所以，选官掣签的方法依然沿用至今。

凡事不可太过

偶读明人《谷山于文定笔麈》[①]，有曰：“求治不可太速；疾恶不可太严；革弊不可太尽；用人不可太骤；听言不可太轻；处己不可太峻。”予持此论久矣。不意前人已先我言之，为之一快。

【注释】①《谷山于文定笔麈(zhǔ)》:即由于文定所撰的《谷山笔麈》。于文定即明代文学家于慎行(1545—1607),文定为他的谥号。《谷山笔麈》主要记述明朝万历以前的典章、人物、兵刑、财赋、礼乐、释道、边塞诸事,是“元明史料笔记丛刊”之一。

【译文】偶然读到明代于慎行所撰写的《谷山笔麈》,其中提到:“追求国泰民安不能太过迅猛快捷;嫉恶如仇不可太过严厉残酷;革除弊端不可太过做绝;任用人才不可太过急切仓促;听到他人言语不可轻率下结论;自己为人处世不可太过强求苛刻。”我很久以前就有了这样的思考和判断,但没有想到,原来前人已经先我一步说出了这些话,为此我感到非常痛快。

造谣之恶大矣

《周礼·大司徒》[①]:“以乡八刑[②]纠万民。”造言之刑,次于不孝不弟。古圣人之立法如此其严,而《青蝇》、“贝锦”之诗[③],又何如之痛恨切骨也。后世风俗日漓[④],人心益薄,造言之人,比比皆是。诛之不可胜诛,漏网者既多,而此辈益无忌惮矣!然余五十年来,留心默识,彼语言不实之辈,一时可以欺世,而究竟飘荡终身。风鉴[⑤]书所谓“到老终无结果也”。若怀私挟怨,捏造蜚语,害人名节身家者,厥后必有恶报。以予所见,可以屈指而数,未可以为天道渺茫,在可知不可知之间也。

【注释】①《周礼》：原名《周官》，是儒家经典十三经之一。《周礼》《仪礼》和《礼记》合称“三礼”，是古代华夏民族礼乐文化的理论形态，对礼法、礼义作了最权威的记载和解释，对历代礼制的影响最为深远。《周礼》中记载先秦时期社会政治、经济、文化、风俗、礼法诸制，堪称为中国文化史之宝库。②八刑：周代对八种犯罪行为所施加的刑罚。《周礼·地官·大司徒》：“以乡八刑纠万民。一曰不孝之刑，二曰不睦之刑，三曰不姻（yīn）之刑，四曰不弟之刑，五曰不任之刑，六曰不恤之刑，七曰造言之刑，八曰乱民之刑。”后来总称刑政为八刑。③《青蝇》：《诗经》篇名，《诗经·小雅·青蝇》：“营营青蝇，止于樊。岂弟君子，无信谗言。营营青蝇，止于棘。谗人罔极，交乱四国。营营青蝇，止于榛。谗人罔极，构我二人。”这是一首劝诫当政者做恺悌君子别听信谗言的政治抒情诗。贝锦：语出自《诗经·小雅·巷伯》：“萋兮斐兮，成是贝锦。”原意是指像贝的文采一样美丽的织锦，后比喻诬陷他人、罗织成罪的谗言。④漓：浅薄。⑤风鉴：相面术。

【译文】《周礼·大司徒》中说：“用八种刑罚纠正百姓的言行。”制造谣言的刑罚，被列在不孝顺父母、不友爱兄弟之后，足见其罪之重。古时候圣人所立法规竟然如此的严厉，还有《诗经·小雅·青蝇》诗篇，以及《诗经·小雅·巷伯》中“贝锦”的说法，都对造谣这些事进行了深刻的描述，足见古人对造谣这种行为深恶痛绝、恨之入骨。后世社会风气越发不好，人心鄙陋浅薄，以至于造谣之人到处都是。对这类人就算是严厉诛杀，也是杀不尽的，漏网之鱼也为数不少，因此那些造谣惑众之人，也变得更加肆无忌惮起来。五十多年来，我一直在留心观察并默默记住那些相关的人和事，发现那些说话不切实际、满嘴虚言妄语的人，虽然一段时间里可以欺世盗名，但终归没有好下场。这也印证了相面书中所说的“搬弄口舌的人，上了年纪之后总会没有好下场”。如果心怀私利、包含怨恨，并因此捏造流言蜚语四处传播，伤害别人的名节甚至败坏别人身家的，这样的人到最后必然遭受恶报，自食恶果。这样的事情我都亲眼所见，甚至可以一件件的例举出来。不要认为天道渺茫，只是在可知与不可知之间罢了。

程颐作《易》

伊川先生晚年作《易传》成[①]，门人请授梓[②]。先生曰：“更俟学有所进。”呜呼！古人之虚怀若此。今之学者，偶有著作甫脱稿，而即付剞劂[③]。亦知古贤人之用心否耶？

【注释】①伊川先生：即程颐（1033—1107），字正叔，祖籍河南府伊川县（今河南省洛阳市嵩县田湖镇程村），世称伊川先生，程颢胞弟，北宋理学家和教育家。《易传》：程颐注解《周易》的哲学著作，又称为《周易程氏传》《程氏易传》。在此书中，程颐借解释《周易》卦辞爻象来阐明义理。②授梓：交付雕板。谓付印。③剞劂（jī jué）：指雕版、刊印。

【译文】伊川先生程颐晚年注解《易传》，在注解完成之后，门人请求程颐，允许他们将书稿刻版印刷。但先生却说：

“先等一等，让我再深入研究学习一下，等有了更好的结果之后，再说吧。”感叹啊！古人如此谦逊虚心。而现在的学者，不过偶然间写就一部著作，刚一完成，就迫不及待地拿去刻版印刷，又怎么能体会到古代圣贤之人在学术研究上所秉持的严谨态度呢？

论隐士

放翁诗曰：“志士栖山恐不深，人知先已负初心。不须更说严光辈[①]，直自巢由[②]错到今。”此诗虽云翻案，却是确论。至今思之，许由之洗耳[③]，子陵之共卧[④]，未免蛇足。三复兹篇，想见此老胸中，天空海阔，气象[⑤]高人数百等。若巢、许、子陵有知，未心不莞尔而笑，以为实获我心也。

【注释】①严光（公元前39—公元41年）：又名遵，字子陵。会稽余姚（今浙江省余姚市）人，东汉著名隐士。②巢由：巢父和许由的并称。相传皆为尧时隐士，尧让位于二人，皆不受。因用以指隐居不仕者。③许由之洗耳：《高士传·许由》载：“尧让天下于许由……由不欲闻之，洗其耳于颍水滨时，其友巢父牵犊欲饮之，见由洗耳……巢父曰：‘子若处高岸深谷，人道不通，谁能见子，子故浮游欲闻求其名誉，污吾犊口！’牵犊上流饮之。”表示以接触尘俗的东西为耻辱，心性旷达于物外。④子陵之共卧：《后汉书·严光传》记载：因共偃卧，光以足加帝腹上。明日，太史奏客星犯御坐甚急。帝笑曰：“朕故人严子陵共卧耳。”⑤气象：人的举止、气度。

【译文】陆游有诗云："志士栖山恐不深，人知先已负初心。不须更说严光辈，直自巢由错到今。"意思是说，有志之士，恨不能隐居在更深更远的山中，人们一旦知晓了他的名声，就已经违背了当初自己当隐士的本意。不用说严光这样的人了，就说巢父、许由这些古代有名的隐士，他们对于隐居的认识都是错误的。这首诗虽然推翻了前人对待隐士高人的论断，但对于隐士的评价却很准确。许由拒绝尧帝的召唤，而跑到颍河边洗耳朵的传说和严光与汉光武帝刘秀同床叙旧，而把脚放在光武帝肚子上的故事，现在想一想，这些故事传说未免都有画蛇添足的成分在里面。再三阅读陆游的这首诗，可见在放翁心中，自是有海阔天空般的胸襟，他的举止气度早就超出平常人数百倍了。如果巢父、许由、严子陵泉下有知，定然也会在心里莞尔一笑，认为陆游实在是与他们心有灵犀了。

不彰人过

魏叔子曰[①]："予少禀憨直，多效忠于人而颇自好其文。凡书牍[②]必录于稿。吾友彭躬庵[③]曰：'人有听言而过已改者，子文幸传于世，则其过与之俱传。子不忍没一篇好文字，而忍令朋友已改之过千载常新乎？'予愧服汗下，此语与古人焚谏草[④]更自不同。"叔子集中载此一则，余展读再过，叹服躬庵之箴规，可谓忠厚之至矣！以此施于朋友之间且不可，何况君父之前？有所敷陈⑤，辄宣播于外，以博骨鲠⑥之誉，是何异几谏父母而私以语人？自诩为直，自诩为孝，此何等肺肠⑦耶？

【注释】①魏叔子：即魏禧（1624—1680），字冰叔，一字凝叔，号裕斋，亦号勺庭先生。明末清初著名散文家。有《魏叔子文集》《邱维屏传》《大铁椎传》等作品。②书牍：简牍书信之类的总称。③彭躬庵：即彭士望（1610—1683），本姓危，字躬庵，又字达生，明末文学家，著有《手评通鉴》《春秋五传》《耻躬堂诗文集》等。④焚谏草：谏草，谏书的草稿。焚烧掉进谏的草稿。⑤敷陈：铺叙；详加论列。⑥骨鲠：比喻刚直。⑦肺肠：比喻内心，心思。

【译文】魏禧说："我从小禀性憨厚直率，对很多朋友都能以诚相待，也特别喜欢朋友们的文章。凡是与朋友往来的书信文字，我都会抄录下来，存于书稿之中。我的好友彭士望说：'您的朋友中，有能听进劝告并且改正自己过失的人，如果因为您的文字有幸流传后世，而使对方的过错也被记载下来，也会随之流传下去的。您不忍心埋没一篇好文章，而能忍心朋友已经更正的错误永远像刚犯下时那样，被人知道吗？'我惭愧不已，以至汗流直下，他的这番话与古人烧掉谏书草稿相比，更有不同的意义啊！"魏禧在文集中记载的这一件事，我反复读了一遍又一遍，感叹彭士望对魏禧的规谏，真是忠诚宽厚到了极致！魏禧这种做法，放在朋友之间尚且不行，更何况是放在君臣、父子之间呢？在文章中对他人的错误有所论述，就会被宣扬在外，虽然能获得刚直的赞誉，但这与当面谏言于父母，但私下里却将父母之过告知他人又有什么分别呢？这种人可能自诩这些做法是正直的，是孝顺的，可实际上这是何等的居心啊?

好画有禅意

余藏有恽香山山水一幅①，墨笔淡远②，非近今人所及。香山自题曰："画，贵曲、贵深、贵著笔于人所不见处；而又有于直中见曲者，于浅处见深者，于人所最见为人之所不能见者。石脾③入水即干，出水即湿。独活有风不动④，无风自摇。天下事不可以理求，上智乃能知道。"此数语，大有禅意。尝观古来文人墨士，未有不兼通禅学者。

【注释】①恽香山：即恽本初（1586—1655），字道生。号香山，常州画派创始人，明末著名山水画家。②墨笔淡远：指意境冲淡高远。③石脾：含有大量矿物质的咸水蒸发后凝结成的石状物质。④独活：草名。茎、叶皆有毛。羽状复叶。花五瓣白色。根可入药，有镇痛、发汗、利尿之效。古代以羌族地区出产者为最佳，故又名羌活。传说此草得风不摇，无风自动，故又名独摇草。

【译文】我收藏了恽本初的一幅山水画，这幅画意境淡泊高远，是现在的画家所不能及的。恽本初在这幅画上题字说："一幅画，贵在意境曲幽、贵在意境深远，贵在于常人所不在意的地方着眼；同时作画的手法，又要在直接中能表现出曲折，在浅显处能体现出深邃，能借助人们所常见的事物去描绘人们所难以见到的妙境。石脾入水即干，出水反湿。独活有风不动，无风却摇。天下的万事万物不能完全按照常理去推论求证，最上乘的智慧才能懂得这其中的真理。”只是这几句话，就颇有禅意，体现出一番清静寂定的心境。我曾经观察古往今来的文人墨士，他们中间很少有不通晓禅学的。

善读书者看大处

孙退谷宗伯《益志录》有曰[①]：“孔明读书，略得大意。陶渊明读书，不求甚解。皆其善读书处，非经生佔毕所能知[②]。孔明自比管乐[③]，谦词耳！杜少陵曰：‘伯仲之间见伊吕，指挥若定失萧曹’[④]，乃千古定论。”予向来管见如此，不意与退谷先生吻合。

【注释】①孙退谷：即孙承泽（1593—1676），一作耳伯，号北海，又号退谷，一号退谷逸叟、退谷老人、退翁、退道人，明末清初政治家、收藏家。明崇祯四年（1631）进士，官至刑科给事中。清顺治元年（1644）被起用，历任吏科给事中、太常寺卿、大理寺卿、兵部侍郎、吏部右侍郎等职。著有《春明梦余录》《天府广记》《庚子消夏记》《九州山水考》《溯洄集》《研山斋集》等四十余种著作，多传于世。②佔毕：诵读书籍。谓不解文意，死读书。③管乐：指春秋时齐国名相管仲与战国时燕国名将乐毅的并称。④“伯仲”两句诗：语出自《咏怀古迹五首·其五》。伊尹，商代开国君主汤的大臣；吕尚，辅佐周文王、周武王灭商有功；萧何与曹参都是汉高祖刘邦的谋臣，汉初名相。

【译文】孙承泽在《益志录》中说：孔明读书，简明扼要地获取内容大意；陶渊明读书，并不刻意寻根问底。这都是他们擅长读书的表现，是现今很多只知道死读书而不解文意的读书人所无法做到的。孔明把自己比作管仲和乐毅，已经是很谦虚的说法了。杜甫诗中说："伯仲之间见伊吕，指挥若定失萧曹"，诗中赞誉诸葛亮不管是用兵治国还是为人道德，都能和伊尹、吕尚这两位不相上下；而他的运筹帷幄、指挥若定的气度和能力，即使是萧何和曹参也无法与之相比，这就是千古以来的定论了。我向来的意见也是如此，竟没想到与孙承泽先生的观点不谋而合。

读武侯《戒子书》

武侯《戒子书》[①]曰："君子之行：静以修身，俭以养德。非澹泊无以明志，非宁静无以致远。夫学须静也，才须学也。非学无以广才，非静无以成学。慆慢[②]则不能研精，险躁则不能理性。"予尝以"静"字训子弟，今再益以"静以修身，学须静也"二语。其中义蕴精微，非大有识见人不能领会。

【注释】①《戒子书》：即《诫子书》，是三国时期政治家诸葛亮临终前写给他儿子诸葛瞻的一封家书，当作于蜀汉建兴十二年（234）。②慆（tāo）慢：怠慢，怠惰。

【译文】诸葛亮《诫子书》中提到："君子的品行，以恬静来修养身心，以俭朴来培养品德。不淡泊名利，就不能使自己的志向坚定，不宁神静气，做事情就无法长久的坚持下去。学习必须要静下心来，才干是不断学习得到的。不学习难以增长才干；不静心难以成就学业。懈怠傲慢则无法进行更精深的研究，轻薄浮躁则不能陶冶性情。”我经常用“静”字来训诫年轻后辈，现在则更要加上“静以修身，学须静也”这两句话。这其中所蕴含的含义精深微妙，除非是有高深见解的人，否则难以领会。

闻乐有所忌

柳诚悬性晓音律[①]，不好奏乐。人问之，答曰：“闻乐令人骄怠[②]。”此一语耐人千日思。

【注释】①柳诚悬：即柳公权（778-865），字诚悬，京兆华原（今陕西省铜川市耀州区）人，唐朝中期著名书法家、诗人。二十九岁进士及第，共历仕七朝，官至太子少师，世称“柳少师”。柳公权书法以楷书著称，自创独树一帜的“柳体”，与欧阳询、颜真卿、赵孟頫并称“楷书四大家”。②骄怠：傲慢懈怠。

【译文】柳公权通晓音律，却并不喜欢奏乐。有人问他原因，他回答说：“听音乐容易让人变得傲慢懈怠。”这一句话很是耐人寻味，值得长久思考。

东坡文中多禅理

东坡精于禅理[①]，为古今文人之所罕见。即如《赤壁赋》[②]有云："逝者如斯，而未尝往也；盈虚者如彼，而卒莫消长也。"此二句，释迦牟尼佛[③]见之，亦应莞尔而笑。下文云："自其变者而观之"、"自其不变者而观之"，此则文人语气，佛家所不道。

【注释】①禅理：佛学之义理。②《赤壁赋》：北宋文学家苏轼创作的一篇赋，作于宋神宗元丰五年（1082）贬谪黄州（今湖北黄冈）时。此赋记述了作者与朋友月夜泛舟游赤壁的所见所感。③释迦牟尼佛：佛教始祖，姓乔达摩，名悉达多。他成长于富裕的环境，娶妻生子后，大概29岁时出家，约35岁时得到佛陀的自觉。"释迦牟尼"是后人对他的尊称，意义是"释迦族圣者"。"释迦"是他所属部落的名字，有"能"、"勇"之意；"牟尼"是当时对出家修行成就者的称谓，译作"文"、"寂静"等，是圣者之德，"释迦牟尼"汉译又作"能仁寂默"。一般也称为"释尊"或"佛陀"。

【译文】苏东坡在佛学义理方面非常精通，其境界之高远，在古今文人中都很少见。比如他所作的《赤壁赋》中说："逝者如斯，而未尝往也；盈虚者如彼，而卒莫消长也。"意思就是江水昼夜不停流淌，却始终没有流走流尽；月亮盈缺变化，最终也没有真正的减少或增长什么。苏东坡的这两句话，恐怕连佛陀释迦牟尼听见了，都会会心地莞尔一笑。《赤壁赋》接下来又说"自其变者而观之""自其不变者而观之"，即从事物易变的一面和不变的一面分别去观察，这两句就是文人所习惯的表达方式了，佛家是不会这样说的。

贾谊为人和文章

贾长沙一生学问经济[1]，具载《治安策》中[2]。而太史公作传，只载其《吊屈原》《伤鹏鸟》二赋[3]。古人用意当细思之，不可忽过。至于贾生之为人，则东坡所谓“志大而量小，才有余而识不足”数语尽之矣[4]。

【注释】①贾长沙：即贾谊（公元前200—前168年），西汉初年著名政论家、文学家。文帝时任博士，迁太中大夫，后因受排挤而被贬谪为长沙王太傅，故后世又称其为贾长沙、贾太傅。后贾谊成为梁怀王太傅，怀王坠马而死，贾谊深感歉疚，抑郁而亡。贾谊著作主要有散文和辞赋两类，散文代表作有《过秦论》《论积贮疏》《陈政事疏》等，其辞赋是汉赋发展的先声，以《吊屈原赋》《鹏鸟赋》最为著名。②《治安策》：贾谊创作的一篇政论文，文中论及文帝时潜在或明显的多种社会危机，涉及中央与地方诸侯之间、汉庭与北方异族之间，以及社会各阶层之间的种种矛盾，针对这令人忧心的一切，贾谊富有针对性地一一指明相应对策和补救措施，是其系统地阐述自己治国主张的一篇长文。③《吊屈原》《伤鹏鸟》二赋：《吊屈原赋》，汉文帝四年（公元前176年），贾谊被贬为长沙王太傅，路过屈原放逐之地，对前代这位竭诚尽忠以事其君的诗人的不幸遭遇深自伤悼，遂作此赋。《伤鹏鸟》，即《鹏鸟赋》，是贾谊谪居长沙时所作。此赋借与鹏鸟问答来抒发自己忧愤不平的情绪，并以老庄的齐生死、等祸福的思想以自我解脱。④“志大”句：语出自苏轼所作的《贾谊论》。

【译文】贾谊一生的学问思想、治国策略，全都记载在了《治安策》这篇文章当中。太史公司马迁做传记，也只收录了他《吊屈原赋》《鹏鸟赋》这两首辞赋作品，古人如此行事的用意需要我们细细思考体会，不可以忽视不理。至于说贾谊平生为人，苏东坡的评价说他“志向宏大，而度量狭小；才能有余，而见识不足”，仅仅几句便说到了点子上。

学者应谦虚

今人于旧人著作，往往好为指摘[①]，以自夸其学问，其意盖欲求名也！不知指摘不当，转贻后人指摘之柄。似此者甚多，是求名而适以败名矣！又如注解古人之书，往往于不能解者强解之，究非古人之本意。夫子云“多闻阙疑”[②]，奈何不以为法哉！

【注释】①指摘：指责，指出错误，给以批评。②多闻阙疑：语出自《论语·为政》，意思是多听听，保留有疑问的地方。

【译文】现在的人对于古人的著作，总是喜欢去挑剔错误并严加批评，借此来夸耀自己的学问，其真实意图大概还是想要获得名声。这种人却没想到，自己指责古人的不当言论，反而成为后人指责自己的把柄。诸如这样的事情非常多，有人本来想要获得个好名声，结果适得其反，反而败坏了自己的名声。又比如对古人的书进行注解，往往都对自己不能理解的地方非要勉强解释，最终表达的意思也就不是古人原意了。孔夫子说“多听取，并且保留有疑问的地方”，为什么不效法“存疑”的态度去做呢？

君相造命

友人云：“君相造命[①]，此战国游说之士欺人语耳！富贵穷通、升沉得失，皆天为之，君相何能为哉！”予笑曰：“天又何能为哉！”

【注释】①造命：谓掌握命运。

【译文】有朋友说：“帝王将相掌握着人的命运，这是战国时期那些纵横家们欺骗众人的话罢了！人的富贵显达，贫困潦倒，升迁降职，成败得失，都是上天的安排，帝王将相又怎么能掌控呢？”我笑答：“那上天又是怎么掌控的呢？”

刑官之选

偶与僚友闲谈[①]，佥曰[②]：“刻薄人不可为刑官[③]。”余曰：

“固也。聪明人亦不可为刑官。”众徐思之以为然。

【注释】①僚友：官职相同的人，共事的人。②佥（qiān）：全，都。③刑官：官名。掌理刑法的官吏。

【译文】偶然与同事闲聊，大家都说：“冷酷刻薄的人，不能担任掌管刑法的官吏。”我说：“的确如此，聪明伶俐的人也同样不能担任掌管刑法的官吏。”大家慢慢思考之后，也认为事实的确如此。

孟子岂好辩

孟子曰：“予岂好辩哉！予不得已也。[①]”吾人必深知孟子不得已之苦衷，方可以读《孟子》。不然，则书中可疑、可议者，不可胜数矣。

【注释】①“予岂”：语出自《孟子·滕文公下》。

【译文】孟子说：“我怎么会喜欢辩论！我那是不得已而为之啊！”我们必须深刻理解孟子这种不得已的苦衷，才能真正读懂《孟子》。不然的话，书中令人疑惑不解、令人争辩议论的地方，那就数不胜数了。

省事之法

坡公《与滕达道书》曰[①]："近得筠州舍弟书[②]，教以省事。若能省之又省，使终日无一语一事，则其中自有至乐，殆不可名。"坡公此意，予深知之，而无如[③]所处之境不能行耳，言之惘然。

【注释】①坡公：指苏东坡。②筠（yún）州：唐武德七年（624）改米州置，以地产筠篁得名。次年即废入洪州。五代南唐保大十年（952）复置，辖境相当于今江西高安、宜丰、上高、万载、樟树等市县地。北宋时缩小，仅相当于今高安、宜丰、上高等市县地。③无如：无可奈何。

【译文】苏东坡在《与滕达道书》中说："最近收到弟弟苏辙从筠州寄来的书信，信中劝我省事养生。对于身边的事情，如果真能做到一省再省，省到一整天也不用说话做事的地步，那自然是有很大的乐趣了，而这种乐趣几乎是语言所不能表达的。"苏东坡的这个意思，我有着深刻的体会，但是令我无可奈何的是，现在所处的环境是不允许我这样照搬苏东坡的做法的，说来也颇为让人感到遗憾。

张九龄罢相

坡公《迩英进读故事八说》①，其一则“张九龄不肯用张守珪、牛仙客”事②，古今来有执政之责者，不可不深思之。

【注释】①迩英：“迩英阁”的省称。宋代禁苑宫殿名，取义“亲近英才”。②张九龄（678-740）：字子寿，一名博物。唐朝韶州曲江（今广东省韶关市）人，世称“张曲江”或“文献公”。唐朝开元年间名相，诗人，著有《曲江集》，被誉为“岭南第一人”。谥文献。张守珪（684-740）：字元宝，陕州河北（今山西省平陆县）人。唐朝名将。官至辅国大将军、右羽林大将军，封南阳郡开国公。牛仙客（675-742）：泾州鹑觚（今甘肃省灵台县）人，唐朝宰相，任相期间，凡事依从李林甫，遇事不敢裁决。谥号贞简。

【译文】苏东坡写了《迩英进读故事八说》这篇文章，是他在迩英殿给皇帝讲述以前朝代君臣理政的八个故事，其中一个故事讲的是唐代开元年间的宰相张九龄，因为不肯任用唐朝宗室宰相李林甫举荐的张守珪、牛仙客二人，结果反被唐玄宗罢官的故事。古往今来，凡是执掌政事的官员，不可不深思这个故事中的深刻含义！

三世得谥

明王弇州纪父子得谥者①，以为盛事，而三世得之②，尤为仅见。惟余姚孙氏，第一世副都御史，赠礼部尚书，谥忠烈（燧）。第二世南京礼部尚书，赠太子少保，谥文恪（升）。第三世吏部尚书，赠太子少保，谥恭简（鑨）。有明三百年，仅此一家耳！

【注释】①王弇（yǎn）州：即王世贞（1526–1590），字元美，号凤洲，又号弇州山人，南直隶苏州府太仓州（今江苏省太仓市）人。明代文学家、史学家。②“三世得之”：“三世”指后面的余姚孙氏祖孙三代。孙燧（1460–1519），字德成，号一川，弘治六年进士，历仕刑部主事、郎中、河南右布政使、右副都御史、巡抚江西，卒赠礼部尚书。孙升（1501–1560），字志高，号季泉，孙燧幼子，明嘉靖十四年（1535）韩应龙榜进士榜眼，授翰林院编修，官至南京礼部尚书，死后赠太子少保，谥文恪，著有《易测窥天录》。孙鑨（1524–1594），字文中，号立峰，晚号柒园子供事，孙升之子，嘉靖三十五年（1556）进士，历官武库主事、武选郎中、文选郎中、光禄卿、大理卿、南京吏部尚书，入为吏部尚书。

【译文】明代王弇州记载说，如果一个家庭父子两人都能得到皇帝的封谥，那会被认为是一件盛大而隆重的事情，尤其是一个家族祖孙三代都能得到皇帝的封谥，那就更为罕见了。只有余姚的孙氏家族曾在明朝得此殊荣，第一世是孙燧，官至副都御史，逝世后追赠礼部尚书，谥号为忠烈。第二世是孙燧之子孙升，官至南京礼部尚书，逝世后追赠太子少保，谥文恪。第三世是孙升之子孙𬬮，官至吏部尚书，逝世后追赠太子少保，谥恭简。明朝三百年间，只有这一家有这样的殊荣。

阁试佳作

明弘治[①]时，庶吉士薛格阁试[②]《中秋不见月》诗，考居第一。中一联云："关山有恨空闻笛，乌鹊[③]无声倦倚楼。"一时传诵之，予亦爱其有逸致也。

【注释】①弘治：为中国明朝第九个皇帝明孝宗朱祐樘的年号，自1488年至1505年间使用，前后共18年。②阁试：明代翰林院对庶吉士的考试。③乌鹊：指喜鹊。古以鹊噪而行人至，因常以乌鹊预示远人将归。

【译文】明弘治时期，庶吉士薛格参加翰林院考试，创作了《中秋不见月》一诗，考中了榜首。其中有一联写道，"关山有恨空闻笛，乌鹊无声倦倚楼"，大意是说关山月起，心恨别离，静听怨笛之声；乌鹊无声，远人不归，疲倦困倚楼台。这样的两句诗一时间广为传诵，我自己也非常喜欢这诗句中超凡脱俗的雅致情趣。

唐人诗道之论

苏子由曰[①]："唐人工于为诗，而陋于闻道[②]。孟郊耿介之士[③]，虽天地之大，无以容其身，卒穷以死。李翱、韩退之皆极称之[④]。甚矣！唐人之不闻道也。"朱考亭曰[⑤]："李长吉诗巧。"[⑥]二公之论若此，世之善学诗者，不可不知。

【注释】①苏子由：即苏辙（1039—1112），字子由，一字同叔，晚号颍滨遗老。眉州眉山（今四川省眉山市）人。北宋文学家、宰相，"唐宋八大家"之一。②闻道：领会某种道理。③孟郊（751—814）：字东野，湖州武康（今浙江省湖州市德清县武康镇）人，唐代著名诗人，四十六岁中进士。孟郊擅长写诗，因其诗作多写世态炎凉、民间苦难，所以有"诗囚"之称，有《孟东野诗集》传世。④李翱（772—841）：字习之，唐陇西成纪（今位于甘肃省秦安县东）人，贞元年间进士，历任国子博士、史馆修撰、考功员外郎、礼部郎中、中书舍人、桂州刺史、山南东道节度使等职，协助韩愈推进古文运动，为唐代古文运动健将。韩退之：即韩愈。⑤朱考亭：即朱熹，因其晚年移家定居于建阳县（今福建省南平市建阳区）的考亭，故世称"朱考亭"。⑥李长吉：即李贺（约791—约817），字长吉，唐代河南福昌（今河南省洛阳市宜阳县）人，家居福昌昌谷，后世称"李昌谷"。中唐浪漫主义诗人，有"诗鬼"之称，与李白、李商隐并称为唐代三李。著有《昌谷集》

【译文】苏辙说："唐代人擅长作诗，却在领悟道理方面有所欠缺。孟郊是性情耿直之人，虽然天地广阔，却找不到他立身之地，最终穷困潦倒而去世。李翱、韩愈都对他极尽称赞，这真是非常明确地表现出唐代人对天道规律的不通晓。”朱熹称赞说：“李贺的诗作巧妙。”苏辙与朱熹这两位的评论就是这样的，如今世上那些擅于学诗的人，不能不懂得这一点啊。

《马嵬驿》诗解析

李义山《马嵬驿》诗[①]，古今来脍炙人口，余亦极爱之。但记二十余岁时，读结句：“如何四纪为天子，不及卢家有莫愁。[②]”微有不慊[③]于心，以为未免强弩之末，然未敢轻以语人也！及老年见胡苕溪《诗话》以二语为浅近[④]。不觉掩卷而笑，命儿辈识之。

【注释】①李义山：即李商隐（约813–约858），字义山，号玉溪生，又号樊南生，怀州河内（今河南省焦作市沁阳县）人，晚唐著名诗人，著有《李义山诗集》。《马嵬驿》：李商隐所做的《马嵬二首》，这是两首咏史诗，一为七绝，一为七律，都以李隆基（唐玄宗）、杨玉环（杨贵妃）的故事为抒情对象，诗中隐含作者对唐玄宗的强烈批评之意。②“如何”两句：出自《马嵬二首》其二。四纪，四十八年，岁星十二年一周天为一纪，玄宗在位四十五年，约为四纪。卢家莫愁，古乐府中相传有洛阳女子莫愁，嫁给了豪富的卢氏夫家。诗句意思是，玄宗在位时间如此之长，却不能像民间夫妇那样，与杨贵妃长相厮守。③不慊（qiè）：不满意。④胡苕溪：即胡仔（1110–1170），字元任，官至奉议郎，知常州晋陵县，后因父亲胡舜陟被奸臣秦桧所害，遂隐居浙江湖州苕溪，“日以渔钓自适”，自号苕溪渔隐。著有《苕溪渔隐丛话》。④浅近：浅薄鄙陋。

【译文】李商隐所作的《马嵬驿》诗，古往今来都因其优美的诗句而被广为赞美和传诵，我也非常喜欢。还记得我二十多岁时，读到诗的结尾两句：“如何四纪为天子，不及卢家有莫愁。”意思是玄宗做了如此长久的天子，却不能像民间夫妇那样，能与杨贵妃长相厮守。读到这里我略微觉得内心有些不满，认为这两句很有些气势减弱，起不到好作用的感觉，但是没敢轻易与他人提起。等到我老年时，看到了胡仔《苕溪渔隐丛话》中对李商隐这两句诗的评价，胡仔认为这两句话意味过于浅显。我合上书本，发出会心的微笑，并让儿孙晚辈们记住这个评价。

作诗用字有出处

沈佺期诗[①]：“海外无寒食，春来不见饧。”刘梦得云[②]：“为诗用僻字须有来处，‘春来不见饧’，尝疑‘饧’字，因读《毛诗郑笺》说吹箫云[③]：‘即今卖饧人家物’。《六经》惟此注中有‘饧’字。后辈业诗，即须有据，不可学常人率尔而道也[④]。”

《桐江诗话》[⑤]：“秦少游《咏牵牛花》诗曰[⑥]：‘银汉初移漏欲残，步虚人倚玉栏干。仙衣染得天边碧，乞与人间向晓看。’此少游汝南作教官时，于程文通会间席上所赋，真佳作也。咏物诗有澹永之味[⑦]，不即不离，所以为佳。”曹松诗曰[⑧]："泽国江山入战图，生民何计落樵渔。凭君莫话封侯事，一将功成万骨枯。"刘贡父诗曰[⑨]："自古边功缘底事，多因嬖倖欲封侯。不如直与黄金印，惜取沙场万髑髅。"曹刘二诗，相为表里[⑩]，读之而不动心者，非人情也。刘诗所云，古多有之，当以为儆戒。

【注释】①沈佺期（约656–约715）：字云卿，相州内黄（今安阳市内黄县）人，唐代诗人，善属文，尤长七言之作。与宋之问齐名，称"沈宋"。"海外"两句诗出自沈佺期所作的《岭表逢寒食》诗："岭外无寒食，春来不见饧。洛阳新甲子，何日是清明。花柳争朝发，轩车满路迎。帝乡遥可念，肠断报亲情。"寒食，即寒食节，在清明节前一二日。禁烟火，只吃冷食，相传为春秋时晋文公功臣介之推的忌日，曾被称为中国民间第一大祭日。②刘梦得：刘禹锡（772–842），字梦得，河南洛阳人。唐朝文学家、哲学家，有"诗豪"之称。哲学著作《天论》三篇，有《刘梦得文集》，存世有《刘宾客集》。③毛诗郑笺：西汉时期的毛苌，毛亨父子所收集的《诗经》叫做《毛诗》。之后，郑玄对《毛诗》所做的解释叫《郑笺》。④率尔：轻率，急遽。⑤《桐江诗话》：南宋佚名著，该书不知卷数，不著撰人。原书久佚，亦不见诸家著录。是书当成于绍兴十八年（1148）前，绍兴元年（1130）后。⑥秦少游：即秦观（1049–1100），淮南东路高邮人，字少游，一字太虚，别号邗沟居士，学者称其淮海居士。官至太学博士、国史馆编修。著有《淮海集》40卷、《淮海词》（又名《淮海居士长短句》）3卷、《劝善录》《逆旅集》等。为"苏门四学士"、"苏门六君子"之一。⑦澹永之味：清悠澹永，有自然之味。⑧曹松：生卒年不详，字梦徵，舒州（今安徽省潜山县）人。唐代晚期诗人。昭宗天复元年（901）才以71

岁高龄中进士。因同榜中王希羽、刘象、柯崇、郑希颜等皆年逾古稀，故时称“五老榜”。曹松被授任校书郎，后任秘书省正字。遗作有《曹梦征诗集》3卷。《全唐诗》录其诗140首。“泽国”诗句为其所作《己亥岁》其一诗，据《全唐诗》，该诗第二句应为“生民何计乐樵苏”，张廷玉所引有误。《己亥岁》有两首，是组诗，以干支为题，以示纪实，明确表明了对现实的批判态度。全诗概况地写出了战争对人民造成的深重灾难和浩劫，以冷峻深邃的目光洞穿千百年来封建战争的实质。⑨刘贡父：即刘攽（1023–1089），字贡夫，一作贡父、赣父，号公非，江西省樟树市黄土岗镇荻斜墨庄刘家人。庆历进士，历任曹州、兖州、亳州、蔡州知州，官至中书舍人，北宋史学家。助司马光纂修《资治通鉴》，充任副主编，负责汉史部分，著有《东汉刊误》等。“自古”诗句出自其所作的《自古二首》其一。嬖倖（bì xìng），即嬖幸，被帝王宠爱的人。髑髅（dú lóu），死人的头盖骨。⑩相为表里：指相互间配合为外表和内里。内外互相配合，共为一体。

【译文】沈佺期在诗中写道：“海外无寒食，春来不见饧。”刘禹锡说：“作诗的时候如果使用生僻字，需要知道这个字的来历，曾经怀疑‘饧’字。后来读到《毛诗郑笺》中，说到‘箫管备举’，郑玄作笺说：‘箫，是由小竹管制作而成的，如同当今卖饧人所吹的那个东西。’《六经》中只有这里标注有‘饧’字。”你们晚生后辈在作诗的时候，用字造句必须要有据可依，千万不可学平常人那样草率行事。”

《桐江诗话》中说：“秦观《咏牵牛花》诗中说：‘银汉初移漏欲残，步虚人倚玉栏干。仙衣染得天边碧，乞与人间向晓看。’大意是银河渐渐向西移动，滴漏中的水也快流完了，天色已开始发亮，牵牛花就像虚弱无力的美女一样，倚靠在栏杆上。翠绿的叶子如同仙女的衣服一样，将天边染绿，在这清晨时分开出美丽的花朵，等待人们观赏。这首诗是秦观担任天中汝南教官时，在程文通宴会上所作的一首诗，真是一首佳作呀。这首咏牵牛花的诗作，清悠澹永，有自然之味，所以才说它好。”曹松有诗说：“泽国江山入战图，生民何计落樵渔。凭君莫话封侯事，一将功成万骨枯。”意思是富饶的水域江山都已变成战场，百姓想要砍柴打渔度日都做不到。请你别再提什么封侯的事情了，立功封侯要牺牲多少士卒生命！刘贡父的诗则说：“自古边功缘底事，多因嬖倖欲封侯。不如直与黄金印，惜取沙场万髑髅。”大意是自古以来，成就边疆战功的战事，大多是因为皇帝的宠幸之臣想要得到皇帝的封侯赏赐而发动的。看来不如直接给他一个黄金大印算了，让沙场上万千将士的生命得到保留。曹松和刘贡父的诗，意思上相互呼应。如果有人读了这样的诗句却不动心，那才是真的没有人情味了。刘贡父诗中所说的情况，自古就有，今人应当引以为戒。

评《严子陵钓滩》图

黄山谷《题李伯时画〈严子陵钓滩〉诗》曰[①]：“平生久要刘文叔[②]，不肯为渠作三公[③]。能令汉家重九鼎，桐江波上一丝风[④]。”任天社云[⑤]：“‘能令汉家重九鼎’，本汲黯[⑥]曰‘夫以大将军有揖客，反不重耶’，此句盖用此意也。东汉多名节之士，赖以久存。迹其本原，政在子陵钓竿上来耳。”

【注释】①严子陵钓滩：即严子陵垂钓的典故。严子陵少时曾与刘秀一同游学。刘秀即位后，严子陵不愿出仕，更名隐居，“披羊裘钓泽中”。刘秀再三盛礼相邀，授谏议大夫，仍“不屈，乃耕于富春山”。后老死于家，年八十。②久要：久交，老朋友。刘文叔：即汉光武帝刘秀（公元前5-公元57年），字文叔，南阳郡蔡阳（今湖北省襄阳市枣阳市）人，东汉王朝建立者，庙号“世祖”，谥号“光武皇帝”。③三公：中国秦朝地位最尊显的三个官职的合称。秦朝以后多为虚职，地位上略低于宰相。东汉时期三公为太尉、司徒、司空。④桐江：富春江的上游。即钱塘江流经浙江省桐庐县至富阳市的一段。⑤任天社：即任渊（约1090-1164），名子渊，字天社。四川新津县三江人。曾师从黄庭坚学诗。四川类试第一，赐进士及第，时年五十五岁，并自此进入仕途。今存其著述《山谷诗集注》二十卷，《后山诗注》十二卷，《山谷精华录》八卷。⑥汲黯（？-公元前112年）：字长孺，濮阳（今河南省濮阳市）人。汉景帝时因为父亲的原因任太子洗马。汉武帝时，初为谒者，后来出京做官为东海太守，后被召为主爵都尉，列于九卿。汲黯为人耿直，好直谏廷诤，汉武帝刘彻称其为“社稷之臣”。

【译文】黄庭坚《题李伯时画〈严子陵钓滩〉诗》中说：“平生久要刘文叔，不肯为渠作三公。能令汉家重九鼎，桐江波上一丝风。”意思是说，严光与汉光武帝刘秀是旧交，在刘秀登基后，严光不会为了富贵去做三公这样的高官。可以说能够让汉家江山稳如九鼎，全仗着有严光桐这样宁愿临江垂钓，也不贪图富贵的高风亮节之士的存在。任渊说：“‘能令汉家重九鼎’所表达的意思，就是汲黯所说的，‘难道因为大将军能礼贤下士，就反倒使他不受敬重了吗’。东汉时期有许多颇为讲究名誉与节操的人，那时的政权正是因为有了这样的人，才得以长久存续。追究其根本来由，都是严光不羡慕富贵，临江垂钓一事上体现出来的吧。”

闲静之道

邵康节诗曰：“静处乾坤大，闲中日月长。[①]”夫“闲中日月长”人所知也；“静处乾坤大”则人或未知也。予一生好静，于此中颇有领会。奈此身牵[②]于职守，日在红尘扰攘中。常为设想曰：“若能改‘静处’为‘闲处’，则有进步矣！”惜乎其不能也。

【注释】①“静处”两句诗：出自邵雍《何处是仙乡》：“何处是仙乡，仙乡不离房。眼前无冗长，心下有清凉。静处乾坤大，闲中日月长。若能安得分，都胜别思量。”②牵：牵制，牵绊。

【译文】邵雍有诗说：“静处乾坤大，闲中日月长。”“闲中日月长”的意思，人们都能理解，就是人在悠闲之中，会感觉时间特别漫长；但是“静处乾坤大”的意思，或许人们就不一定能清楚地理解了。我一生喜静，对于这静中的感觉颇有体会。怎奈我受到自身职责的牵绊，需要整日处在这世俗繁忙之中，常常私下里想：如果能把“静处”改为“闲处”，即使做不到“静处”，能做到“闲处”也算有进步吧！只可惜“闲处”也做不到啊！

古人咏清廉诗

明永乐时，清江俞行之有能诗名[①]，其《题清慎勤》句有曰[②]：“夜门无客敢怀金，秋屋有情甘饮水。[③]”一时传诵之，惜其不多见。

【注释】①俞行之：字文辅，江西清江人。明代著名书法家，善草书及章草，俱工妙。②清慎勤：清廉、谨慎、勤勉。《三国志·魏志·李通传》（卷十八）裴松之注引晋王隐《晋书》记载，李通之孙李秉，曾经回答晋文帝司马昭的问话，并且把它记载下来，作为《家诫》。司马昭曰：“为官长当清，当慎，当勤，修此三者，何患不治乎？”后用以为官箴。衙署公堂多书“清慎勤”三字作匾额。③“夜门”两句诗：夜门无客敢怀金，涉及“暮夜怀金”的典故，即东汉时期杨震夜拒王密行贿的故事。秋屋有情甘饮水，“秋屋”有“华屋丘墟”的典故，出自曹植《箜篌引》：“生在华屋处，零落归山丘。”比喻兴亡盛衰的迅速，壮丽的建筑化为土丘。后来演变为秋屋，借指破败的房屋，破屋烂舍；“饮水”，则指清廉，语本《晋书·良吏传·邓攸》记载：“时吴郡阙守，人多欲之，帝以授攸。攸载米之郡，俸禄无所受，唯饮吴水而已。”大意是说，吴郡是个富庶之地，正好太守的官位出现空缺，很多人都想去，因为邓攸清廉，所以皇帝便派他去当太守。邓攸带着米粮到了吴郡，并没领受俸禄，唯独只是饮用吴郡当地的水而已。可谓清廉之至。

【译文】明代永乐年间，清江县有一个叫俞行之的人以擅长写诗而闻名，他有一首《题清慎勤》的诗，其中有诗句说道：“夜门无客敢怀金，秋屋有情甘饮水。”意思是说只要清正廉洁，夜半便无人敢怀揣金钱来行贿；只要情深义厚，即便是在破屋烂舍里喝水，也能甘之如饴。当时这样的表述并不多见，因此广为传诵。

古人借用他人好句

韦苏州《滁州西涧》诗曰①：“春潮带雨晚来急，野渡无人舟自横。”寇莱公《春日登楼怀归》诗曰：“野水无人渡，孤舟尽日横。”是化七言一句为五言两句也。当捉笔②时，或有意耶，抑或无意耶！不能起古人而问之矣。

【注释】①韦苏州：即韦应物（737—792），长安（今陕西省西安市）人，唐代诗人。今传有10卷本《韦江州集》、两卷本《韦苏州诗集》、10卷本《韦苏州集》。散文仅存一篇。因出任过苏州刺史，世称“韦苏州”。②捉笔：执笔。

【译文】韦应物有一首《滁州西涧》诗，其中说：“春潮带雨晚来急，野渡无人舟自横。”寇准则有一首《春日登楼怀归》诗，其中有：“野水无人渡，孤舟尽日横。”寇准这两句是将韦应物的一句七言“野渡无人舟自横”，变成了两句五言诗。当日提笔作诗时，说不准寇准是有意为之还是无意为之了。总不能把古人叫来询问吧。

司马光格言警句

司马温公曰[①]："受人恩而不忍负者，其为子必孝，为臣必忠。"又曰："言不可不重也。夫钟鼓叩之而后鸣，铿訇镗鞳[②]，人不以为异；若不叩自鸣，人孰不谓之妖耶？可以言而不言，犹之叩而不鸣也，亦为废钟鼓矣！"又《无为赞》曰："治心以正，保躬[③]以静；进退有义，得失有命；守道在己，功成在天。夫复何为？莫非自然？"此数则皆格言中之浅近可行者，当书之座右。惟是"受人恩而不忍负"一语，其中正自[④]有道。当受恩之时，必审视其人，可受而后受之；若不可受而亦受，而时存不忍负之心，必至牵缠局蹐[⑤]，身败名裂，载胥及溺[⑥]，不可不慎也。

温公曰："人情苦厌其所有，羡其所不可得。未得则羡，已得则厌。厌而求新，则为恶无不至矣。"涑水此训，何切中人情至于此耶！

【注释】①司马温公：即司马光（1019–1086），字君实，号迂叟。陕州夏县（今山西省夏县）涑水乡人，世称涑水先生。北宋政治家、史学家、文学家。宋仁宗宝元元年（1038），司马光登进士第，累进龙图阁直学士。宋神宗时，因反对王安石变法，离开朝廷十五年，主持编纂了中国历史上第一部编年体通史《资治通鉴》。历仕仁宗、英宗、神宗、哲宗四朝，官至尚书左仆射兼门下侍郎。卒赠太师、温国公，谥文正。司马光生平著作甚多，主要有《温国文正司马公文集》《稽古录》《涑水记闻》《潜虚》等。②铿訇镗鞳（kēng hōng táng dā）：语出自司马光《迂书·言戒》，铿訇，形容声音洪亮。镗鞳，钟鼓声。③躬：身，身体。④正自：只是，却是。⑤局蹐：恐惧紧张的样子。⑥载胥及溺：语出自《诗经·大雅·桑柔》："其何能淑，载胥及溺。"载，句首语助词，无义；胥，相；及，与；溺，落水。意思是，不过是相率落水罢了。

【译文】司马光说："受到他人恩惠，而不忍心辜负对方的人，在家为子女一定会孝顺，在朝为臣一定会忠诚。"又说："说话不可以没有力度。你看那钟鼓，用力敲击之后才会鸣响，且声音洪大嘹亮，人不觉得这有什么异常；可如果那钟鼓没人敲却自己响了，有哪个人不会将其看成妖异呢？应该说话的时候却不说，就好像钟鼓敲而不响，那就是报废的钟鼓了。"司马光还在《无为赞》中说："平正调理内心，宁静保养身体；进退合乎道理，得失自有定数；自己遵守道义，成功听乎天命。除此之外，你还能做什么呢？只有顺其自然罢了。"司马光所说的这些话都是容易理解、可以执行的格言警句，应该书写下来当成自己的座右铭。只是"受人恩而不忍负"这一句话，其中便有深刻的道理。当受到他人恩惠的时候，必要审视赋予恩惠的人，可以接受的恩惠才接受；如果不该接受的恩惠接受了，到时候又对这样的人心存不忍辜负的心思，必然会使自己内心纠缠不安以至恐惧挣扎，还可能会为了报恩而做出导致自己身败名裂的事情，使当事双方都深陷罪恶泥潭，所以不可不慎重啊！

司马光说："对自己已经拥有的倍感嫌弃，而对自己得不到的却羡慕不已，这是人之常情。没得到就羡慕，得到了就厌倦。

厌倦了就又要去追求新的事物，那就会导致众多邪恶发生了。”司马光的这段训导，深刻地切中了人情事理，可谓一针见血！

乾隆年间高寿者

乾隆十一年四月[①]，楚抚题报[②]：江夏县[③]民汤云山，现享年一百四十岁。圣心嘉悦，于定例赏赐外，加赏帑金、文绮[④]。又特赐“再阅古稀”四字，命尚书汪由敦[⑤]书匾额，以旌人瑞[⑥]。诚史册罕闻之盛事也！

【注释】①乾隆十一年：即1746年。②楚抚题报：湖北巡抚奏报。③江夏县：旧县名。元至清曾先后为武昌路、武昌府及湖广省、湖北省治所。1912年改武昌县。④帑金：钱币。多指国库所藏。文绮：华丽的丝织物。⑤汪由敦（1692—1758）：初名汪良金，字师茗，号谨堂，又号松泉居士。安徽休宁人。雍正二年（1724）进士，改庶吉士。乾隆间，累官至吏部尚书。逝世后加赠太子太师，谥文端。著有《松泉集》。⑥人瑞：人间的吉祥之兆，亦指有德行的人或年寿特高者。

【译文】乾隆十一年农历四月，湖北巡抚奏报说：江夏县有一位叫汤云山的平民百姓，当时已经一百四十岁了。乾隆皇帝知道后非常高兴，对此大加赞许，除了按定例发了赏赐，又额外加赏了钱币和绫罗绸缎。还特别写了“再阅古稀”四字赏赐下去，并命令尚书汪由敦书写在匾额上，以表彰这位特别长寿的老人。这实在是史册记载中所罕见的盛事。

方孝孺事有定数

明人言方正学之忠至矣[①]！独惜其不死于金川不守之初，宫中自焚之际，与周是修为伍[②]，斯忠成而不累其族也。余曰：此论固在情理中。然十族之祸[③]，乃劫数使然，岂正学所能计及？人力所能趋避哉！

【注释】①方正学：即方孝孺（1357-1402），字希直，一字希古，号逊志，因其故里旧属缑城里，故称“缑城先生”；又因在汉中府任教授时，蜀献王赐名其读书处为“正学”，亦称“正学先生”，明代文学家、散文家、思想家。后因拒不投降于发动“靖难之役”的燕王朱棣而下狱，并因拒绝为其草拟诏书而被杀害，并被诛十族。南明福王时追谥“文正”。②周是修（1354-1402）：名德，字是修，江西泰和螺溪镇爵誉村人。洪武末，举明经。历仕霍丘县训导、衡王府纪善。燕兵入京城，自刭于应天府学尊经阁。③十族之祸：十族，父四族（自己一族、出嫁的姑母一族、出嫁的姐妹一族、出嫁的女儿一族）、母三族（外祖父一族、外祖母一族、姨妈一族）、妻二族（岳父一族、岳母一族），第十族是门生朋友。方孝孺被诛十族，成为中国历史上唯一被诛十族之人。

【译文】明代人评说方孝孺说：“方孝孺的忠心可谓至高至上了！只可惜，方孝孺没有在金川门被燕军攻破、惠帝自焚时，与周是修一起自杀而死，否则他既能保全自己的忠节，又不至于连累其十族了。”我觉得：这个结论固然在情理之中，但灭十族的大祸，也是命中注定的灾难，在劫难逃，岂是方孝孺所能算计得到、仅凭人力就能躲得开的呢！

学问与经济

有客问予曰："士大夫好言学问、经济，而往往失之偏，其为患孰甚？"予曰：学问失之偏，不过一胶柱鼓瑟[①]之人耳，其患在一己；若经济失之偏，苟得志，则民生吏治皆受其病，为患甚大，不可同日语也。然经济之偏，亦自学问之失来。

【注释】①胶柱鼓瑟：语出自《史记·廉颇蔺相如列传》："王以名使括；若胶柱而鼓瑟耳。"瑟，中国传统弹拨弦乐器，共有二十五根弦，最早的瑟有五十弦，故又称"五十弦"。柱，瑟上调弦的短木，柱被粘住，音调就不能变换。胶柱鼓瑟比喻拘泥，不知变通。

【译文】有客人问我："很多读书人喜欢谈论学问，谈论经世济国的内容，但往往都说得有失偏颇，那么学问偏颇与经济偏颇，哪个危害更大呢？"我说：学问上的偏颇，不过是一个人的不知变通罢了，他所危害的也只是他一个人而已；但如果在经世济国的问题上出现了偏颇，那么这个人一旦得志，就会导致百姓民生、官场吏治都受其危害，这种危害巨大，与学问偏颇所带来的祸患不能相提并论。但是经世济国问题上的偏颇，其实也是因为自身学问没有学好的原因。

非常理可测之事

明人纪载有曰：宪宗皇帝玉音[1]微吃，而临朝宣旨，则琅琅然如贯珠[2]。后来许文穆国头岑岑摇[3]，遇进讲[4]承旨，则屹然不动，出即复然。君相皆有异禀，非常理可测也！

【注释】①玉音：尊称帝王的言语。②贯珠：成串的珠子，比喻声音美妙动听。③许国（1527—1596）：字维桢，明南直隶徽州府歙县（今安徽省歙县）人。明朝嘉靖四十四年（1565）进士，历仕嘉靖、隆庆、万历三朝，历任检讨、国子监祭酒、太常寺卿、詹事、礼部侍郎、吏部侍郎、礼部尚书兼东阁大学士，入参机务。万历十二年，因“平夷云南”有功，晋太子太保、武英殿大学士。去世后，朝廷追加谥号为“文穆”，著有《许文穆公集》。岑岑（cén cén）：颤巍巍的样子。④进讲：谓为帝王讲解诗书文史等。

【译文】明代有记载说：明宪宗朱见深说话稍微有些口吃，但是每当亲临朝廷宣读旨令、诏书时，却声音非常洪亮，且一气连贯而成。还有许国大学士，平时颤颤巍巍的，但是一遇到为皇上讲解诗书文章的时候，他就会头正颈直，身姿挺拔，可是一旦讲解完毕，他就又恢复以前那种颤颤巍巍的样子。国君与大臣，都有异于常人的表现，真是不能用常理来推测呀！

再议严子陵

方正学《题严子陵》诗曰："敬贤当远色，治国须齐家。如何废郭后[①]，宠此阴丽华[②]。糟糠之妻尚如此，贫贱之交奚足倚？羊裘老子早见机[③]，独向桐江钓烟水。"此诗思致绵邈[④]，音节浏亮[⑤]，乃吊古篇中之最佳者。

【注释】①郭后：即郭圣通（？-52），真定藁城（今河北省石家庄市藁城区）人，东汉开国皇帝刘秀的第一任皇后，后世称其"光武郭皇后"。②阴丽华（5-64）：南阳郡新野县（今河南省新野县）人。光武帝刘秀元配，东汉第二任皇后，汉明帝刘庄的生母。阴丽华在历史上以美貌著称，刘秀尚未发迹时，就十分仰慕她的美貌，曾感叹道："娶妻当得阴丽华。"谥号"光烈"，有贤后之名。③羊裘：即严子陵。刘秀即帝位后，严子陵变名隐身浙江桐庐富春江畔，披羊裘钓泽中。后因以"羊裘"指隐者或隐居生活。老子：老翁。④思致绵邈：思致，指文学作品的意趣或意境。绵邈，悠远。思致绵邈指诗的意境深远。⑤浏亮：清朗明亮。

【译文】方孝孺在《题严子陵》诗中说："敬贤当远色，治国须齐家。如何废郭后，宠此阴丽华。糟糠之妻尚如此，贫贱之交奚足倚？羊裘老子早见机，独向桐江钓烟水。"意思是说，尊重贤良应该远离美色，治理国家必先治理家庭。不知为何废掉了郭皇后，反而宠幸这个阴丽华。患难与共的妻子尚且得到如此下场，贫贱之时结交的朋友又怎么能依靠？严光这个羊裘老翁早就窥透时机，独自面对烟雾迷蒙的桐江垂钓自娱。方孝孺的这首诗意境悠远，语音节奏明朗，是感念往昔诗作中最好的篇章。

沽名者忠孝两损

明时廷杖言官[①]，实属稗政[②]，至有毙于阙下者，尤为残虐。其时直言敢谏之士，冒死陈词，三木囊头[③]，填尸牢户，亦所不恤，何有于杖？然其中矫伪立名者，忠爱本不出于至诚。或极论细故，或纷争门户，以致激怒受杖，而末流[④]遂有以此为荣者。只以好名一念动于中，一二人倡之，因相习为固，然此最人心风俗之害。夫朝有直臣，奋扬风采，遇事敢言，至于亏体受辱，原非盛朝美事。若卖直沽名，戕[⑤]父母之遗体，成国家之虐政，忠孝大节，两有所损。圣人所称"杀身成仁者[⑥]"，固如是乎？

【注释】①廷杖：帝王在朝廷上杖责臣子。言官：古代官僚机构中的一个构成部分，主要负责监督百官，甚至是皇帝的不当言行。②稗政：指不良的政治措施。③三木囊头：古代酷刑。囊头，以物蒙盖头部。《后汉书·党锢传·范滂》："桓帝使中常侍王甫以次辨诘，滂等皆三木囊头，暴於阶下。"李贤注："三木，项及手足皆有械，更以物蒙覆其头也。"④末流：后列，下等，后来的人。⑤戕（qiāng）：损坏，伤害。⑥杀身成仁者：语出自《论语·卫灵公》："志士仁人，无求生以害仁，有杀身以成仁。”为了成全仁德，可以不顾自己的生命。

【译文】明代廷杖谏言的官员，实在是不良的政治举措，甚至有的大臣因此而命丧朝堂之上，更显出廷杖的残暴狠毒。那个时候敢于直言相谏的人，可以不顾生命危险来陈述自己的意见，即便身受三木囊头之刑，甚至是死于牢狱之中，也在所不辞，又怎么会害怕廷杖呢？但是其中却有借受廷杖来树立名声的人，这种人的忠君爱国不是出自诚心实意。另有一些人只是因为在小事上计较个没完，又或者因为朋党、门派之间的争执，以至于激怒皇帝或上官，从而受到杖罚，而后来的末流之人，也以受了廷杖为荣。一个人一旦有了喜好名声的想法，再加上旁边一两个人的倡导附和，就会冒死博取仗义直谏的虚名，从而影响众人也照搬采用这种做法，就会渐渐沿袭下来成为惯例，这才是对人心道德最为有害的事情。朝廷有耿直的大臣官员，发扬刚正的风格，遇到事情敢于表达自己的意见，却因为敢于直言而受到身体的伤害，这原本不是应该发生在太平盛世的美好事情。如果有人故意表现公正忠直，以此来获得名誉，这就是在伤害父母赐予的身体，“成就”国家的残暴政令，于忠于孝都有大亏损。圣人口中的“杀身成仁”，难道就是这样的吗？

卷 四

张居正之瑕瑜

明万历朝，张江陵当国时[1]，迎其母赵太夫人入京。将渡黄河，先忧之，私谓奴婢曰："如此洪流，得无[2]艰于涉乎？"语传于外，其诇察者已报守土官[3]。复禀曰："过河尚未有期，临时当再报。"既而寂然。渐近都下，太夫人问："何不渡河？"其下对曰："赐问[4]不数日，即过黄河矣！"盖预于河之南北，以舟相钩连，填土于上，插柳于两旁，舟行其间如陂塘[5]，然太夫人不知也。其声势赫赫类如此。又相传江陵教子甚严，不特[6]督抚及边帅不许通书问，即京师要津，亦不敢往还者。其家人子尤楚滨最用事[7]。有一都给事李选，云南人，江陵所取士也。娶楚滨之妾妹为侧室，因而修僚婿[8]之礼。一日江陵知之，呼楚滨，挞之数十，斥给事不许再见。告冢宰[9]出之外为江西参政。江陵当震主时[10]，而顾惜名义乃尔。予故并录之，使知瑕瑜不相掩也。

【注释】①张江陵：即张居正（1525-1582），字叔大，号太岳，幼名张白圭，湖北江陵（今湖北省荆州市）人，时人又称张江陵。明朝中后期政治家、改革家，万历时期的内阁首辅，辅佐万历皇帝朱翊钧开创了“万历新政”，史称张居正改革。张居正也是明代唯一生前就被授予太傅、太师的文官。去世后被明神宗抄家，至明熹宗天启二年（1622）恢复名誉。著有《张太岳集》《书经直解》《帝鉴图说》等。②得无：恐怕，是不是，能不，莫非。表测度语气的语气词。③诇（xiòng）察：刺探侦查。守土官：指地方官。④赐问：称人询问的敬辞。⑤陂（bēi）塘：陂，水泽大池。塘，人工修筑的小水池。陂塘是因自然的水池加以人工建设，以为灌溉之用的水利工程。⑥不特：不但，不只是。⑦家人子：汉代对无官职名号宫人的称呼。尤楚滨：据《万历野获编》原文“七为游七，名守礼，署号曰楚滨。当江陵相公柄国时，颇能作威福，亦曾入赀为幕职，至冠进贤，与士大夫往来宴会。”应为游楚滨，张居正的近侍书童，名游守礼，号楚滨，也就是世人所称的游七者，与一些官吏关系密切。⑧僚婿：姐妹的丈夫的互称或合称。⑨冢宰：后世称吏部尚书为“冢宰”。⑩震主：本谓使君主畏忌。这里指张居正任宰相，居首辅之位。出自《史记·淮阴侯列传》。

【译文】明朝万历年间，张居正主持国事的时候，迎接母亲赵太夫人进京。即将要渡过黄河的时候，赵太夫人内心生出担忧，私下里对自己的随行奴婢说：“这样巨大的水流波浪，岂不是很难渡过去啊？”这些担忧的话传了出来，便有那些专门探查通报的人报告给黄河当地的地方官。赵太夫人得到地方官的回复是：“渡过黄河的日期还没有确定，等到快过河的时候再来禀报。”这次禀报完之后便没了动静。赵太夫人一行逐渐接近京城，赵太夫人问：“怎么还不渡河呢？”下人回答说：“您老人家之前问过没几天，我们就渡过黄河了。”原来地方官事先做了准备，在黄河自南向北两岸之间，把众多小船用钩子连接好，并在上面填上土，还在两旁栽插柳树，舟船在两排柳树间航行，就如同在池塘中穿行一般，非常平稳，太夫人自然感觉不到正在渡河了。内阁首辅张居正的母亲进京，便有如此赫赫的声势。又传闻，张居正管教子弟非常严厉，不仅不许他们与京外各地总督巡抚、边防统帅互通书信，即便是帝都的显要官员，子弟们也不敢与之亲近来往。他有一个近侍名叫游楚滨，办事得力。有一位名叫李选的都给事，是个云南人，是张居正担任主考官时所选拔的人才。李选娶了游楚滨妾氏的妹妹做侧室，两人结了僚婿之好。有一天，张居正知道了这件事，将游楚滨叫到跟前，杖责了他数十下，并斥责都给事李选不得再与游楚滨相见，同时又告知吏部尚书，将李选外放出京，让他做了江西参政。张居正当时权倾朝野，却也顾惜自己的名声与道义而有如此作为。所以我将这两件事记录下来，让他的缺点和优点都表现出来。

赤心与战栗

萧琛与梁武帝有旧[①]，仕梁为尚书侍中[②]。一日，预御筵[③]，醉伏几上。帝以枣投琛，琛取栗掷上，正中面，御史在坐[④]。帝动色曰：“此中有人，不得如此！”不得如此，岂有说耶？琛曰：“陛下投臣以赤心，臣报陛下以战栗。[⑤]”此事见之《梁书》[6]。语虽诙谐，然识之亦可为清谈之助。

【注释】①萧琛(478–529)：一作萧瑧，字彦瑜。南朝梁学者、官员。受梁武帝重用，官至平西长史、江夏太守、金紫光禄大夫。著有《汉书文府》《齐梁拾遗》文集。梁武帝：萧衍(464–549)，字叔达，小字练儿，南兰陵郡武进县东城里(今江苏省丹阳市访仙镇)人，南北朝时期梁朝的建立者(502–549在位)。谥号武皇帝，庙号高祖，葬于修陵。萧衍博通文史，为“竟陵八友”之一，又曾钦令编《通史》六百卷，并亲自撰写赞序。②侍中：官名。南朝宋文帝时为掌机要官，齐、梁、陈相沿，北魏称“小宰相”。南宋废。③预：通“与”，参与。④御史：古代官名。先秦时期，是负责记录的史官、秘书官。国君置御史。自秦朝开始，御史专门作为监察性质的官职，负责监察朝廷、诸侯官吏，一直延续到清朝。⑤赤心、战栗：赤心，指枣的红色，这里比喻忠心、诚心。战栗，同“战慄”，双关语。⑥《梁书》：南朝历史学家姚思廉所撰，包含本纪六卷、列传五十卷，无表、无志。主要记述了南朝萧齐末年的政治和萧梁皇朝(502–557)五十余年的史事。

【译文】萧琛与梁武帝很早以前就有交情，他在梁朝为官，担任尚书侍中。有一天，萧琛参加宫廷御宴，喝醉了便趴在了桌子上。梁武帝拿了一个红枣向萧琛扔了过去，萧琛也顺手拿了一个栗子向梁武帝掷了过去，结果栗子刚好打在梁武帝脸上。宴会上正好有负责弹劾官员的御史在场，梁武帝动怒了，说：“大庭广众之下，不许这样做！”臣子不得对皇上无礼，这事还用说吗？萧琛则回答：“陛下向微臣投以一片赤心，微臣自当回报陛下以诚惶诚恐的战慄之心啊。”这件事在《梁书》中有所记载。话语虽然诙谐，然而知道了也可以将其作为闲谈助兴的内容。

《开元遗事》所载姚崇事

《开元遗事》载唐明皇在便殿[1]，甚思姚崇[2]论时务。七月十五日，苦雨不止，泥泞盈尺。上令侍制者抬步辇召学士来[3]。时姚崇为翰长[4]，中外荣之。

【注释】①《开元遗事》：即《开元天宝遗事》，五代王仁裕撰写的笔记小说，共2卷，146条。主要讲述唐朝开元、天宝年间的逸闻遗事，内容以记述奇异物品，传说事迹为主。②姚崇（651–721）：本名元崇，字元之。武则天因突厥叱利元崇叛逆，忌惮这个名字，姚崇便以字为名。后又避唐玄宗开元年号，改名为崇。陕州硖石（今河南省陕县东）人，唐代著名政治家。姚崇执政三年，与房玄龄、杜如晦、宋璟并称唐朝四大贤相。去世后，唐玄宗追赠他为扬州大都督，赐谥文献（碑文作“文贞”）。③待制：等待诏命。学士：官名。唐代翰林学士本为文学侍从之臣，因接近皇帝，往往参与机要。④翰长：对翰林前辈的敬称。

【译文】《开元天宝遗事》记载，唐明皇有一天正在便殿休息，特别想和姚崇大学士讨论时事政务。当时正是农历七月十五，连绵大雨下个不停，道路泥泞，有的地方泥水甚至超过一尺。唐明皇便命令身边侍从抬着步辇将姚崇请到便殿。当时姚崇是翰林中的前辈，有这等经历之后，朝廷内外都觉得这是一件十分荣耀的事。

心如印版

元主语王恂以守心之道[1]。恂曰：“尝闻许衡言人心犹印版[2]。然版本不差，虽摹千万纸，皆不差；本既差矣，摹之于纸，无不差。”元主曰：“善！”

【注释】①元主：本指元世祖忽必烈。《续资治通鉴·宋纪》：“太子问恂以心之所守，恂曰：‘尝闻许衡言，人心犹印板然。本不差，虽摹千年，板皆不差；本既差矣，摹之于纸，无不差者。’太子曰：‘善！’”明代冯从吾《元儒考略》卷一：“太子问守心之道，恂曰：‘尝闻许衡言人心犹印板，板不差，虽摹千万纸，皆不差；板既差矣，摹之于纸，无不差者。故要在正心。’太子深然之。”《元史·卷一百六十四·列传第五十一》：“裕宗问以心之所守，恂曰：‘许衡尝言：人心如印板，惟板本不差，则虽摹千万纸皆不差；本既差，则摹之于纸，无不差者。’裕宗深然之。”这里应为“太子”，即孛儿只斤·真金，元朝第一代皇帝元世祖忽必烈之嫡子，成宗即位后追封为裕宗。王恂（1235–1281）：字敬甫，中山唐县（今属河北省保定市）人，元代数学家、文学家。精通历算之学，世祖命为太子赞善，后领国子祭酒。与许衡、郭守敬等定《授时历》。谥号“文肃公”。②许衡（1209–1281）：字仲平，号鲁斋，世称“鲁斋先生”，元河内（今河南省沁阳市）人，金末元初著名理学家、教育家。世祖时召为国子祭酒，领太史院事，与郭守敬修成《授时历》。谥号“文正”。皇庆二年（1313），从祭孔庙。著有《读易私言》《鲁斋遗书》等。

【译文】太子曾问王恂，如何才能守志不移。王恂说：“曾经听许衡说，人的内心就好像印刷图文的印版，只要底版没有问题，即便印刷千万张纸，都不会出错；可一旦底版出了问题，那么印在纸张上的内容，一定是有问题的。”太子说：“的确是这样啊！”

银杯羽化

柳公权有数十银杯，贮之笥[①]中，为奴海鸥儿所窃。柳问之，海鸥云：“不测[②]其所亡。”柳笑曰：“银杯羽化耳！”

【注释】①笥：盛饭或衣物的方形竹器。②不测：难以意料，不可知。

【译文】柳公权有数十个银杯，收藏在一个竹箱之中，被奴仆海鸥偷走了。柳公权询问那些杯子哪里去了，海鸥说：“不知道它们去哪儿了。”柳公权笑说：“那它们是羽化升天了吧。”

事君之道

荀子曰[①]：“下臣事君以货；中臣事君以身；上臣事君以人。”

【注释】①荀子（约公元前313–前238年）：名况，字卿，战国末期赵国人。著名思想家、文学家、政治家，时人尊称“荀卿”。提倡“性恶论”，对重新整理儒家典籍作出相当大的贡献，著有《荀子》。其后三句，语出自《荀子·大略》。下臣，指品德卑劣的臣子；中臣，指德行中等的臣子；上臣，指贤臣。

【译文】荀子说：“下等臣子以财物来侍奉君主；中等臣子以自身来侍奉君主；贤能之臣则以举荐人才来侍奉君主。”

苏瓌李峤二子之优劣

唐中宗尝召宰相苏瓌、李峤子进见[①]。二子皆童年，上近抚摩之，语二子曰：“尔自忆所读书可奏者，为吾言之。”瓌子应曰：“木从绳则正，后从谏则圣。[②]”峤子曰：“斫朝涉之胫，剖贤人之心。[③]”上曰：“苏瓌有子，李峤无儿。”此见之《松窗杂录》者[④]。由今观之，二子之优劣，相去霄壤矣。

【注释】①唐中宗：李显（656–710），原名李哲，陇西成纪（位于今甘肃省天水市秦安县）人，唐朝第四位皇帝。683–684年、705–710年两度在位，共在位五年半。谥号大和大圣大昭孝皇帝（初谥孝和皇帝）。苏瓌（guī）：即苏瑰（639–710），一名瓌，字昌容，京兆武功（今陕西省杨凌大寨镇）人，唐朝宰相，进士出身，历任恒州参军、豫王府录事参军、朗州刺史、歙州刺史、扬州长史、尚书右丞、户部尚书、侍中、吏部尚书、右仆射，封许国公。卒谥文贞。李峤：其生卒年据《通鉴》推断为644—713，字巨山，赵州赞皇（今河北省赞皇县）人，唐朝宰相。进士及第，历任安定尉、长安尉、监察御史、给事中、润州司马、凤阁舍人、麟台少监等职。他在武后、中宗年间，三次被拜为宰相，官至中书令，阶至特进，爵至赵国公。以文辞著称。②“木从绳”两句：语出自《尚书·说命上》。③“斫朝涉”两句：语出自《尚书·泰誓下》。朝涉，早晨涉水。④《松窗杂录》：全书共一卷。唐李浚撰。记武后至宣宗初事，玄宗朝事居多，多写皇帝、后妃、卿相的轶闻杂事。

【译文】唐中宗李显曾经召见宰相苏瓌、李峤的儿子进见。两个孩子都还未成年，皇帝走上前抚摸二人的头，说道：“你们回忆一下，自己所读的书中，有什么可以上奏的内容，可以说给我听听。”苏瓌的儿子说：“木从绳则正，后从谏则圣。”意思是木材通过墨绳就能取直，君主听从谏诤就会圣明，这是一种正面的规劝。李峤的儿子说：“斫朝涉之胫，剖贤人之心。”意思是商纣王砍掉早上涉水之人的小腿，剖开贤能之人的心胸，劝诫唐中宗不要成为商纣王那样的君主，否则会失去天下，这则是一种反面的谏诫。苏瓌儿子的治国理政方法是以道义教化为主，而李峤儿子的治国理政的方法，还是着眼于利害得失。因此，唐中宗说道：“苏瓌的后代可以继承其学识，李峤的的后代恐怕难以继承其学识。”《松窗杂录》对这件事进行了记载。现在看来，苏瓌之子与李峤之子两人之间的优劣差异，真是天壤之别啊！

子孙谨戒赌博

《万历野获编》曰:“今天下赌博盛行,其始失货财,甚则鬻田宅,又甚则为穿窬[①],浸成大夥劫贼。盖因本朝法轻,愚民易犯。宋时淳化二年闰二月[②],太宗下令开封府[③],凡坊市有赌博者,俱处斩。邻比匿不闻者,同罪。此法至善。盖人情畏死,自然止息。洪武二十二年奉旨[④]:学唱的割舌;下棋、打双陆[⑤]的断手;蹴圆[⑥]的卸脚,犯者必如法施行。今赌博者,亦当加以肉刑,如太祖初制,解其腕可也。”赌博之为害,不可悉数,故前人恨之切骨,非好为此过激之论也。先公于赌具中最恶马吊[⑦],谓其有巧思,聪明之人一入其中,即迷惑而不知返也。曾刻一印章,曰:“马吊淫巧,众恶之门;纸牌入手,非吾子孙。”时先公官京师,玉居里门[⑧],命于写家禀时[⑨],用此印章于楮尾[⑩],触目警心。玉谨受教,终身未尝习此。今年七十有五矣,吾知免,夫愿吾子孙共守之也。

【注释】①穿窬(yú):打洞穿墙行窃。②淳化二年:即991年。淳化,宋太宗的年号,北宋使用这个年号共5年。③开封府:中国古代行政区划。狭义地讲是后梁、后晋、后汉、后周、宋朝、金朝、明朝、清朝时期对河南省开封市的称呼。别名东京、京都。④洪武二十二年:即1389年。⑤双陆:古代一种棋类赌博游戏方式。⑥蹴(cù)圆:古代一种踢球游戏。⑦马吊:明代天启年间,本来作为游戏的附属品筹码，经过逐渐演变，成为一种新的戏娱用具，即马吊牌。马吊牌全副牌有40张，分为十万贯、万贯、索子、文钱4种花色。因其局有四门，如马之有四足，故称为“马吊”。现在的纸牌类、麻雀牌或即由此演化。⑧里门：乡里之门。古制，聚族里居，比户相连，里中有门，称为“里门”。⑨家禀：禀，下对上的报告。家禀就是晚辈写给长辈的书信。⑩楮尾：楮，纸的代称。楮尾就是纸张的末端。

【译文】《万历野获编》中说：“现在全国范围内都盛行赌博，参与赌博的人，一开始只是输掉财物金钱，再后来就开始变卖田宅，更严重的则演变为入室盗窃，逐渐地同伙多了，就变成打家劫舍的强盗团伙。这都是因为本朝在这方面的立法处罚太轻，导致愚昧小民并不在意，轻易就敢触犯。宋代淳化二年闰二月，太宗曾经给开封府的官员下令，凡是在街坊市井发现有赌博的人，全都斩首处死；邻居如果隐匿不报，也与赌博的人同罪。这个方法太好了。人天性怕死，赌博之风自然也就销声匿迹了。洪武二十二年，太祖发下圣旨要求：学唱戏的人，割掉舌头；下棋、打双陆的人，斩断其手；蹋球的人，卸掉其脚，凡是有违反这些法律的人，一律依法执行。现在赌博的人，就应该对他们施加肉刑，就像太祖最开始设立的法制那样，卸掉他们的手腕就可以了。”赌博的危害数不胜数，所以古人对其恨之入骨，并不是他们喜欢讲这样过激的话。父亲也不喜欢各种赌博用具，尤其厌恶马吊，他说马吊牌构思精巧，凡是有头脑的聪明人，一旦误入其中，就会立刻被它迷惑以至于流连忘返。他曾经刻下一枚印章，上书：“马吊淫巧，众恶之门；纸牌入手，非吾子孙。”。当时父亲在京师做官，我住在桐城乡里，他要求我写家信的时候，要在信纸末端加盖这枚印章，令人看见便在内心示警。我恭谨受教，终身都没有碰过这些赌具。现在我已经七十五岁了，深刻地认识到不参与赌博的重要，希望我的子孙可以继续遵守这谆谆教诲。

典史及第

前明典史、驿丞①等俱准与乡、会试。宣德八年癸丑②，曹鼐③以太和典史登状元。正统四年④己未五十九名李郁，则系江西丰城县承差⑤。成化十四年⑥戊戌一百五十三名谭襄，则山东东阿县驿丞。正统壬戌⑦一百二十一名郑温，则直隶松陵驿驿丞。皆见《野获编》。

【注释】①典史：中国古代官名，设于州县，为县令的佐杂官，但不入品阶、“未入流”。元始置，明清沿置，是知县下面掌管缉捕、监狱的属官。驿丞：明清之制，各州县设有驿站之地，均设驿丞。掌管驿站中仪仗，车马，迎送之事，不入品。②宣德八年：即1433年。③曹鼐（1402–1449）：字万钟，直隶宁晋（今河北省邢台市宁晋县）人，明朝政治家，明宣宗宣德八年（1433）癸丑科状元，初授修撰，累官至吏部左侍郎兼翰林学士，正统十一年七月至十四年八月（1446–1449）任当朝首辅。正统十四年（1449）随英宗亲征，遇土木堡之变，乱军中被杀。明景帝继位后，赠少傅、吏部尚书、文渊阁大学士，谥文襄。英宗复位，加赠太傅，改谥文忠。④正统四年：即1439年。⑤承差：清代各部院衙门承担书写文稿等事的吏人的总称，亦名经承。⑥成化十四年：即1478年。⑦正统壬戌：即明英宗朱祁镇七年，1442年。

【译文】典史与驿丞按照常规应禁止参加科举考试，但明代却准许这些胥吏参加乡试与会试。宣德八年癸丑科，太和典史曹鼐便荣登状元。正统四年己未科，江西丰城县承差李郁考了进士第五十九名。成化十四年戊戌科，山东东阿县驿丞谭襄，考取进士第一百五十三名。正统七年壬戌科，直隶松陵驿驿丞郑温考取进士第一百二十一名。这些都被记录在《万历野获编》之中。

苏东坡兄弟至情

东坡《与兄子明书》曰[①]：“老兄嫂团坐垆头，环列儿女。坟墓咫尺，亲眷满目，便是人间第一等好事。更何所羡？[②]”又曰：“吾兄弟俱老，当以时[③]自娱。世事万端，皆不足介意。所谓自娱，亦非世俗之乐，但胸中廓然无一物，即天壤之间，山川、草木、虫鱼之类，皆足供吾家乐事也。”读苏公此数语，觉家庭友爱至情，溢于笔墨间。然非至诚质朴，浑然天理，不能知此乐，亦不能为此言也！

【注释】①兄子明：即苏轼二伯苏涣的次子苏不疑，字子明。②“老兄嫂”引文：这一段引文应为《与子安兄书》中的内容，子安兄，即苏涣季子苏不危，字子安。后“又曰”中才是《与兄子明书》的内容。垆头，安放酒瓮的土台。坟墓，这里指祖坟。③以时：合于时令、时机，不失其时。

【译文】苏东坡在《与兄子明书》中说："老哥哥和老嫂子围坐在酒垆旁，儿女环列左右。祖坟近在咫尺得以随时祭奠祖先，亲戚眷属也是人数众多，这就是人世间第一等美好的事情了，还有什么更让人羡慕的事吗？"又在《与兄子明书》中写道："我们兄弟都老了，就应该及时给自己找欢娱，让自己身心愉悦起来。人世间的万事万物都不必太在意。所谓自娱自乐，并不是去享受世间那些普通人的快乐，而是指心中空旷豁达，也就是天地之间所有的山川、草木、虫鱼、鸟兽之类的事物，都足以供我们观赏而感受快乐了。"读了苏东坡这几段话，感受到家庭兄弟之间的友爱真情已充盈在他的笔墨文字之间。然而，如果没有极为真诚、朴实、淳厚的心意，先天并不具有这样的品质或性情，也就不能明了其中的快乐，自然也就写不出这样的言辞内容了。

左光斗生死之卜

吾乡左忠毅公，以忠直遭魏阉之祸[①]，被逮入都。路过山东峄县，县有隐士米季子，相传有前知之学。左公弟潜[②]往访之。米季子望见怃然[③]曰："汝兄可怜，杨二哥谓大洪也可怜[④]。"徐屏人语曰："汝兄忠孝，不宜死非命。然得罪权臣，死不救矣！"又问："同难数人，有一免否？"曰："个个不免！"后果不爽[⑤]。

【注释】①魏阉：即魏忠贤（1568-1627），字完吾，北直隶肃宁

（今河北省沧州市肃宁县）人，明朝末期宦官。明熹宗时期，出任司礼秉笔太监，极受宠信，被称为“九千九百岁”。明思宗朱由检继位后，打击惩治阉党，治魏忠贤十大罪，命逮捕法办，自缢而亡，其余党亦被肃清。②潜：隐藏的，秘密地。③怃（wǔ）然：怅惘若失的样子。④杨二哥（大洪）：杨涟（1572–1625），字文孺，号大洪，湖广应山（今属湖北省广水市）人。明末著名谏臣，东林党人，“东林六君子”之一。天启五年（1625），因弹劾魏忠贤二十四大罪，被诬入狱并惨死狱中。崇祯元年（1628），杨涟获平反，追赠太子太保、兵部尚书，谥号“忠烈”。有《杨忠烈公文集》传世。⑤不爽：语出自《诗经·小雅·蓼萧》：“其德不爽，寿考不忘。”指不差，没有差错。

【译文】我的同乡左光斗因为忠正刚直而遭到奸臣魏忠贤的陷害，被逮捕押解入京城。路过山东省兖州府峄县，因听说县里有一位名叫米季子的隐士，据传有预知测算的学问，左光斗的弟弟便暗中秘密前往拜访。米季子看见左光斗的弟弟一副怅然失意的样子，说：“您的兄长真是可怜，杨涟也很值得同情啊！”过了一会儿，屏蔽众人后，才对左光斗的弟弟说：“按理说您的兄长忠心为国、孝顺父母，不应该死于非命。但是得罪了当朝的权臣，却是必死无疑啊！”左光斗的弟弟又问：“一同遭难的那几个人，有能幸免于难的吗？”米季子回答：“无一幸免。”最终结果，果真如米季子所言。

闱中逸事

明万历甲辰科[①]，山阴朱大学士赓[②]主会试，首题《不知命》一章[③]。入闱时[④]，朱与同人约："此题必三段，平做不失题貌，方可抡元[⑤]。若违式，即佳卷亦难前列。"同人皆以为然。既揭晓，则元卷[⑥]殊不然。有人乘间问之："公遴选榜首，何以竟违初意。"朱惊起取卷读之，叹曰："我繙阅时，竟不觉也。"由此观之，可知功名有定数。体物而不可遗者，鬼神也。为主司者，欲定一文章体式而不能自主，况取舍高下之间乎？予屡司衡文[⑦]之柄，闱中情事往往如此，益信朱公之事不谬也。

【注释】①万历甲辰：即明神宗三十二年，1604年。②朱赓（1535–1609）：字少钦，号金庭，浙江绍兴府山阴（今浙江省绍兴市辖区旧县名）人。历官礼部左、右侍郎，累官礼部尚书，明朝内阁首辅。卒后赠太保，谥文懿。著有《文懿公集》十二卷，《四库全书总目》传于世。③不知命：语出自《论语·尧曰》："不知命，无以为君子也。"意思是不懂得天命，不能成为君子。④入闱：指科举考试时考生或监考人员等进入考场。⑤抡元：科举考试中选第一名。⑥元卷：科举考试获得第一名的试卷。⑦衡文：品评文章，特指主持科举考试。

【译文】朱赓大学士主持万历甲辰科会试，第一个题目就是《论语》中"不知命"这一章。进入考场时，朱赓与其他考官事先说定阅卷标准，说道："这个题目必然要分三个部分来论述，文章写的平和又不失题目本义的，才可以拔得头筹。如果不按这种格式写，即便试卷写得再好，也难以名列前茅。”其他考官也都认同他的说法。待到揭榜时，大家却发现第一名的试卷，并不是按照朱赓所说的格式写就的。有人在空闲时间朱赓：“您审慎选拔第一名的时候，为什么竟然违背了您最初的意愿呢？”朱赓这才猛然想起自己所说的话，他拿起试卷细细阅读之后，感叹说：“我翻阅试卷的时候，竟然丝毫没有察觉到啊！”由此看来，这功名应该是谁得到，自有上天注定。体察万物而不会出现纰漏，那定是鬼神才能做到的事情。做为主考官，想要确定一种文章的体式，尚且没法自己说了算，更何况是决定考试的及第与否，以及名次先后这样的事呢？我屡次主持科举考试，考场中的事情往往就是这样的，也更加相信发生在朱赓大学士身上的这件事并非谬传。

清朝学士之沿革

我朝自世祖章皇帝甲申定鼎燕京[①]，迄于今一百有三年矣。汉人之为大学士者，几四十人。其间居官之久暂不一。或数年，或十数年。如先文端公则三年耳。其中最久者，无如高阳李公[②]，在任二十七年，其次则廷玉。于雍正三年乙巳七月[③]，蒙恩入政府[④]，屈指今岁丙寅，二十二年矣。自知才识短浅，不能有所建树，而承乏最久[⑤]，竟居高阳之次。今年七十有五，衰颓日甚，益不能支，屡次陈情，未蒙俞允[⑥]。其为惭惶愧悚[⑦]，岂笔墨所能宣述万一耶！

【注释】①世祖章皇帝：即爱新觉罗·福临（1638—1661），即清世祖，年号顺治，在位18年（1643—1661在位），清朝第三位皇帝，清朝入关的首位皇帝。庙号世祖，谥号体天隆运定统建极英睿钦文显武大德弘功至仁纯孝章皇帝。甲申：即1644年。定鼎：新王朝定都建国的意思。燕京：即北京，因春秋战国时是燕国国都所在地而得名。②高阳李公：即李霨（1625—1684），字景霱，号坦园，直隶高阳（今河北省保定市高阳县）人。顺治四年进士，历任秘书院学士、内宏文院大学士、工部尚书兼东阁大学士、太子太保、保和殿大学士加户部尚书、太子太傅、太子太师等职。卒后谥文勤，入祀乡贤祠。著有《闽役纪行略》《伴星草》《心远堂诗集》等。③雍正三年：1725年。④政府：古时称宰相处理政务的处所。⑤承乏：语出自《左传·成公二年》："敢告不敏，摄官承乏。"补充空缺的职位，多用为在任某职的谦称。⑥俞允：允许，允可。⑦惭惶愧悚：惭愧惶恐。

【译文】自从清世祖顺治皇帝于顺治元年（1644）定都北京以来，到现在已经一百零三年了。成为大学士的汉人，只有四十人。其中各位大学士的在职时间也长短不一，有的只做了几年，有的则做了十几年。如父亲文端公就做了三年的大学士。这其中做得最久的，是高阳李霨大学士，在任二十七年。其次就是我了，从雍正三年（1725）乙巳七月起，承蒙圣恩，我开始担任大学士一职，屈指计算到今年丙寅（即乾隆十一年，也就是1746年），已经二十二年了。我知道自己才疏学浅，没有建立什么大的功绩，却担任大学士这个重要职务如此之久，竟然仅次于高阳李公。今年我已经七十五岁了，身体日渐衰弱颓废，精力体力已经无法支撑我的工作，多次向皇上陈述情由，想要退休，但却都没能得到应允。我内心感到惭愧惶恐，这种感觉岂是笔墨文字所能表述出来的？恐怕连万分之一都不行吧！

联语显节气

张江陵在位时，有人赠对联曰："上相太师①，一德辅三朝②，功光日月；状元榜眼，二难登两第③，学冠天人。"江陵欣然悬之厅事。先是徐华亭罢相归④，其堂联云："庭训尚存⑤，老去敢忘佩服⑥；国恩未报，归来犹抱惭惶。"又叶福清堂联曰⑦："但将药裹供衰病，未有涓埃答圣朝。"此皆二公自题，觉谦抑之风可想也。

【注释】①上相太师：上相，对宰相的尊称。太师，古三公中最为尊贵者。②三朝：即明代穆宗、神宗和光宗三朝。③二难登两第：指张居正的两个儿子，一个考取了状元，一个考取了榜眼，这是两件不容易的事。④先是：在此以前，多用于追溯往事。徐华亭：即徐阶（1503-1583），字子升，号少湖，一号存斋。明松江府华亭县（今上海市松江区）人。明代名臣，计除严嵩父子，在嘉靖朝后期至隆庆朝初年任内阁首辅。后因受排挤而罢相离阁。病卒，赠太师，谥号文贞。著有《世经堂集》《少湖文集》等。⑤庭训：父亲的教诲，父亲对儿子的教育在古代就叫"庭训"。⑥佩服：犹言遵循。⑦叶福清：即叶向高（1559-1627），字进卿，号台山，晚号福庐山人。福建福州府福清（今福建省福清市）人。明朝大臣、政治家，万历、天启年间两度出任内阁辅臣。

病逝后追赠太师，追谥文忠。

【译文】张居正在位时，有人赠予他一副对联："上相太师，一德辅三朝，功光日月；状元榜眼，二难登两第，学冠天人。"意思是张居正为当朝最高贵的首辅宰相，品德始终如一，辅佐三朝帝王，其功德可与日月同辉；考取状元、榜眼，这是两件如此艰难的事情，但张居正却培养出两个儿子相继登第，足见家教严谨，是人中的典范。张居正很喜欢这副对联，便将其挂在了厅堂之上。在此之前，徐阶被罢相归家，他的堂上也挂了一副对联说："庭训尚存，老去敢忘佩服；国恩未报，归来犹抱惭惶。"意思是说祖先的教诲还在耳边，我怎敢不遵从先前的训导；还未报答国家的恩情，虽被罢免却内心满怀惭愧惶恐。又有叶福清的堂上对联，是这样说的："但将药裹供衰病，未有涓埃答圣朝。"意思是说不得不用药囊来对付衰弱和疾病，惭愧的是没有一点微小的功劳来报答朝庭皇帝。这两副对联是徐阶和叶向高两位内阁首辅大学士自己题写的，我感觉这其中充满了谦逊低调的风格。

古稀登科趣语

荆州公安县人刘珠，故与张江陵封翁[①]同为诸生，相友善。江陵主会试，刘始登第，则年已古稀矣。江陵庆五旬，刘祝以诗，中一联曰："欲知座主[②]山齐寿，但看门生雪满头。"江陵为一解颐[③]。

【注释】①封翁：古代对被荫封的长者的尊称。②座主：科举时代，中试者称主考官为“座主”。③解颐：笑得下巴脱落，形容人开颜而笑。

【译文】荆州公安县人刘珠过去与张居正的父亲是同学，彼此关系很好。张居正主持会试考试，刘珠才考中进士，而当时他已经到了古稀之年了。张居正庆祝自己五十大寿，刘珠用一首诗作为贺礼，诗中有一联说道：“欲知座主山齐寿，但看门生雪满头。”意思是说若想知道我的主考官那堪比南山的高龄到底几何，只要看看他的门生都已经白发满头，就能明白了。张居正看了这首诗，颇为开心。

巧立名目，侵冒国帑

明万历时，京师正阳门楼毁于火[①]。内监与工部议重建[②]。内监屈指云：“当用银十三万。”营缮司[③]郎中张嘉言怒曰：“此楼在民间，当费三千金。今天家举事[④]，不可同众，不过加倍为六千金耳。”诸大珰[⑤]忿极，欲奋拳殴之，时监督科道[⑥]在列，无一字剖析。次年大计[⑦]，张竟以不谨被斥。后箭楼成，报销银三万两。盖明时工程之浮冒[⑧]，动辄数十倍，尽归貂珰之私橐[⑨]，而朝臣无有敢言者。今观近京诸处，前明内监平日不著名者，亦造一坟建一寺，穷极壮丽。或费数万金，或十数万金，过于公侯家。自非侵冒国帑[10]，剥削民膏，何以饶于赀财若此哉？

【注释】①正阳门：正阳门，俗称前门、前门楼子、大前门，原名丽正门，明正统年间改为正阳门，是明清两朝北京内城的正南门。②内监：宦官，太监。工部：古代中央官署名，为掌管营造工程事项的机关，六部之一，长官为工部尚书。清代工部是管理全国工程事务的机关。职掌土木兴建之制，器物利用之式，渠堰疏降之法，陵寝供亿之典，并主管一部分金融货币和统一度量衡。③营缮司：官署名。明清两代设有营缮司，隶属工部。掌缮治皇家宫廷、陵寝、坛庙、官府、城垣、仓库、廨宇、营房。司设郎中、员外郎、主事等官。④天家：对天子或帝室的称谓。⑤大珰（dāng）：当权的宦官。⑥科道：指科道官。明、清六科给事中与都察院十三道监察御史总称。⑦大计：明清两代考核外官的制度，每三年举行一次。⑧浮冒："浮冒"一词，取自清朝工部则例的术语，大抵是指在各项大小工程的荒估、约估、销算、计算（相当于现代工程会计部门的估算、概算、预算、决算）直到报销等各阶段，应用实用物料工价的数字虚假不实，也就是虚报冒充。⑨貂珰：古代侍中、常侍的冠饰，借指宦官。私橐（tuó）：私人的钱袋。⑩国帑：国家的公款。

【译文】明代万历年间，京都正阳门遭遇火灾而毁，大内太监与工部商议重建正阳门。当时大太监掰着指头说："要重建正阳门，需要用十三万两白银才行。"当时的营缮司郎中张嘉言愤怒地说："这样的工程，如果是在民间，三千两就足够了，就算是天子家用的贵一些，不能与普通百姓一样，那也不过是翻个倍，六千两就够了。"各位当权的宦官听了这话，都对张嘉言恨到了极点，都想要扑上来挥拳揍他一顿，当时监督科道的官员也在场，却没有人敢为双方判定一个是非曲直。第二年，恰逢官吏每三年一次的考核，张嘉言竟然被冠以工作不严谨而受到训责。后来正阳门建好之后，报销了三万两白银。大抵明朝时期，工程造价经常虚报冒领，动不动就是实际建造费用的数十倍，而这些虚报的部分，也全都被宦官中饱私囊，但朝廷大臣却没有敢举报的。现在看京城附近的各个地方，明朝那些不怎么著名的太监，也都会建造极尽奢侈豪华的坟墓、宗庙。有的花费数万两，有的花费十多万两，比那些贵族高官还要奢侈。如果不是侵吞冒领国家公款，肆意盘剥民脂民膏，又何来如此丰厚富饶的家资呢？

昔者所进，今日不知

明怀宗[①]在位十七年，所用大学士至五十人之多。诚所谓“昔者所进，今日不知”[②]。其亡国事，尚可问哉？

【注释】①明怀宗：即明思宗朱由检（1611-1644），字德约，明代最后一个皇帝，年号崇祯。崇祯十七年（1644），李自成军攻破北京时，于煤山自缢身亡，在位17年。崇祯帝死后，清上庙号怀宗（后取消），南明弘光帝上庙号思宗，旋改毅宗，隆武帝上庙号威宗。清上谥号守道敬俭宽文襄武体仁致孝庄烈愍皇帝，南明弘光帝上谥号绍天绎道刚明恪俭揆文奋武敦仁懋孝烈皇帝。②“昔者所进，今日不知”：

语出自《孟子·梁惠王下》："王无亲臣矣，昔者所进，今日不知其亡也。"意思是说过去所提拔使用的人，现在都不知道去哪里了。

【译文】崇祯皇帝在位十七年，所提拔任用的大学士就有五十人之多。这正所谓："昔者所进，今日不知。"从前提拔使用的人，现如今都不知道哪里去了。那些过去的国家大事，还能向谁去询问呢？

魏环溪先生天道人事之语

魏环溪先生曰[①]："有不可知之天道，无不可知之人事。"吾人能体会此二语，为圣为贤不难矣！

【注释】①魏环溪：魏象枢（1617–1687），字环极（一作环溪），号庸斋，又号寒松，蔚州（今河北省蔚县。在清康熙三十二年以前隶属于山西省大同府治）人。顺治三年进士，官至左都御史、刑部尚书。卒后谥敏果。有《寒松堂集》《寒松堂诗集》传世。

【译文】魏环溪先生说："有不可知之天道，无不可知之人事。"意思是说世界上还有许多不为人所知的天理法则，但却没有人所不知道的人情事理。现在的人们，如果能够深刻领悟体会这两句话，那么我们也就不难向圣贤之人靠拢了。

朱诗陆诗皆推重

朱文公《与徐赓载书》曰："放翁诗，读之爽然[①]，近代惟见此人为有诗人风致[②]。如此篇，初不见其著意用力处，而语意超然，自是不凡[③]。近报又已去国[④]，不知所坐[⑤]何事？恐只是不合做此好诗，罚令不得做好官也！"放翁诗为考亭所推重如此，予尝读考亭诗，大雅从容，温柔敦厚，不事雕饰，蕴藉[⑥]天然，字字从性情中来。是以与放翁有水乳之合。世人但知陆诗之妙，而不知朱诗之妙，岂非所谓"逸少文章字掩将"耶[⑦]！

【注释】①爽然：豁然开悟的样子。②风致：风采神韵。③"自是不凡"：朱熹的这一段话见于《池北偶谈》，原文在"自是不凡"之后，尚有"令人三叹不能已"。④去国：离开朝廷或京都。⑤坐：介词，因，由于，为着。⑥蕴藉：含蓄而不外露。⑦"逸少文章字掩将"：逸少，即王羲之（303—361，一说321—379），字逸少，东晋时期著名书法家，有"书圣"之称。这句的意思是说王羲之的文章很好，但却被他的书法名气所掩盖了。据《扬州历史人物辞典》与《兴化县志》记载，清代江苏兴化有一个名为陆骖的人，善长书法，同时擅长写作诗文，但社会上很少有人知道。他曾经雕刻一枚私印云"逸少文章字掩将"，便是他以王羲之自喻。

【译文】朱熹在《与徐赓载书》中说："陆游的诗，读过之后会感觉豁然开悟，现在只有他这样的人，才具有诗人的风采神韵。就如你说的这一篇陆游的作品，刚开始读的时候，并不见有什么刻意描述的地方，但语意内容却超脱自然，本身就非凡品。近来，听说他又离开了国都，不知道是因为什么事？恐怕只是因为写不出好的诗作，便被惩罚不能继续做官了吧！”朱熹竟然如此推崇陆游的诗作，我曾经也读过朱熹的诗，感觉这些诗作高尚雅正、悠闲舒缓，温和柔美，诚朴敦厚，没有刻意雕琢的内容，自然含蓄，每一个字都有感情。所以在我看来，朱熹与陆游的诗作，水乳交融，亲密无间。人们只知道陆游的诗写的很好，却不知朱熹的诗也同样很妙，只是朱熹在理学方面的成就太过耀眼，这岂不正是应了“逸少文章字掩将”的说法吗！

后人评张居正

荆州张江陵故宅，有人题诗云：“恩怨尽时方论定，封疆危日见才难。[1]”此语论江陵最为切当，惜不传其姓氏。

【注释】①“恩怨”两句诗：经考证，这两句诗应出自明代诗人王启茂《拜江陵张文忠公祠》一诗：“袍笏巍然故宅残，入门人自肃衣冠。半生忧国眉犹锁，一诏旌忠骨已寒。恩怨尽时方论定，边疆危日见才难。眼前国士公知否？拜起犹疑拭目看。”喻家碑《诗名海内：石首王启茂》一文介绍，“王启茂，字天根，天庚，湖北石首县人，生卒年不详，明朝万历、天启、崇祯年间人，贡生，明代后期著名诗人。王启茂出生于仕宦与书香世家。崇祯末，以明经荐，不就。闲雅淹博，有古名士风。善属文，尤工诸体诗及元人杂曲，海内仰之。”封疆，将某一地区全权交给官吏管理。

【译文】湖北荆州张居正故居，有人曾经题诗说："恩怨尽时方论定，封疆危日见才难。"大意是和张居正有关的一切恩恩怨怨都结束时，他的功过是非才能得以评定，然而边关正在遭遇危急，此时想要寻觅有雄才大略的人，那真是太难了。这两句话评论张居正最为贴切，可惜不知道这两句诗，到底是谁写的。

为政不轻易变法

《书》曰："政贵有恒。[①]"昔人云："利不什不变法；害不什不易制。[②]"此有恒之说也。予幼时读张君曾裕《居之无倦制艺》有曰[③]："古今无甚全之利，持之数十年而不变，即为苍生之福矣！古今亦无甚速之害，行之不数年而即变，即为黎庶之忧矣。"此数语可为"有恒"注解。尝读《李文靖传》[④]，公尝言："某居重位，实无补万一。独中外所陈利害，一切报罢[⑤]之，惟此少以报国耳。朝廷防制纤悉[⑥]备具，或徇所请施行一事，即所伤多矣。"文靖此言乃名臣不磨之论。予蒙恩备员政府二十三年矣，不敢轻议更张一事。盖国家立一政，凡几经区画[⑦]而后定为章程。若再行之一二十年，则人情已便，但觉其相安，不见其烦苦矣！此"不愆不忘，率由旧章"[⑧]，所以垂训于千古也。彼才高意广者，往往矜奇立异，以为建白[⑨]。万一见诸施行，其中种种阂碍，不可枚举。或数年而报罢，或十数年而报罢。

其未罢之先，闾阎[10]之受其累不少矣，可不慎哉!

【注释】①政贵有恒：语出自《尚书·毕命》，意思是执政贵在坚持。②“利不什”两句：语出自《皇清经世文编》（卷十六·吏政二），意思是说利与害未到极限都不会变更法律制度。③张曾裕：字昆诒，杭州府海宁县人，康熙戊辰进士，吏部文选主事，官至监察御史。制艺：也作制义，古代在考试时作的文章。其文体在科举考试中有明确规定。明清两代，便称为八股文。④李文靖：李沆（947–1004），字太初，洺州肥乡（今河北省邯郸市）人。北宋时期名相、政治家、诗人。卒后赠太尉、中书令，谥号文靖。⑤报罢：古谓批复所言之事作罢，即言事不准。⑥防制：防备制止。纤悉：细致而详尽。⑦区画：亦作“区划”。筹划，安排。⑧“不愆不忘，率由旧章”：语出自《诗经·大雅·假乐》，意思是从不犯错不迷狂，遵循先祖旧典章。⑨建白：提出建议或陈述主张。⑩闾阎（lǘ yán）：乡里，也泛指民间。

【译文】《尚书》中说：“政贵有恒。”意思是执政贵在法令制度不轻易变动。昔日也有人说：“利不什不变法；害不什不易制。”意思是说利益与危害未达到极限时都不会变更已有的法律和制度。这些都是在讲述“有恒”的道理。我幼年时期，曾经读到过一位名叫张曾裕的人写的《居之无倦》的文章，其中说：“自古至今没有十全十美的好处利益，如果一件好事能够让老百姓持续受益几十年，那就是苍生百姓的福气了！自古至今也没有来势特别快速的祸害，如果一件坏事发生没几年，就对世间的事情产生了明显的不良影响，那就是黎民百姓值得忧虑的事情了。”这几句话可以看做是对“有恒”的注解。曾经还读到《李文靖传》，他说：“我身居高位要职，实际上并没有发挥什么特别的作用。只是将朝廷内外官员所讨论的利害攸关的事情，在他们上奏之后，全部予以否决，只有尽量减少这些不必要的事情，才能真正的报效国家。朝廷各方面的制度已经十分完备了，如果批准那些官员所上奏的事情，必然牵一发而动全身，国家利益就会受到更多的损害。”李文靖所说的这些话，都是贤明之臣总结的至理名言。我承蒙圣恩在朝廷任大学士一职已经二十三年了，从来不敢随便议论变革这样的大事。国家每确立一项重大政策，都需要几经规划讨论，才确定下来具体的规章与法律。然后再将这些政策法令施行一二十年，那时候人们已经逐渐习惯，也就觉得相安无事，不会觉得这些法规有什么不好的影响！这就是“不愆不忘，率由旧章”，意思是不犯错误，也不迷茫狂妄，凡事都遵循祖宗先王的规章制度，正因为做到了这一点，这句话才成为千古垂范。那些才能出众但好高骛远的人，往往都喜欢炫耀新奇，喜欢标新立异，他们还以这些新奇主张和建议，作为治理国家的方法和策略。一旦这些主张被采纳并付诸实施，那其中的种种弊端和后患也就多得数不胜数了。有的措施执行几年就会被废止，有的要经过十几年才会被废止。而这些措施在没有被废止之前，平民百姓却要承受这些不良政策所带来的结果，可见要稳步推进政事，不可不慎重啊！

圣主体恤贤臣

明孝宗时[①]，刘忠宣公大夏为兵部尚书[②]。戴恭简公珊为左都御史[3]。一日奏对毕，上令中使出白金二笏[4]以赐，且面谕曰：“卿等将去买茶果用。朕闻朝觐日[5]，文官避嫌，有闭户不与人接者。如卿等虽开门延客，谁复有以贿赂通也。朕知卿等，故有是赐。”且命不必朝谢，恐公卿知之，未免各怀愧耻也。玉蒙世宗皇帝擢用正卿，旋登政府。十数年间，六赐帑金。每赐辄以万计。历稽史册，大臣拜赐未有如此之优渥者，玉惶恐恳辞。上谕云：“汝父清白传家，中外所知。汝遵守家训，屏绝馈遗。今侍朕左右，夙夜在公[6]，何暇计及家事。朕不忍令汝以珠桂萦心也[7]。此一辞大非君臣一体之谊矣！”玉遂不敢再渎。

【注释】①明孝宗：朱祐樘（1470–1505），即明孝宗（1487–1505在位），年号弘治，明朝第九位皇帝，创立“弘治中兴”的盛世，庙号孝宗，谥号“建天明道诚纯中正圣文神武至仁大德敬皇帝”。②刘忠宣公：即刘大夏（1436–1516），字时雍，号东山，湖广华容（今属湖南省）人。明代名臣、诗人。卒后追赠太保，谥号“忠宣”。有《东山诗集》《刘忠宣公集》等传世。兵部尚书：六部尚书之一，别称为大司马，统管全国军事的行政长官，明代正二品，清代从一品。③戴恭简公：即戴珊（1437–1505），字廷珍，号松厓，江西浮梁人。历任浙江按察使、福建左、右布政使、右副都御史、南京刑部尚书、左都御史，卒后赠太子太保，谥恭简。左都御史：中国古代专门行使监督职权的机构都察院的长官。④笏（hù）：量词，金银的计算单位。铸金银成笏形，一枚为一笏。⑤朝觐（jìn）：臣子上朝，谒见君主。⑥夙夜在公：从早到晚都在从事公务，形容勤政尽职。⑦珠桂萦心：珠桂，指米如珠，薪如桂，极言物价昂贵，生活困难。萦心：牵挂于心。

【译文】明孝宗时，刘大夏为兵部尚书，戴珊为左都御史。有一天奏事完毕，孝宗命令宫中随侍之人取出两笏银两来赐予二人，并当面训示说：“两位爱卿且拿去买一些茶点水果吧。我听说上朝的日子里，文官为了避嫌，都会紧闭门户不与他人接触。像两位爱卿这样，虽然照样开门迎接客人，但谁又敢向你们贿赂呢。我知道你们都是清正廉洁的人，所以才有这样的赏赐。”同时孝宗还命令二人不需要当朝谢恩，避免被其他公卿知晓，让他们感到惭愧羞辱。我承蒙世宗皇帝提拔重用，被任命为大学士，担任国家要职。十几年间，受到皇上六度赏赐金钱，每次赏赐动辄便以万计数。查考历代史册，皇帝对大臣的赏赐都没有这么丰厚的。我诚惶诚恐，恳切推辞，但皇帝说：“你的父亲将清白家风传承下来，这是朝廷内外人所共知的事情。你也遵守家训，拒绝屏退一切馈赠奉送。现在你在我身边随侍，从早到晚都勤于公务，又哪里有时间顾及家里的事，我不忍心让你因为家中生活之事而牵挂在心。你这一推辞，岂不是让我们君臣一体的情谊被破坏了！”我因此不敢再用自己的心思任意揣测皇帝的好意，只得接受赏赐。

陶渊明忧子

渊明《责子》诗曰[①]：“白发被两鬓，肌肤不复实。虽有五男儿，总不好纸笔。阿舒已二八，懒惰固无匹。阿宣行志学，而不爱文术。雍端年十三，不识六与七。通子垂九龄，但觅梨与栗。天运苟如此，且尽杯中物。[2]”杜子美《遣兴》诗曰[3]：“陶潜避俗翁，未必能达道。观其著诗篇，颇亦恨枯槁。达士岂自足，默识盖不早。有子贤与愚，何其挂怀抱。[4]”子美之贬渊明，盖正论也。独山谷云：“观渊明此诗，想见其人慈祥戏谑可观也[5]。俗人便谓渊明诸子皆不肖，而渊明以愁叹见于诗耳。”余谓山谷此言得乎情理之正。渊明襟怀旷达，高出尘壒[6]之表。大抵诸郎皆中人之资，期望甚切，稍不满意，遂作贬词耳。况雍端年甫十三，通子方九龄，过庭之训尚浅[7]，未可遽以不肖目之也。

【注释】①《责子》：东晋诗人陶渊明创作的一首五言诗，大约作于东晋安帝义熙四年（408），当时陶渊明已经四十多岁了。诗中反映了诗人对儿子的殷切期望，以风趣幽默的口吻责备儿子们不求上进，与自己所希望的差距太大；勉励他们能好学奋进，成为良才。②五男儿：陶渊明有五个儿子，分别是舒俨、宣俟、雍份、端佚、通佟，诗中所提到的舒、宣、雍、端、通便是这五人。行志学：语出自《论语·为政》：“吾十有五而志于学。”意思是到了十五岁立志求学，后以“志学”来代称十五岁。③《谴兴》：唐代诗人杜甫创作的《遣兴五首》中的一首，是针对陶渊明的《责子》诗发出的的感慨与评价。④达道：明白道理。达士岂自足：原诗为“达生岂是足”，“达生”语出自《庄子·达生》：“达生之情者，不务生之所无以为。”后以“达生”指参透人生、不受世事所牵累的处世态度。⑤戏谑（xuè）：用诙谐有趣的话开玩笑。⑥尘壒（ài）：飞扬的灰土。亦喻指尘世；尘俗。⑦过庭之训：语出自《论语·季氏》：“尝独立，鲤趋而过庭。曰：‘学诗乎？’对曰：

‘未也。’‘不学诗，无以言。’鲤退而学诗。”指父亲的教诲。

【译文】陶渊明有一首《责子》诗，“白发被两鬓，肌肤不复实。虽有五男儿，总不好纸笔。阿舒已二八，懒惰固无匹。阿宣行志学，而不爱文术。雍端年十三，不识六与七。通子垂九龄，但觅梨与栗。天运苟如此，且尽杯中物”，大意是，两鬓开始出现白发，皮肤也变得松弛。虽然有五个儿子，但却都不喜欢读书。大儿子阿舒已经十六岁了，却懒得无人能比。二儿子阿宣十五岁了，也不喜欢文章学术。三儿子阿雍和四儿子阿端都是十三岁，却连六七都不认识。小儿子阿通快九岁了，还只知道找梨和栗子来吃。如果上天注定他们只能如此，那我也就只能喝酒了。杜甫在一首名为《遣兴》的诗中说，“陶潜避俗翁，未必能达道。观其著诗篇，颇亦恨枯槁。达士岂自足，默识盖不早。有子贤与愚，何其挂怀抱”，表达了这样的意思：陶渊明是一个隐居避世的人，但他未必能通达道理。看他所写的诗篇文章，对穷困潦倒很是不满。真正参透人生而不为世间事物所牵累的人，怎么能被儿女的事情所困扰呢？到了晚年还不能对古人“达道”和“达生”的道理透彻理解。他的儿子是贤能还是愚钝，又何必牵挂于心呢。杜甫对陶渊明的评价，是正确的评论。黄庭坚说：“看陶渊明这首《责子》诗，就能想象陶渊明这个人是非常慈爱友善、诙谐有趣的。凡夫俗子仅仅依据这首诗，便说陶渊明这几个儿子都不成才，这才使得他在诗中抒发愁苦感叹。”黄庭坚的评价，我觉得从人情与道理方面来说都是正确的。陶渊明拥有开朗豁达的胸襟，超脱世俗之外。大概他的几个儿子都只是一般人的禀赋，而他又对他们有很迫切的期待，所以稍微感觉不满意，就写出了批评贬损的内容。况且阿雍阿端也不过才十三岁，阿通才九岁，父亲的教育还没有深入他们的内心，不能立刻就用“不成才，没有出息”来看待他们。

苏东坡解《桃花源记》

东坡云：“世传桃源事，多过其实。［考］渊明所记，止言先世避秦乱来此，则渔人所见，［似是其子孙］，非秦人不死者也。[①]”坡公此论甚确。余观古今来，前人偶为新奇之说，后人往往乐为附会，如身亲见之者，正复不少。东坡著眼全在“先世”二字，予细味《记》曰[②]：“先世避秦时乱，率妻子邑人来此绝境，不复出焉。”所谓“邑人者”皆石隐者流[③]。或十数家，或数十家，同心肥遁[④]，长子孙于其中。日渐蕃衍[⑤]，遂为世业[⑥]。若谓同避乱之人皆不死，一时安得许多神仙耶？

【注释】①这段内容出自《和桃源诗序》，［ ］内为原文中有、但张廷玉并未写出的内容。②《记》：指陶渊明所作的《桃花源记》。③石隐者：心志坚如磐石的隐者。④肥遁：隐居避世而自得其乐。⑤蕃衍：繁盛众多。⑥世业：世代相传的事业。

【译文】苏东坡说：“世间流传的关于桃花源的事情，有很多都是言过其实的。考虑到陶渊明所记载的内容，只是提到那些住在桃花源里的人们，其先祖为了躲避秦时战乱才来到这个地方，也就是说打渔的人所见到的，似乎应该是他们的子孙后代，而并不是从秦代一直活到东晋还没有死的人。”苏东坡这个说法非常准确。我看从古到今，前人偶尔有了一些新颖奇妙的言论学说，后人就总是喜欢牵强附会地解释，就好像自己亲眼看见了一样，且不在少数。苏东坡所关注的地方，全在“先世”两个字上，我仔细回味《桃花源记》，其中说：“先代为了躲避秦时的战乱，率领妻儿子孙以及本乡同邑的人，来到这个与世隔绝的地方，再也没有出去过。”这里所说的“本乡同邑的人”，都是一心想要隐居的人。可能有十几家，也可能有几十家，都同心一致想要隐居避世，并在其中抚养子孙成长。他们日复一日繁衍生息，这里便成了世代相传的家业。如果说当时一起避乱的人都没有死，那岂不是一时间有了很多神仙？

天下清景专为我设

王荆公《钟山官床与客夜坐》诗曰[①]：“残生伤性老耽书，年少东来复起予。各据槁梧同不寐，偶然闻雨落阶除。[②]”苏东坡《宿余杭山寺》诗曰[③]：“暮鼓朝钟自击撞，闭门欹枕对残缸。白灰旋拨通红火，卧对萧萧雪打窗。[④]”《冷斋夜话》云[⑤]：“山谷尝言：‘天下清景，初不择贵贱、贤愚而与之。[然]吾特疑端为我辈设。’观荆公《钟山夜坐》诗与东坡《宿馀杭山寺》诗，则山谷之言为确论也。”余谓天下清景，无在不有，但能领会，则似专为我辈设矣！此从道义中来，不可强也。

【注释】①王荆公：即王安石（1021—1086），字介甫，号半山，临川（今江西省抚州市）人。北宋杰出的政治家、文学家，也是著名改革家。“唐宋八大家”之一。封荆国公，世称王荆公。谥文，又称王文公。有《王临川集》《临川集拾遗》等存世。②耽：沉溺。起予：语出自《论语·八佾》：“子曰：‘起予者，商也，始可与言《诗》已矣。’”意思是启发自己。槁梧：语出自《庄子·德充符》：“倚树而吟，据槁梧而瞑。”后人诗文中有的以其指几，有的以其指琴。阶除：指台阶。③《宿余杭山寺》：应为《书双竹湛师房》之二。④攲枕：原诗作“孤枕”。缸：通“釭”。“卧对”：原诗为“卧听”。“雪打窗”：原诗为“雨打窗”。⑤《冷斋夜话》：北宋僧人惠洪（1071—1128）所著的古代中国诗论著作，共十卷，体例介于笔记与诗话之间，但以论诗为主。

【译文】王安石有一首名为《钟山官床与客夜坐》的诗，“残生伤性老耽书，年少东来复起予。各据槁梧同不寐，偶然闻雨落阶除”，大意是说，自己已经是迟暮之年，人也变得容易感伤，另外更是喜欢沉溺于书籍之中。有一位从东边来的少年重新启发了我。我和他依靠案几，彼此都了无睡意，言谈十分投机，偶然间还可以听到雨水滴落台阶的声音。苏东坡有一首名为《宿馀杭山寺》的诗，“暮鼓朝钟自击撞，闭门攲枕对残缸。白灰旋拨通红火，卧对萧萧雪打窗”，大意是讲，晨钟暮鼓按时响起，我闭门独卧，面对即将熄灭的油灯。拨开燃尽的白灰，让通红的火苗再次亮起。躺在床上静听疾风骤雨敲打窗户的声音。《冷斋夜话》中提到：“黄庭坚曾经说：‘天下清新秀丽的风景，并不会因为观赏之人的尊贵贫贱、贤能愚钝而区别对待。但我特别怀疑，这清新秀丽的风景到底是不是为我们这样的人而专门安排的。’看完王安石的《钟山夜坐》和苏东坡的《宿馀杭山寺》这两首诗，就知道黄庭坚所说的话确实是有道理的。”我觉得天下清新秀丽的风景，无处不在，无处不有，只要能够用心领会，就可以见到，就好像是专门为自己设计安排好的一样！这些都是个人境界中的体会，不可强求啊！

明朱之冯语多精义

明朱忠毅公之冯[①]，字乐三，大兴人。平日以理学自砺，官至宣府巡抚[②]。李自成陷大同，以身殉国。其所著《在疚记》一卷，语多精义。新城王公[③]，采数条载《池北偶谈》中[④]，余见而服膺，因手录于左：“鸢飞戾天，鱼跃于渊，即是仕止久速。[⑤]”“古之人修身见于世，非诚不能。诚则贯微[⑥]，显通天人。一世不尽见，百世必有见者。”“圣人之死，还之太虚，贤人即不能无物，而况众人乎？”“实变气质，方是修身。”“士憎兹多口[⑦]，则何以故？曰：持介行者不周世缘[⑧]，务独立者不协众志。小人相仇，同类相忌。一人扇谤，百人吠声。予尝身试其苦者，数矣！故君子观人，则众恶必察自修，惟正己而不求于人。待小人尤宜宽，乃君子之有容。不然，反欲小人容我哉？”“中者不落一物，庸者不遗一物。”“随事无私，皆可尽性至命，而忠孝其大者。”“平日操持非实试之当境，决难自信。”“隐恶扬善，圣人也；好善恶恶，贤人也；分别善恶无当者，庸人也；颠倒善恶，以快其谗谤者，小人也。”“赴大机者速断，成大功者善藏。”“同是中庸，而有君子小人之别，微矣哉！”

【注释】①朱忠毅公：朱之冯（？-1644），字乐三，大兴人。天启五年进士，曾在山东做地方官，明末任宣府巡抚。后李自成攻陷大同，城破，自缢而死。谥忠壮。②宣府：即宣府镇，是明初设立的九边镇之一。镇守地区相当于今河北省西北部内外长城一带。③新城王公：即王士祯（1634-1711），原名王士禛，字子真，一字贻上，号阮亭，又号渔洋山人，世称王渔洋，新城（今山东省淄博市桓台县）人，清初杰出诗人、学者、文学家。进士出身，官至刑部尚书，颇有政声。王士祯一生著述达500余种，作诗4000余首传世。谥文简。④《池北偶谈》：又名《石帆亭纪谈》，共二十六卷。清代笔记小说集，部分内容由作者儿辈记录整理而成。全书近一千三百条，分成四目：一，谈故，记述清代典章与科甲制度、衣冠胜事等；二，谈献，主要记述明中叶至清初名臣、畸人、烈女等事；三，谈艺，评论诗文，采撷佳句；四，谈异，记述神怪传闻故事。⑤鸢飞戾天，鱼跃于渊：语出自《诗经·大雅·文王之什·旱麓》，后用“鸢飞鱼跃”形容万物各得其所。⑥贯微：透彻理解精微的道理。⑦多口：语出自《孟子·尽心下》“无伤也，士憎兹多口。”意思是多言，不该说而说。⑧介行（xíng）：孤高耿直的操守。

【译文】明朝朱之冯，字乐三，大兴人。平时通过学习儒家理学来提升勉励自己的德行修养，曾经做过宣府巡抚。李自成攻陷大同之后，朱之冯以身殉国。他曾经写过一卷名为《在疚记》的书，其中的言语内容含义深刻。新城人王士祯，在他的《池北偶谈》一书中收录了朱之冯很多的格言警句，我看到这些话也感到衷心信服，于是便也转录了一些。

“苍鹰怒飞冲天，游鱼深潭跳跃，万物各得其所，这正是象征出仕与隐退的时机把握。”

“古代圣贤修养身心，其学问道德要想展现于世间，没有真诚之心是做不到的，只有真诚才能透彻理解精深的道理，通达天道和人情。即使其学问道德一世之内不能完全展现，历经百世千年必然可以现于世间。”

“圣人死后便回归空幻虚无的境界，贤能之人都不能做到空洞无物，更何况普通人呢？”

“确实做到改变自身的气质，这才是真正的修养身心。”

“读书人憎恶多嘴多舌，这是什么原因？因为品行清高耿直的人，很少会参与到世俗麻烦之中；追求人格独立的人，也不会轻易附和别人的意见。小人之间彼此仇恨，同类之间互相猜忌。有一个人带头毁谤，一群人都会跟着附和。我曾经深受其害，且遭遇了不止一次！作为君子，必然要审察和改正自身的诸多错误与罪恶，一定要端正自我，而非苛求他人。对待小人最好是宽容一些，这体现了君子的宽宏大量。如果不这样做，难道还希望小人能够宽容于我等君子吗？”

“中和的人有仁爱之心，会照顾到所有的事物；平庸的人有利益之心，舍不得放弃任何事物。”

“不论什么事都没有自私的想法，就可以恢复到先天善良的本性，这其中又以忠君报国、孝顺父母为最重要的事情。”

“平常状态下，个人德行修养所达到的境界，如果不在实际情况中去验证，必定连自己都难以确认。”

“隐藏别人的缺点，宣扬别人的良善，这是圣人的行为；亲近良善的人，厌恶丑恶的人，这是贤人的行为；不能准确恰当地分辨善恶，这是平庸的人；善恶不分，黑白颠倒，以诽谤他人感到快乐，这是小人。”

“能够应对重大紧急事情的人，应该可以迅速做出决断；能够成就伟大功绩的人，应该善于隐藏自己的功劳。”

“共同遵循中庸的道理，也有君子和小人的区别，那区别真是很细微了。”

诗书助睡眠

予少时，夜卧难于成寐，既寐之后，一闻声息即醒。先兄宫詹公授以引睡之法：背读上《论语》数页，或十数页，使心有所寄。予试之果然。后推广其意，诵渊明诗“采菊东篱下，悠然见南山[①]”；或钱考工诗“曲终人不见，江上数峰青[②]”；或陆放翁诗“小楼一夜听春雨，深巷明朝卖杏花[③]”，皆古人潇洒闲适之句。神游其境往往睡去。盖心不可有著，又不可一无所著也，理固如此！

【注释】①“采菊”两句：语出自陶渊明《饮酒二十首》其五。②钱考工：应为钱考功，即钱起（722？-780），字仲文，吴兴（今浙江省湖州市）人，唐代诗人。进士出身，曾任考功郎中，故世称“钱考功”。“曲终”两句：语出自钱起所作的《省试湘灵鼓瑟》一诗。③“小楼”两句：语出自陆游《临安春雨初霁》一诗：“世味年来薄似纱，谁令骑马客京华。小楼一夜听春雨，深巷明朝卖杏花。矮纸斜行闲作草，晴窗细乳戏分茶。素衣莫起风尘叹，犹及清明可到家。”

【译文】我年少时，晚上睡觉总是难以入眠，即便睡着了，一有声响就能让我醒过来。先兄张廷瓒向我传授了一种引导入睡的方法：背诵阅读几页或十几页的《论语》篇章，让内心有所寄托，我一试之下果然有效。后来又把这个做法进行推广，诵读陶渊明的诗句“采菊东篱下，悠然见南山”；或是钱起的诗句“曲终人不见，江上数峰青”；或是陆游的诗句“小楼一夜听春雨，深巷明朝卖杏花”，这些都是体现古人潇洒自如、清闲安逸的诗句，心神一旦入此境界，不知不觉中就睡过去了。所以内心不可以想得太多，但也不能没着没落，道理本该如此啊！

二子争母

明华亭县①有民某，其母再醮②，生一子。及母死，二子争葬，质③之官。知县某判其状曰：“生前再醮，终无恋子之心。死后归坟，难见先夫之面。”令后子收葬。此邑令判事固当，而判语亦复④修饰可诵。

【注释】①华亭县：旧县名，治所即今上海市松江区。②再醮(jiào)：再次结婚。古代男女婚嫁时，父母为他们举行酌酒祭神的仪式叫“醮”。后专指妇女再嫁。③质：评断。④亦复：也，表示同样。

【译文】明代华亭县有一户平民，他的母亲再嫁之后又生养了一个儿子。等到这位母亲去世之后，两个儿子都想要奉孝安葬母亲，结果争执不下，便诉诸官府来给出评判。知县的判词说："生前再醮，终无恋子之心。死后归坟，难见先夫之面。"意思是说，这位母亲生前再嫁，终究是没有疼爱先前儿子的心愿；死后如果由先前的儿子将其带回故乡埋葬，也不好再与先前的丈夫相见。于是就判给后来的儿子将其收殓埋葬。这个县令判决此案的方法确实恰当，这个判词也同样写的很漂亮，稍加修改润饰就可以当作诗篇来诵读了。

治家有规范，持身有主见

苏门孙徵君奇逢《孝友堂家规》曰①："迩来②士大夫，绝不讲家规身范③，故子孙鲜克由礼。不旋踵而辱身丧家者，多矣！祖父不能对子孙，子孙不能对祖父，皆其身多惭德④者也，家中之老老幼幼，夫夫妇妇，各无惭德，此便是羲皇世界⑤。孝友为政，政孰有大焉者乎？"徵君遭患难时，语门人曰："忧患恐惧，最怕有所⑥，一有所，则我心无主。古来忠臣、孝子、义士、悌弟，只是能自作主张。学者正在此处著力。"此二则皆治家持身格言。

【注释】①徵君：征士的尊称。征士就是不接受朝廷征聘的隐士。孙奇逢（1584-1675）：字启泰，号钟元，明末清初理学大家。晚年讲学于辉县夏峰村，世称夏峰先生。明朝灭亡后，清廷屡召不仕，人称孙征君。与李颙、黄宗羲齐名，合称明末清初三大儒。学术著作主要有：《理学宗传》《圣学录》《北学编》《洛学编》《四书近指》《读易大旨》五卷、《书经近指》。《孝友堂家规》：孙奇逢所撰写的治家教子之书。有孙氏祖先训辞十八则，提倡敦睦、隆师、谨言、暗修、克勤、克俭等。有先圣先贤教诫子弟六则，强调学诗、学礼、淑性情、固筋骸为立身大端。附家祭仪十一则，言家人拜揖、行礼之事。②迩来：最近以来。③身范：自身行为的规范。④惭德：德行有缺陷，不圆满。⑤羲皇世界：上古伏羲时代的世界，民风淳朴。所以以"羲皇世界"称指恬静闲适的环境。⑥有所：有此，有这些。

【译文】孙奇逢在他所撰写的《孝友堂家规》中说："近来仕宦官吏家中，都没有订立家规以及约束自身的行为规范，所以子孙也很少能遵守礼教，用不了多久，就能做出辱没自身，毁丧家门的事情，这样的人真是太多了！结果是祖辈父母无法面对子孙，子孙更无颜面对祖辈父母，都是因为他们自身德行有欠缺的缘故，家中的男女老少，如果自身德行都能圆满，这才能实现羲皇时代淳朴安逸的社会状态。孝敬父母、友爱兄弟，以这样的态度来处理政事，还有比这更重要的事情吗？"康熙三年（1664）甲辰，孙奇逢因"大难录"一事（注：孙奇逢所著的《甲申大难录》被人控告是纪念亡明的书，他因此被押进京）而遭难，在北上途中曾经对门人说："忧虑苦患与惊慌恐惧，最怕有这些东西，一旦有了这些东西，我的内心就会没了主见。自古以来的忠贞之臣、孝顺之子、义气之士、敬兄之弟，都是有原则，有主见的人。读书人应该多在这方面努力下功夫。"孙奇逢说的这两段话，都是治理家庭、修养自身的格言。

兄弟二人，四任督学

各省督学之官①，最难称职。而在人文繁盛之省，则难之又难。盖胥吏弊窦孔多②，人情爱憎不一，而又历三年之久。偶或检点不到，则谤议随之，而众口传播矣。予三弟廷璐为翰林时③，奉命督学河南，以生员阻挠公事，约束不严罢斥。后蒙世宗皇帝鉴其诚朴，宥过④特用。且畀⑤以江苏最繁剧之任，三年报满，有公明之誉。蒙恩嘉奖，再留三年。又在任称职，屡迁至少宗伯⑥。今上即位，又留三年，前后三任，共九年矣。乃向来所无之事。阅二年，江苏又缺员，上仍欲命廷璐往。玉再四恳辞，遂命三弟廷瑑往⑦。是兄弟二人，四任此官，诚异数⑧也。

【注释】①督学：清代提督学政的别称，负责各省教育和科举考试。②弊窦：发生弊害的漏洞。孔多：很多。③廷璐：即张廷璐（1675—1745），字宝臣，号药斋，张英第三子，张廷玉的弟弟。康熙五十七年（1718）一甲第二名进士及第，授翰林院编修，进入内廷。官至礼部侍郎。谥号文端。翰林：古代官名。这里指张廷璐为翰林院庶吉士。清朝凡进士考取庶吉士，皆称翰林。④宥过：宽恕别人的过错。⑤畀（bì）：给与。⑥少宗伯：官名。旧称礼部尚书为大宗伯或宗伯，礼部侍郎为少宗伯。⑦廷瑑（zhuàn）：张廷瑑（1681—1764），字桓臣，号思斋，清雍正元年（1723）进士，由编修累迁升工部右侍郎，仍兼起居注事。曾视学江苏，改补内阁学士，兼礼部侍郎。⑧异数：特殊的礼遇。

【译文】各省学政这个官职，最难达到称职的要求了。尤其在文化繁荣兴盛的地方，更是难上加难。主要是因为一方面当地的官府小吏，本身就弊病漏洞繁多，容易产生问题，另一方面是因为众口难调，文章的好坏难以得到所有人的认同，而且学政这个官职任期一般为三年，经历的事情繁多，很可能出现纰漏。偶然有督查不到的地方，就会引来非议，很快就被众人广泛传播开来，造成不良影响。我的三弟张廷璐做翰林的时候，曾经奉命出任河南学政，当时河南封丘士子因为县令以修筑河堤为由，而擅自奴役诸生这件事控告县令，但上级官府却对此置之不理，诸士子相约罢考，要求将这件事处理好之后他们才会入闱应试。三弟因为这些生员阻挠了考试，便被以“约束不严”之名而罢免。后来承蒙雍正皇帝查明内情，看他诚恳朴实，并恕其过错，予以特殊任用，而且任命他为江苏学政这个事务最为繁重的官职，任期满三年之后，三弟得了“公正廉明”的评价。皇帝予以他嘉奖，又让他留任江苏三年。又因为在任期间尽职尽责，而升迁为礼部侍郎。现在的乾隆皇帝即位之后，他又被留任了三年，由此他前后做了三任江苏学政，一共九年，这是学政这一官职任免中从来都没有过的事，在同一个地区居然担任了九年学政。过了两年，江苏学政又无人可胜任了，于是皇帝仍想要命令三弟前往。我这一次反复恳请皇帝不要再如此，这才命令六弟廷瑑前往赴任。我这兄弟两人，加在一起担任四届江苏学政这一官职，也着实是皇帝给予的特殊的礼遇了。

二公诗作谁为工

王荆公诗云:“细数落花因坐久,缓寻芳草得归迟。[1]”欧阳公诗云:“静爱竹时来野寺,独寻春偶过溪桥。[2]”昔人曰:“二公皆状闲适之趣,荆公之句为工[3]。”信然。

【注释】①“细数”二句:语出自王安石《北山》一诗。②“静爱”二句:语出自欧阳修《退居述怀寄北京韩侍中二首其一》。③工:精巧。

【译文】王安石有诗说:“细数落花因坐久,缓寻芳草得归迟。”意思是说,因静静细数落花而坐得太久,因慢慢寻找碧绿的芳草而归家太晚。欧阳修的诗句则说:“静爱竹时来野寺,独寻春偶过溪桥。”意思是说,喜欢静静地观赏竹子便经常来野外山寺,独自寻找春天有时候就要渡溪过桥。曾经有人说:“这两位诗人都描写了悠闲舒适的乐趣,而王安石的诗句更为精巧。”我相信的确是这样的。

“趋吉避凶”非“趋富避祸”

明刁蒙吉包祁州人[1],隐居讲学。有格言曰:“为盖世豪杰易,为慊心圣贤难。[2]”又曰:“《易》言‘趋吉避凶’,盖言趋正避邪也。若认作趋福避祸便误。”此二语，当终身诵之。

【注释】①刁包（1603—1669）：字蒙吉，号文孝先生，晚号用六居士，直隶祁州人（今河北省保定市安国市）。明天启七年（1627）举人，家居教授。入清，不愿出仕。学者私谥文孝先生。②“为盖世”两句：语出自刁包《潜室札记》卷下。慊心：快意，满意。

【译文】明代祁州有一个名叫刁包的人，是个隐居讲学的隐士。他说过这样一句格言：“做个当代的英雄豪杰很容易，但是做个契合自己内心的圣贤很困难。”他还说：“《周易》中说‘趋吉避凶’，意思是要追求正义避开邪恶，如果认为是为了追求福气而逃避祸患，那就是错误的认知了。”这两句话，应该终身牢记并经常诵念。

君子不以冥冥惰行

明夏忠靖原吉与蹇忠定义同饮于所契家[①]。归，值雪。过禁门，有不欲下马者，曰：“雪寒甚！”公曰：“君子不以冥冥惰行。[②]”公之盛德，虽缘事[③]纳忠，而其本则在此敬慎耳！《说郛》所载如此[④]。犹记吾弟廷瑑，昔年往祭陵寝，先期数日，途次[⑤]风雪大作。同人欲沽酒以御寒。弟以未曾行礼，力持不可。同人颇以为迂。然弟生平之不欺暗室[⑥]，大率类此，可为子孙法也。

【注释】①夏原吉（1367–1430）：字维喆，湖南省湘阴人，明初重臣。以乡荐入太学，与蹇义并称于世。卒后赠太师，谥忠靖。蹇义（1363–1435）：字宜之，初名瑢，明太祖朱元璋赐名“义”，巴县（今重庆市）人，明初六朝重臣。洪武十八年（1385）进士，官至吏部尚书、少师，卒赠特进光禄大夫、太师，谥号“忠定”。契家：通好之家。②“君子不以冥冥惰行”：语出自《列女传·卫灵夫人》：“夫忠臣与孝子，不为昭昭信节，不为冥冥堕行。”冥冥，私下里，暗中。堕，通“惰”。惰行即是在行为上有所怠忽之意。③缘事：犹公务。④《说郛（fú）》：元末明初学者陶宗仪所编纂的明代文言大丛书，多选录汉魏至宋元的各种笔记汇集而成。书名取扬子语“天地万物郭也，五经众说郛也”，“说郛”的意思就是五经众说。共100卷，条目数万，汇集秦汉至宋元名家作品，包括诸子百家、各种笔记、诗话、文论；内容包罗万象，有经史传记、百氏杂书、考古博物、山川风土、虫鱼草木、诗词评论、古文奇字、奇闻怪事、问卜星象等。⑤途次：半路上。⑥不欺暗室：在没有人看见的地方，也不做见不得人的事。

【译文】明代夏原吉和蹇义一起在朋友家饮酒，回去的时候，刚好赶上下雪。过宫门按例当下马而行，但是有人不想下马，并说：“雪太冷了！”而夏原吉则说：“若是君子，哪怕是私下里也不会在自己的行为上有所怠慢。”夏原吉的高尚品德，虽然是通过日常琐事来表现其忠君守礼，但其本质却是恭敬谨慎的行事！《说郛》上就是这样记录的。还记得我的六弟廷瑑，有一年去先皇的陵墓祭拜，在到达目的地的前几天，半路上遇到了大风雪。一同前去的人想要买酒以抵御寒冷，廷瑑认为，还没有到达陵寝，没有行礼祭拜，擅自饮酒违反礼制，便极力反对，一同去的人都认为他这样做，真是太迂腐了。但是，廷瑑生平就光明磊落，大抵一直都是如此，这可以被当成是子孙效法的榜样了。

诗须待境而生

黄山谷曰："诗不可凿空[①]强作，待境而生，便自工耳。"此至言也！

【注释】①凿空：凭空无据。

【译文】黄庭坚说："作诗的时候，不能凭空无据地勉强而写，只有在触发自己灵感的的情境中有感而发，这诗句自然会精巧绝伦了。"这是极其高明的言论了！

得志之地勿再往

陈抟曰[①]："优游之所[②]，勿久恋；得志之地，勿再往。"此二语愈思愈有味。

【注释】①陈抟（871—989）：字图南，号扶摇子，后唐末举进士不第，隐居武当山。赐号"白云先生"、"希夷先生"，北宋著名的道家学者、养生家，尊奉黄老之学。②优游之所：悠闲自得的地方。

【译文】北宋陈抟说："悠闲游乐的地方，不要贪恋太久；

名利欲望得到满足的地方，不要再去。”这两句话越深思越感觉其含义深刻、味道隽永。

剥复之理

邵子曰[①]：“复次剥[②]，明治生于乱乎？姤次夬[③]，明乱生于治乎？时哉！时哉！未有剥而不复，未有夬而不姤者。防乎其防，邦家其长，子孙其昌，是以圣人贵未然之防。”

【注释】①邵子：即邵雍，这一段话出自邵雍的《皇极经世书》之《观物外篇》。②复：《易经》卦名，语出自《易经·复》：“复：亨。出入无疾，朋来无咎。”复卦是《易经》六十四卦的第二十四卦。这个卦是异卦（下震上坤）相叠。复，往来也，引申为反复、重复、返还，可以解释为恢复、复兴。剥：《易经》卦名，语出自《易经·剥》：“剥：不利有攸往。”剥卦是《易经》六十四卦的第二十三卦。这个卦是异卦（下坤上艮）相叠。剥，剥落的意思，事物开始残破、衰败，都可称为“剥”。复剥相反，复为息，剥为消。③姤（gòu）：《易经》卦名，语出自《易经·姤》：“姤：女壮，勿用取女。”姤卦是《易经》六十四卦第四十四卦。这个卦是异卦（下巽上乾）相叠。姤，遇也，遇合也。象辞中讲“天下有风，姤”，流动的风，也就是有流动就有遇合的机会。夬（guài）：《易经》卦名，语出自《易经·夬》：“夬：扬于王庭，孚号，有厉，告自邑，不利即戎，利有攸往。”这个卦是异卦（下乾上兑）相叠。夬，决断的意思。易经一般将阳爻比作君子，阴爻比作小人，这个卦就相当于将小人决断了。姤卦与夬卦相反，互为“综卦”。

【译文】邵雍说：“《易经》六十四卦如果从复卦向剥卦排列，是表示要在乱中生治吗？如果从姤卦向夬卦排列，岂不是就变成了治中生乱吗？都是时机所决定的啊！从来没有衰败之后而没有复兴的情况，也从来没有决裂之后而再无会合的机会。预防应该预防的事，国家会逐渐昌盛，子孙也将日渐繁昌，这就是贤能的人重视防患于未然的道理。”

富弼不听骂

富弼字彦国[①]，少有骂者如不闻。人曰：“骂汝！”彦国曰：“恐骂他人。”又曰：“呼姓名而骂，岂骂他人？”彦国曰：“天下岂无同姓名者乎？”告者大惭。

【注释】①富弼（1004—1083）：字彦国。洛阳人。北宋名相、文学家。历授将作监丞、直集贤院、知谏院等职。富弼多次出使辽国，使宋、辽、西夏三足鼎立的格局逐渐稳定下来。卒后累赠太师，谥号“文忠”。今存《富郑公集》一卷。

【译文】富弼，字彦国，年轻时有人骂他，他就好像听不见一样。旁人告诉他说：“骂你呢！”富弼则说：“恐怕是在骂别人吧。”旁人又说：“指名道姓的骂你呢，怎么会是骂别人呢？”他回答说：“难道天下就没有同名同姓的人了吗？”告诉他这件事的的人感到非常惭愧。

名利如陷阱

陆象山曰[①]："名利如锦覆陷阱，使人贪而入其中，安有出头日子？"

魏柏乡相国《希贤录》曰[②]："罗洪先作鼎元时[③]，外舅韩太仆趋告曰[④]：'喜吾婿干此大事！'罗面发赤，徐对曰：'丈夫事业更有许大在，此等三年一人，奚足为大事也！'"

【注释】①陆象山：即陆九渊（1139—1193），字子静，抚州金溪（今江西省抚州市金溪县）人，南宋哲学家，陆王心学的代表人物。因书斋名"存"，世称存斋先生。又因讲学于象山书院，被称为"象山先生"，学者常称其为"陆象山"。南宋孝宗乾道八年（1172）进士，调靖安主簿，历国子正。卒后追谥文安。为宋明两代"心学"的开山之祖，著有《象山先生全集》。②魏柏乡：即魏裔介（1616—1686）字石生，号贞庵，又号昆林，直隶柏乡（今河北省邢台市柏乡县）人，清朝顺治三年进士，官至左都御史、太子太保、吏部尚书、保和殿大学士、太子太傅等职。著述有《兼济堂文集》传世。卒后追谥文毅。《希贤录》：清代魏裔介所撰。内容综述"学宗朱子"，提倡"千古圣学之极则格物致知"的思想。③罗洪先（1504—1564）：字达夫，号念庵，江西吉安府吉水黄橙溪（今江西省吉安市吉水县谷村）人，明代学者，杰出的地理制图学家。鼎元：科举制度中状元的别称之一，因居鼎甲之首而得名。所谓鼎甲，即一甲中状元、榜眼、探花的总称，鼎有三足，一甲共三名（起于元顺帝时），故有此称。④外舅：这里指岳父。

【译文】陆九渊说："名利就好像盖着锦缎的陷阱，诱惑人心生贪念，一不留神就掉进了陷阱之中，哪里还能再从那陷阱里爬出来呢？"

魏柏乡在《希贤录》中说："罗洪先考中状元时，他的岳父韩太仆前来道贺说：'我的女婿做了这么一件可喜可贺的大事啊！'罗洪先红着脸慢慢回答说：'若要真正成为大丈夫，还有许多大事要做的，状元不过是三年就能出一个罢了，怎么能算得上是大事！'"

妄言多祸

薛文清曰[①]："多言最使人心志流荡，而气亦损；少言不惟养得德深，又养得气完。"

陈眉公曰[②]："颐卦'慎言语，节饮食'[③]。然口之所入其祸小，口之所出其罪多。故鬼谷子云[④]：'口可以饮，不可以言。'"又曰："圣人之言简，贤人之言明，众人之言多，小人之言妄。"

【注释】①薛文清：即薛瑄（1389—1464），字德温，号敬轩。河津（今山西省运城市万荣县里望乡平原村）人。明代著名思想家、理学家、文学家，河东学派的创始人，世称"薛河东"。进士出身，官至通议大夫、礼部左侍郎兼翰林院学士。卒后赠资善大夫、礼部尚书，谥号文清。②陈眉公：即陈继儒（1558—1639），字仲醇，号眉公、麋公。

华亭(今上海市松江区)人。明代文学家、书画家。屡奉诏征用，皆以疾辞。有《梅花册》《云山卷》等传世。著有《陈眉公全集》《小窗幽记》《吴葛将军墓碑》《妮古录》。③颐卦：卦名。《易经》六十四卦之第二十七卦，语出自《易经·颐》："颐：贞吉。观颐，自求口实。"下震上艮，山雷颐。④鬼谷子：姓王名诩，又名王禅，道号玄微子。著名谋略家、道家代表人物、兵法集大成者、纵横家的鼻祖，精通百家学问，因隐居鬼谷，故自称鬼谷先生。世传《鬼谷子》一书，今人认为伪托。

【译文】薛瑄说："话说太多最能让人意志放荡，而自身的元气也会随之受损；少说话不仅使自己的德行日渐加深，还能使自身元气充足。"

陈继儒说："《颐》卦的卦辞说'谨慎说话，节制饮食'。然而经口而入的祸害其实并不大，但经口而出的罪过却非常的多。所以鬼谷子说：'口可以食饮，不可以多说话。'又说：'圣人所说的话简单，贤人所说的话易懂，普通人所说的话太多，而小人所说的话就都是胡言乱语了。'"

设身处地，评价古人

伊川先生曰："只观发言之平易躁妄[1]，便见德之厚薄，所养之深浅。"见人论前辈之短，曰："汝辈且取他长处。"

薛文清公曰："在古人之后，议古人之失则易；处古人之位，为古人之事则难。"此处不可不深省。

【注释】①躁妄：急躁轻率。

【译文】伊川先生程颐说："看一个人说话时的语气内容是平和安逸，还是急躁轻率，就能知道说话之人的德行是高尚还是浅薄，也能知道他自身修养是深厚还是肤浅。"看见他人谈论前辈的短处，程颐便说："你们应该关注前辈的长处。"

薛瑄薛文清公说："在古人之后，议论古人的过失非常容易；但是身处古人当时的位置，去做古人要做的事情，那可就困难了。"对于这个问题不可不深思啊！

《太乙》《六壬》《奇门》之书不可读

《四本堂座右编》曰①："《太乙》《六壬》《奇门》此三部书②，原本于《易》，但我辈知之，不可习。习之，损安静心。儿辈见之，尤不可习，习之，生务末心。"

【注释】①《四本堂座右编》：清朝朱潮远编。康熙甲辰年(1664)成书，共24卷，分四门，起家、治家、齐家、保家。每门又各分六子目，每目为一卷。②"三部书"：《太乙》《六壬》《奇门》三部书，均为古代占卜用书。太乙：即道家所称的"道"，指宇宙万物的本原、本体。古人以"太乙"为名，著有许多易学书籍，比如《太乙局》(不署撰人)、《太乙数统综大全》(清代李自明辑)、《太乙淘金歌》(唐代王希明辑)等等。六壬：在六十甲子中，壬有六个(壬申、壬午、壬辰、壬寅、壬子、壬戌），故取名六壬。六壬是中国古代宫廷占术的一种，与太乙、遁甲合称为三式。奇门、太乙均参考六壬而来，因此六壬被称为三式之首，通常所说的六壬一般通指大六壬。相关古籍有《大六壬寻原》（明代张纯照辑注）、《大六壬大全》（清代郭御青校定）、《大六壬类集》（清代纪大奎辑）等等。奇门：术数的一种，奇，为三奇，即用天干的乙、丙、丁代表三奇；门，为八门，即为开门、休门、生门、伤门、杜门、景门、死门、惊门。相关古籍有《大统皇历经世》（明代胡献忠撰）、《遁甲奇门捷要》（清代杨景南编）、《奇门遁甲金镜宝鉴》（刘伯温辑）等等。太乙以天元为主，测国事；六壬以人元为主，测人事；奇门以地元为主，测集体事。

【译文】《四本堂座右编》中说："《太乙》《六壬》《奇门》这三部书，其根源都是从《易经》出发的，我们只要知道就可以了，不要去翻看学习。一旦钻研进去，则会让我们原本平稳安静的内心受损。年轻一辈人看见了，更加不可以去学习钻研，否则，就会过分关注不重要的东西，反而失去了勤学上进的正心。"

锻炼我者，得失顺逆

祝石林曰[①]："身其金乎？世其冶乎？或得、或丧、或顺、或逆、或称、或讥、或憾[②]、或怿[③]。无非锻炼我者。能受锻炼者益，不能受锻炼者损。"

【注释】①祝石林：即祝世禄（1539—1610），字延之，号无功，又号石林，江西省德兴市龙头山乡暖水村人（一作鄱阳人），明代书法家。著有《环碧斋》诗集三卷等并传于世。②憾：失望。③怿（yì）：欢喜。

【译文】祝世禄说："自己的身体不就好比是金子吗？这个世界不就像是冶炼金子的大熔炉吗？有得到、有失去、有顺境、有逆境、有赞扬、有指责、有失望、有欢喜。这无非都是对我的锻炼罢了。能够接受得了这种锻炼的人，就能从中受益，接受不了这种锻炼的人，就不能从中受益。"

去势以求安，辞宠以招福

陆士衡《豪士赋》云[①]："身危由于势过，而不知去势以求安；祸积由于宠盛，而不知辞宠以招福。此富贵之通病也。"

【注释】①陆士衡：即陆机（261—303），字士衡，吴郡吴县（今江苏省苏州市）人。历任太傅祭酒、吴国郎中令、著作郎等职，西晋著名文学家、书法家。

【译文】陆机的《豪士赋》中说："身陷危机都因为自己做人过于强势，却又不知道应该有所收敛来求得平安；祸害积累都因为自己所受的恩宠过多，却又不知道应该有所推辞，来为自己保留福气。"这就是富贵之人的通病。

菜羹胜粱肉

东坡云："吾借王参军地种菜[①]，不及半亩，而吾与子过终年饱菜。夜半解酒，辄撷菜煮之。味含土膏，气饱霜露，虽粱肉[②]不能过也。人生须底物[③]而乃更贪耶！"乃题其庐曰"安蔬"。坡公此言，浅近可味，读之令人增长道心[④]。

【注释】①借王参军地：绍圣元年（1094），苏轼被贬为远宁军节度副使、惠州（今广东省惠阳市）安置。因为生活困难，便向一名姓王的参军借半亩地种菜以供应自己的生活。②粱肉：指精美的饭食。③底物：此物。④道心：指人天生的仁、义、礼、智、信之心，即儒家"五常"，其与"人心"的对称成正比，道心越胜，人心越善，道业越深；反之，亦然。

【译文】苏东坡说："我向王参军借地种菜，那菜地还不到半亩大，但对于我和儿子来说，却能保证一整年都有菜吃，还能吃到饱。夜半酒喝多了，就摘一些菜来煮着吃，以解酒。那菜的味道还带着泥土的气味，其中又饱含风霜雨露的气息，即便是精美的饭食也比不过啊！人生正是需要这样的美味，而不必再贪求其它东西了！"于是便给自己居住的屋子题名为"安蔬"。苏东坡这些话，浅显易懂，回味无穷，读后会让人的内心变得更加清净空明。

李之彦谈钱与贱

李之彦曰[1]："尝玩[2]'钱'字，旁上著一戈字，下著一戈字，真杀人之物也。然则两戈争贝[3]，岂非贱乎？"

【注释】①李之彦：宋代文士。号东谷，永嘉（今属浙江省温州市）人，为老塾师，著有《东谷所见》。《东谷所见》是一部杂文集，凡三十篇，议题涉及科举、狱讼、理学、教导、名利、交友等等，范围很广，议论中常有妙语。②玩：研讨；反复体会。③两戈争贝：指"贱"的繁体字"賤"。贝，古代曾用贝壳做货币，这里也指钱。

【译文】李之彦说："曾经反复体会'钱（这里指繁体的錢）'这个字，右半边上面一个'戈'字，下面一个'戈'字，戈是一种兵器，这才真叫是杀人的利器。而两把戈争一个'贝'，也就是动用武器来争钱，岂不是'贱'的表现吗？"

长短之论

魏柏乡相国《希贤录》曰："《嗜退庵语存》云[1]：'教人与用人正相反，用人当用其所长，教人当教其所短。'"

【注释】①《嗜退庵语存》：清代严有縠（hú）撰写的一部杂

著，十卷。其书分凡三十类，分隶古事，问附论断，盖亦格言之类。嗜退庵，作者室名，谓不愿仕进，乐意退隐。

【译文】魏裔介在《希贤录》中说："《嗜退庵语存》中讲：'教育人与任用人正好相反，任用一个人，应该利用好他的长处，而教育人，则是要针对他的短处进行教育。'"

唐介不为子孙种桃李

唐介语诸子曰①："吾备位②政府，知无不言，桃李固未尝为汝等栽培，而荆棘则甚多矣！然汝等穷达莫不有命，惟自勉而已。"唐公此语乃深于阅历、看透人情而发，非一时愤懑之言也。可与《陆氏荒庄》③语对照。

【注释】①唐介（1010-1069）：字子方，江陵（今属湖北省荆州市）人。进士出身，宋神宗时拜参知政事（副相），北宋著名谏臣。卒后追赠礼部尚书，谥号"质肃"。②备位：居官的自谦之词。谓愧居其位，不过聊以充数。③《陆氏荒庄》：出自《独异志·卷下》。唐代宰相崔群的夫人李氏常常劝他买田庄来作为子孙将来的生计。崔群答曰："余有三十所美庄良田遍天下。"夫人曰："我没听说您有这项产业啊？"崔群说："我前年主持科举，发布春榜时选中了三十人，这些人难道不是'良田'吗？"夫人说："您不是陆贽宰相的门生吗？然而往年您主持科举考试的时候，却派人罗织陆贽儿子的罪名，不让他参加科举考试。如果您认为自己的门生是'良田'的话，那么陆贽宰相的一处庄园岂不是已经荒芜了。”崔群听了很惭愧，好几天吃不下东西。

【译文】唐介对自己的儿子们说：“我做官以来，向来是直言进谏，不徇私情，我不但没有为你们栽下可以收获好处的桃李，反而给你们留下了不少荆棘！但是你们将来是穷困还是显达，都与你们自己的命运息息相关，你们只能依靠自己的努力才行。”唐介的这一番话，正是因为他有很深的人生阅历、将人情世故都能看得透彻才说得出来，并不是他一时抑郁不平的抱怨之言。可以与《陆氏荒庄》语进行对比了。

五不争之味

吕叔简先生曰：“余行年五十，悟得五不争之味。”人问之，曰：“不与居积人①争富；不与进取人争贵；不与矜节人②争名；不与简傲人③争礼节；不与盛气人争是非。”

【注释】①居积人：囤积财物的人。②矜节人：持守名节的人。③简傲人：高傲傲慢的人。

【译文】吕叔简先生说：“我已经五十岁了，领悟到了‘五不争’的意境。”有人询问具体内容，他便解释说：“不和囤积财物的人互相攀比谁更富有，不和谋求功名的人争夺功名富贵，不和在意名声的人争抢好名声，不和傲慢高傲的人计较礼节问题，不和气势强盛的人争论是非对错。”

与酒融者胆大，与义融者无惧

陈眉公曰："醉人胆大，与酒融洽故也。人能与义命[1]融洽，浩然之气自然充塞，何惧之有？"

【注释】①义命：正道；天命。泛指本分。

【译文】陈眉公说："喝醉的人之所以胆大，是因为他与酒融合在一起，人借酒劲的原因。如果人能够与道义融合在一起，那么浩然正气自然会充满人的身体，那还有什么能令人害怕的事物呢？"

为善千日不足，为恶一日有余

明正统时，徐太医彪曰[1]："药性犹人也。为善千日不足，为恶一日有馀。"正德末，吴太医杰曰[2]："调药性易，调自性难[3]。"

【注释】①徐彪：字文蔚，号希谷，华亭（今上海市松江区）人，明代医家。正统十年（1445）被荐入太医院，先在御药房任职，三年后升为御医。景泰二年（1451）升为院判。撰有《本草证治辨明》十卷、《论咳嗽条》《伤寒纂例》各一卷。②吴杰：字士奇，明武进（今江苏省常州市武进区）人，宏治中与各地被征召的医师一起入京。征召医师按例要进行考试，吴杰成绩最高，医理、药性、技术皆优，被选入御药房。在其他成绩较差的医师将被遣返时，吴杰对吏部尚书说："国家三四十载才一征医，若等幸被征，又待次都下十余载，一旦遣还，诚流落可悯，杰愿辞御药房，与诸人同入院。" 尚书义而许之。后因其疗病效果卓越，并有洞察风云的政治才能，升为御医、太医院使。③自性：这里指人的本性。

【译文】明代正统年间，太医徐彪说："药性和人性相类似，好的药效可能要一千天那么久才能显现出来，但坏的药效却可能只需要一天就足够了。"正德末年，太医吴杰也说："调理药性很容易，但调理人的本性却非常难。"

饭且饱，酒勿饮

刘元明甚有吏能[①]，历建康、山阴令，政为天下第一。傅翙[②]代为山阴，问元明曰："愿以旧政告新令尹。"答曰："我有奇术，卿家谱所不载。作令唯日食一升饭而不饮酒，此第一策。"此语见之魏柏乡相国《希贤录》中，其义蕴亦在可解不可解之间。虽居官之善，不止此一事，然此事未尝非居官之要领。服官久而阅历深者自知之。

【注释】①刘元明：即刘玄明，避康熙名字玄烨的讳而改"玄"为"元"。安徽临淮人，入《南齐书·良政》。有吏能，为山阴令，大著名绩。②傅翙（huì）：南朝梁北地灵州人。梁武帝天监中历山阴、建康令。位至骠骑谘议。

【译文】刘玄明颇有为政的才能，担任过建康、山阴的县令，政绩可谓天下第一。傅翙做山阴县代县令时，曾问刘玄明："希望您能将过去执政的经验告诉我这个新上任的地方官。"刘玄明回答说："我有一种神奇的处理政事的方法，这是您家谱里没有记载的。那就是每日吃一升饭，但不饮酒，这就是第一策。"这段内容在魏裔介的《希贤录》中有记载，其中所蕴含的道理，让人不是很明白，意思有点含糊，大概意思是吃饱饭有力气，才能干好工作，不饮酒，就不会因酒误事。虽然要做一个好官，并不止这一件事，但是这件事也是做官的一项重要内容。担任官职久且人生阅历深厚的人，自然会明白这其中的道理。

矫其偏，气质变

薛文清曰："静能制动，沉能制浮，缓能制急，宽能制褊[①]，察其偏而矫之，则气质变。"

昔人云："富贵原如传舍[②]，惟谦退谨慎之人得以久居。"身在富贵中者，当时诵此语。

【注释】①褊（biǎn）：狭小，狭隘。②传（zhuàn）舍：古时供行人休息住宿的处所。

【译文】薛文清说："宁静可以约束动荡，沉稳能够约束轻浮，平缓可以约束急躁，宽容能够约束狭隘，发现自己偏颇错误的行为，就尽量将其矫正过来，那么他的自身气质自然就会发生改变。”

前人说：“富贵原本就好像是客栈，只有懂谦让、识进退，并谨言慎行的人才能够长久居住其中。”那些正身处富贵中的人，应该经常念一念这句话。

不求甚解之真解

《嗜退庵语存》云：“《晋书》曰陶渊明读书不求甚解[①]。盖以两汉以来，训诂[②]盛行，拘牵[③]繁碎，人溺于所闻。故超然真见，独契古初而晚废训诂。其泛览流观者，不过《周王传》《山海图》而已[④]。‘游好在六经’[⑤]，岂真不求甚解者哉！”渊明之不求甚解，予心疑之，览嗜退庵此语，为之一快。

【注释】①《晋书》：中国的二十四史之一，唐代房玄龄等二十一人合著的断代纪传体史书。记载自三国司马懿早年至东晋恭帝元熙二年（420）刘裕废晋帝自立以宋代晋时的内容。同时还以“载记”形式，记述了十六国政权的状况。②训诂：解释古文字义。③拘牵：束缚，牵制。④《周王传》：即《穆天子传》，又名《周王传》《穆王传》《周穆王传》《周穆王游行记》，是西周的历史典籍之一。《穆天子传》以日月为序，分为6卷，前4卷详细记载了周穆王驾八骏西巡天下之事，第5卷讲述姬满两次向东的旅游经历，第6卷记穆王美人盛姬卒于途中而返葬事。这是我国有文字记载的最早的旅行活动。《山海图》：即《山海经》的图，这里指《山海经》。《山海经》是中国一部记述古代志怪的古籍，大体是战国中后期到汉代初中期的楚国或巴蜀人所作。《山海经》全书现存18篇，其余篇章内容早佚。原共22篇约32650字。共藏山经5篇、海外经4篇、海内经5篇、大荒经4篇，其内容主要是民间传说中的地理知识，包括山川、道里、民族、物产、药物、祭祀、巫医等，还保存了包括夸父逐日、女娲补天、精卫填海、大禹治水等不少脍炙人口的远古神话传说和寓言故事。⑤游好（hào）在六经：语出自陶渊明《饮酒二十首》之十六："少年罕人事，游好在六经。"六经，即《诗》《书》《礼》《乐》《易》《春秋》这六部儒家经典。

【译文】《嗜退庵语存》中说："《晋书》提到'陶渊明读书不求甚解'。这是因为自两汉以来，研究古文字的训诂学颇为盛行，而各种学说和解释很多，让人既感到束缚又繁杂琐碎，人们沉溺于自己的所见所闻。所以像陶渊明这种拥有超然出众见解的人，只关注古人最初想要表达的意思，也就是古籍原意，而并不拘泥于训诂学对古文字的解释。陶渊明只是广泛浏览了《穆天子传》《山海经》罢了。""游好在六经"的陶渊明，怎会是真不求甚解的人呢！对于陶渊明的"不求甚解"，我也心怀疑虑，看到嗜退庵写的这些内容，内心感觉痛快了许多。

为政之务在省事

杨相国一清曰[①]："当今为政之务，在省事不在多事；在守法不在变法；在安静不在纷扰；在宽简不在烦苛[2]。”

【注释】①杨一清（1454–1530）：字应宁，号邃庵，别号石淙，明朝南直隶镇江府丹徒（今属江苏省）人。成化八年进士，曾任陕西按察副使兼督学，以南京太常寺卿都察院左副都御史的头衔出任督理陕西马政。后又三任三边总制。历经成化、弘治、正德、嘉靖四朝，官至内阁首辅。谥号文襄。②烦苛：繁杂苛细。多指法令。

【译文】杨一清说：“现如今做官的要领，在于省事，而并不是多事；在于维持旧法，而不是轻易变法；在于处事要尽量无为而治，而非政令频出，扰乱民生；在于政策宽容简洁，而非繁杂苛细。”

毁誉因人而异

陆放翁作《司马温公布被铭》曰：“公孙丞相布被[1]，人曰：‘诈！’司马丞相亦布被，人曰‘俭！’布被，能也；使人曰‘俭’，不曰‘诈’，不能也！”此语殊耐人思。

【注释】①公孙丞相：即公孙弘（公元前200–前121年），名弘，字季，一字次卿（《西京杂记》记载），齐地菑川人（今山东省寿光市南纪台乡），汉武帝时历任左内史（左冯翊）、御史大夫、丞相之职。谥献侯。据《史记·公孙弘传》记载：“弘为布被，食不重肉。”就是公孙弘使用布做的被子，吃饭不用两道肉食，表现出公孙弘生活清苦、饮食节俭。公孙弘为人低调，善于韬光养晦，为避免惹祸上身，从不轻易发表意见，被汲黯评价为“多诈”，所以他“布被”一事被人怀疑有假。

【译文】陆游作《司马温公布被铭》，其中说：“公孙丞相用布做被子，有人就说‘这是骗人的’！而司马光做丞相时也用布做被子，却被人称赞‘节俭’！用布做被子，这是每个人都能做到的；但能让人称赞节俭而不说他是骗人的，这就并非所有人都能做得到了。”这段话真是耐人寻味。

得士为功，下士为难

朱子曰：“宰相以得士①为功，下士②为难。而士之所守，乃以不自失为贵。”

【注释】①得士：得到士人的心，也就是使士人能心甘情愿地投奔过来。②下士：屈身与士人相接触。

【译文】朱熹说：“身为宰相，要以能得到更多读书人的心，让他们心甘情愿地归附，才算是有本事，同时又以能够屈尊降贵，礼贤下士最为难做。而作为士人，则要讲究自身的操守，以不失去自身的节操、尊严最为重要。”

罗豫章论“福”

罗豫章曰[①]：“君明君之福；臣忠臣之福。君明臣忠，则朝廷治安，得不[②]谓之福乎？父慈父之福；子孝子之福。父慈子孝，则家道隆盛，得不谓之福乎？俗人以富贵为福，陋矣哉！”

【注释】①罗豫章：即罗从彦（1072—1135），字仲素，号豫章先生，南沙剑州（今福建省南平市境内）人，宋朝经学家、诗人，豫章学派创始人，著有《中庸说》《豫章文集》。②得不：岂不。

【译文】罗豫章说：“帝王能够英明，那是帝王自己的福气；臣子能够忠诚，则是做臣子的福气。帝王英明而臣子忠诚，朝廷自然政治清明、社会安定，岂不是福气吗？父亲能够慈爱，是做父亲的福气；儿子能够孝顺，则是做儿子的福气。父亲对儿子慈爱而儿子对父亲孝顺，那么家族就会变得兴盛起来，这岂不是家族的福气吗？那些庸俗的人认为只有大富大贵才是福气，那才真是见识短浅呢！”

人之不尽分处多矣

安阳许励斋曰：“吾道甚大孔孟，单辞片语，皆足括二氏之精微而去其偏。”

明道先生曰[①]："天地生物，各无不足之理。常思天下君臣、父子、兄弟、夫妇，有多少不尽分[②]处！"吁，人生天壤间，三复斯言，宁不发深省哉！

【注释】①明道先生：即程颢（1032–1085），字伯淳，世称明道先生。北宋时期哲学家、教育家、诗人，理学的奠基者，"洛学"代表人物。亲撰有《定性书》《识仁篇》等，后人集其言论所编的著述书籍《遗书》《文集》等。②尽分：尽到本分。

【译文】安阳的许励斋说："我的学说比孔孟的学说，可伟大多了，只需要一两句话，就足够概括孔孟这两人学说的精深微妙之处，同时还能纠正他们学说中不全面的地方。"

明道先生程颢说："天地产生万物，也同时赋予万物足够的生存之理。我经常想，天下的君臣、父子、兄弟、夫妇，彼此之间有多少没有尽到本分！"唉，人生天地之间，反复诵读这段话，怎能不发人深省！

用兵之道，存乎一心

陈眉公曰："未用兵时，全要虚心用人；既用兵时，全要实心活人[①]。"又曰："医以生人，而庸工以之杀人；兵以杀人，而圣贤以之生人。"

或问阳明先生[②]："用兵有术否？"曰："用兵何术？但能养

得此心不动，乃术耳！凡胜负之决，不待临阵而卜，只在此心动与不动之间。”

【注释】①实心活人：真心实意地想要人活下来。②阳明先生：即王守仁（1472—1529），字伯安，别号阳明。浙江绍兴府余姚县（今属浙江省宁波余姚市）人，因曾筑室于会稽山阳明洞，自号阳明子，学者称之为阳明先生，亦称王阳明。明代著名的思想家、文学家、哲学家和军事家，陆王心学之集大成者，精通儒家、道家、佛家。著有《王文成公全书》。

【译文】陈眉公说：“没有战争的时候，就要虚心待人，礼贤下士；而发生战争的时候，则要爱惜生命，尽力避免生灵涂炭。”陈眉公又说：“医生是治病救人的，而庸医则会害人性命；战争原本会造成生灵涂炭，而圣人却可以用战争来拯救生灵。”

有人问阳明先生：“用兵打仗有什么诀窍吗？”阳明先生说：“用兵打仗的诀窍？只要能修养得自己这颗心不轻易为任何事情所动，这就是诀窍了！凡是一决胜负的时候，并不是等到将要上阵了才去占卜一番，专看自己的内心是否有所动摇。”

疏绝杂人，清心省事

薛文清公曰：“当官不接异色人①最好。不止巫祝、尼媪②宜疏绝，至于匠艺之人，虽不可缺，当用之以时，不宜久留于家。与之亲狎[3]，皆能变易听闻，簸弄是非。儒士[4]固当礼接，亦有本非儒者，或假文辞、字画以谋进，一与之款洽[5]，即堕其术中。如房琯为相[6]，因一琴工董庭兰[7]出入门下，依倚为非，遂为相业之玷[8]。若此之类，能审察疏绝，亦清心省事之一助。”薛公此语，切中富贵人之病。然此等事，习而不察者甚多，及觉悟而后悔亦已晚矣！

【注释】①异色人：各种杂人，或怪异、不寻常的人。②巫祝：古代称事鬼神者为巫，祭主赞词者为祝；后连用以指掌占卜祭祀的人。尼媪（ǎo）：尼姑。③亲狎（xiá）：亲近而不庄重；狎昵。④儒士：最早是对精通宗教礼乐的术士的称呼，是古时的相礼者，负责为贵族主持祭祀、婚丧嫁娶等仪式。汉代以后亦泛称读书人、学者。⑤款洽：诚恳周到，情意融洽，亲密，亲切。⑥房琯（697—763）：字次律，今河南省偃师市人。弘文生出身，自校书郎做起，官至刑部侍郎，安史之乱爆发后，拜吏部尚书、同平章事。后历任太子宾客、礼部尚书、晋州刺史、汉州刺史、刑部尚书，卒后追赠太尉。⑦董庭兰（约695—约765）：陇西（今甘肃省）人，盛唐开元、天宝时期的著名琴师，一度为宰相房琯的门客。《新唐书·房琯传》中说，房琯常听董庭兰弹琴，董庭兰也借此而弄权谋利。后来，法司弹劾董庭兰，自我辩解的房琯被唐肃宗罢相，贬为太子少师。⑧玷：白玉上面的斑点，比喻人的缺点、过失。

【译文】薛文清公说：“为官者最好不与各种闲杂人等相接触。不仅要与巫师、尼姑这类人断绝来往，对于工匠、艺人，虽然是不可缺少的，但也要根据情况来任用，不要长时间将他们留在家里。如果与他们过于亲近，就会因为他们而混淆视听，甚至导致黑白颠倒，是非不分。对待读书人固然应该以礼相待，但也有些人，原本并非是真正的读书人，而是利用文章、字画做跳板，来谋求功名富贵，一旦与这样的人亲密起来，那就会很快陷入他的欺诈之中。例如房琯做宰相的时候，有一个名叫董庭兰的人，因为琴弹的好而经常出入他的府邸，并依仗房琯的权势谋取私利，这成为他宰相生涯中的一个污点。像这样的事情，如果能够及时审视发现，并尽快疏远拒绝这类人，也是让自己清心省事的一大助力。”薛文清公的这一番话，刚好说中了富贵人身上的问题。对于这样的事情，很多人已经习以为常以至于察觉不到了，待到发现的时候就悔之已晚了！

读书不固执自见

象山先生曰：“学者不长进，只是好己胜。出一言，做一事，便道全是。岂有此理！古人惟贵知过则改，见善则迁[①]。今各执己是，被人点破便愕然，所以不如古人。”先生此言，乃天下学者之通病。若能不蹈[②]此病，则其天资识量过人远矣！倘见此而能省察悔悟，将来亦必有所成就。

【注释】①知过则改，见善则迁：语出自《易经·益》：“君子以见善则迁，有过则改。”意思是说，君子看到美善的品行就跟着努力学习，有了错误就迅速改正。②蹈：朝某方向走，这里是染、患上的意思。

【译文】象山先生陆九渊说："很多学者不知道上进，却只是喜欢争强好胜。说了一句正确的话，或者做了一件正确的事，就认为自己做的事，或者说的话就全都正确了，哪有这样的道理啊！古人把'知错就改，见善就学'的原则看得非常重要。而现在的人却总是固执己见，自以为是，一旦被人指出错误，就会表现得很惊讶，所以今人远不如古人。"先生所说的这些话，正是天下读书人的通病。如果能远离此症，那这个人的智力禀赋、见识气度就远远超过其他人了！如果发现自己的病症，能够反省自察并能及时悔悟改正，将来也必然会有所成就。

古人教子五法

古人云："教子之道有五：尽其性①；广其志；养其材；鼓其气；攻其病。废一不可。"

【注释】①尽其性：完全发挥他的本性。

【译文】古人说："教育子女要从五个方面做起：尽量发挥他的本性，拓展扩大他的志向，尽心培养他的才能，鼓励发扬他的气度，纠正弥补他的错误过失。这五点缺一不可。"

《澄怀园语》跋

沈树德

《澄怀园语》四卷，皆圣贤精实切至之语，修齐治平之道，即于是乎在焉。

太保太夫子本其躬行心得，偶然流溢，可以觉世牖民[①]，非仅家庭义方之训已也。树德伏诵之馀[②]，有深入心坎，欲言而不能者；有切中学者隐微深痼之疾，身亦有之而不觉者。有为公之实事，向所未知，今闻之而足以感发兴起者。闲谈风雅，亦堪为博物之资。非公之学、公之识、公之量俱臻之极，不能有此语也。盖他人之语，语焉已耳。公之语、公之为人也，天下后世得读公此书者，岂曰小补之哉！

树德幸居阁下，平日既得亲炙[③]，公之格言至行，有在此书之外者，兹又得反复此书，复广益于曩所见闻之外，抑何幸也。第自愧学、识、量三者，与公敻[④]不相及，未能效法万一。然龙门不云乎[⑤]："高山仰止，景行行止[⑥]。虽不能至，然心向往之。"今于公亦云。

乾隆丙寅小春[⑦]月，归安门下晚学生沈树德拜跋[⑧]。

【注释】①牖(yǒu)民：开通民智。②树德：即跋的作者沈树德，字申培，号大田，晚号畏堂，沈澈子，浙江归安人。乾隆元年(1736)丙辰荐鸿博，乾隆九年(1744)甲子举人。淹贯经史，著有《慈寿堂文钞》8卷、《弓注辨伪》。③亲炙：直接受到传授、教导，亲身受到教益。④夐(xiòng)：远。⑤龙门：司马迁出生于龙门，所以这里是以龙门代指司马迁。其后一段话语出自《史记·孔子世家》。⑥高山仰止，景行(háng)行(xíng)止：语出自《诗经·小雅·车辖》，意思是德行如高山，人人都会仰视；德行如大道，人人都愿遵循。司马迁专门引以来赞美孔子。⑦小春：指农历十月，因天气温暖如春而得名。⑧门下晚学生：学子在前辈、老师面前自称为“晚学生”，清代时门生对老师的老师、父亲的老师或老师的父亲称为“太老师”，而自称为“门下晚生”以示恭敬。

【译文】《澄怀园语》四卷内容，说的都是圣贤之人精深朴实、恰当尽理的言论，修身、齐家、治国、平天下的道理，都在这里面了。

太保太夫子(指张廷玉)自己亲身实践的心得体会，偶然被世人所知，就可以引导世人的觉悟，启发民众的智慧，并不只是简单的家训家规。我拜读之后，感觉有的内容能说到人的内心深处，使人心有同感，却又难以表达出来；有的内容又直接点明读书人那些或隐约细微或根深蒂固的顽疾，其本人早已沾染而尚未察觉；有的是张公自己亲身经历的事情，我从来都没有听说过，现在看到也足以让我有感而发。既有闲谈之语，又有风雅之辞，都可以作为开阔眼界，增长见识的资料。如果不是张公的学问、见识和器量都达到了极高的水准，是写不出来这样的内容的。有些人的话，听完便算了，从中受益有限。但是张公说过的话、张公的为人，对于当今乃至后世之人，如果有幸能够读到张公的这部书，那才是真的大获其益！

我有幸在张公门下学习，平时能得到张公的亲自教导，又受到张公言传身教的熏陶，张公的警句名言、至上德行，有的并没有被写入这本书中，现在我又反复研读这本书，更进一步拓展了我的学识，这是多么幸运的事啊！随后，我又惭愧自身的学问、见识、器量与张公相差甚远，也没能效仿张公万分之一的做法。但是司马迁不是说过："德行如高山，人人都会仰视；德行如大道，人人都愿遵循。虽然不能达到那样的程度，但我内心却对其有着莫大的向往，会努力向他靠拢。"现在我对于张公也是如此的态度。

乾隆丙寅年农历十月，归安门下晚学生沈树德拜跋。